雞冠天下

一部自然史，雞如何壯闊世界，和人類共創文明

安德魯●勞勒 ANDREW LAWLER
吳建龍——譯

各界推薦

如果有外星人來到地球，他們或許會以為統治地球的是貓，哦不，是雞。雞口的數量遠超人口，雞也是和人類關係最密切的鳥類，親密到當我跟一些朋友說我在做鳥類的研究時主要會使用到雞，居然有不少人疑惑地問我：「雞，原來是種鳥？」或許是太多人在認知上把雞獨立成了某一特定類群的動物了吧？不僅如此，雞，也是種內多樣性最高的鳥類，深具解答胚胎發育和性狀遺傳等重要生命科學問題的潛力，值得專門為牠們著書立傳，讓我們認識這種飛不高又飛不遠的熱帶鳥類，如何和人類一起趴趴走到全世界！

——Gene 黃貞祥　清大生科系助理教授

二〇一六年底，我飛往宿霧，展開兩個月的菲律賓之旅。才剛放下行李，走出民宿，就在路邊看到一隻綁腿的大公雞，不免一驚：「菲律賓還有鬥雞？」

紀爾茲的鬥雞經歷之於人類學系所學生，幾乎就像白雪公主之於每個小女孩一樣，是一種朗朗上口、代代相傳的故事，而我始終以為只有印尼才有鬥雞傳統，但在這隻雞之後，又在一個轉角看到大幅的鬥雞營養品的廣告，而接下來好長一段時間，「鬥雞」不斷在報端、路邊、街角，與我相遇，我也在書寫菲律賓鬥雞歷史與文化的過程中，發現許多地區都有鬥雞文化，甚至還有文化移轉的路線，而這些文化歷史，《雞冠天下》都有介紹。不僅鬥雞，各種包圍雞而生的歷史、文化、社會，甚至生物演化，都是這本書的素材。人類自有歷史以來，雞就與我們相伴，甚至成為某種象徵，不論是感恩節餐桌上的火雞，或是形容民族與性格的高盧雄雞或鐵公雞，雞對人類來說各種重要，不能不認識它。

我心想：這麼精彩的作品，只有我看到實在太可惜，於是，我將這本書的書介丟給左岸，問他們有沒興趣出版。當時，台灣正準備迎接雞年。

儘管直到鼠年，《雞冠天下》才終於在台灣和讀者們見面，但總是讓大家好好認識雞的「雞」會。真心推薦。

——阿潑｜「轉角國際」專欄作者

五年前剛投入居家養雞時，在書店幾乎找不到一本談「雞」的書，充其量只有幾本介紹大規模飼養技術的手冊。去年決定撰寫《養雞時代》，我在圖書館找到一些關於動物及鳥類的科普書，一本本厚實的書目，卻只能從字裡行間挖到零星幾段與雞有關的敘述。我想，雞作為一種鮮活、神祕的動物，的確如作者所言，其地位被遠遠低估了！如今書市能有一本專門談雞的著作真的很棒，且是如此專業、豐富、充滿知識趣味的書籍。我非常樂意推薦給大家！

——李盈瑩｜《養雞時代：21則你吃過雞　卻不瞭解的冷知識》《與地共生　給雞唱歌》作者）

雞的數量是地球上所有鳥獸之冠，如果平均分配，全世界七十多億人口，每個人可以分到三隻！這驚人的數字，吸引了本書作者對雞的好奇心。他從日常生活的角度切入雞與人的關係，雞不只是食物，也可以有文化、科學等不同層次的意義。閱讀此書猶如跟著他遊走在不同時空、不同國度中，聆聽他娓娓道出許多雞的故事。精彩可期！

——陳志峰｜中興大學特聘教授×土雞保種專家

身為一位無蛋不歡的人類，我無法想像沒有雞類的生活。閱讀此書更讓我驚覺不只是人類馴化了雞，雞也同時馴化了人類。了解人類與雞漫長的共同演化史，我們或許有更好的機會洗心革面，說服萬物讓人類繼續在地球生存下去。

——蔡晏霖｜交大副教授×種田的人類學家

博學、充滿各式來源的知識……作者對於與雞相關的謎題提出嶄新的視野，和可能的解答。

——《自然》期刊

材料豐富……知識上的浩瀚之旅。可以察覺到這是一本作者懷抱著驚人的熱情所寫下的旅程考察，還辛勤探查了那些來自歷史、神話、考古、生物學、文學和宗教的研究文獻。

——《科克斯書評》

我不會再用過去的眼光看待雞了，這個原本被人忽略的物種，原來扮演著如此重要的角色。

——Brian Fagan｜《歷史上的大暖化》作者

混合了遊記、科學史等，總之各式各樣有趣的故事，這趟旅程橫跨六大洲，帶領我們用不同視角理解「雞」，挑戰我們過去對「雞」的一切想像。

——Ellen Ruppel Shell｜《愛上便宜貨》作者

目錄

獻給斐尼恩

但那種自由的勞役迄今猶令人心醉。
生命已改觀：他們光臨是我們的新生。

——艾德溫．繆爾（Edwin Muir），〈馬群〉（*The Horses*）

前言

跟隨著雞，發現世界。

——唐娜．哈洛偉（Donna J. Haraway），《當物種相遇》（*When Species Meet*）

把全世界的貓、狗、豬、牛加在一起，數量都不如雞來得多。就算再把整個地球的老鼠加上去，雞仍然略勝一籌。家雞是世界上分布最廣泛的鳥，也是最常見的農場動物，在當代的任何時刻，都有超過兩百億隻雞住在這地球上，算起來啊，每一個人可以分到三隻呢。而數量排第二的鳥類，是非洲的一種小型雀，叫做「紅嘴奎利亞雀」(red-billed quelea)，也才二十億隻左右。

目前全球只有一個國家跟一片大陸找不到雞。教宗方濟各常吃的去皮雞胸肉，並非梵蒂岡自己養的，而是從羅馬的市場上買來的，因為這個迷你小國沒有空地可建造雞舍[1]。而在南極大陸，雞的存在是種忌諱[2]。雖然每年慶祝新年時，坐落於南極點上的阿蒙森—斯科特科學考察站（Amundsen-Scott Station）都會準備烤雞翅，但為了保護企鵝免於罹患疾病，管理這片南方大陸的國際條約規定，生禽及未經處理的禽肉禁止輸入到南極。即便如此，大多數的皇帝企鵝雛鳥還是暴露在常見的雞源病毒之下。

上述例外正好顯示出一項通則。從西伯利亞到南大西洋上的南桑威奇群島（South Sandwich Islands），雞隻幾乎無處不在，美國國家航空暨太空總署（NASA）還曾研究過牠們是否能在前往火星的旅途上存活。這種從南亞叢林進入人類生活的鳥類，現在成了我們最重要的蛋白質來源，如果我們要移民外星球的話，八成也得帶上牠們。隨著我們的口腹之慾和城市建設日益擴張，雞的數量以及人類對牠們的依賴也與日俱增。「紋腹鷹（jayhawk）吃雞，人也吃雞」，美國經濟學者亨利・喬治（Henry George）於一八七九年寫道，「但紋腹鷹增加，雞就變少，可是人越多，雞卻跟著變多。」[3]

在此之前，我從未想要探究為何雞會在一萬五千種鳥獸之中一枝獨秀，成為人類最重要的夥伴。之前為了寫報導，我走訪了中東、中亞和東亞的考古遺址，追尋著一個問題的答案：人類這物種，到底是為何以及如何放棄平靜的狩獵採集生活，轉而汲汲營營於繁忙熱鬧的都市、全球性的帝國、世界大戰，還有社群媒體?「城市生活」這項匪夷所思且徹底根本的改變，始於六千年前的中東地區，之後就持續改造地球樣貌至今。直到最近十年，都市人口超過了非都市人口，這是史上頭一遭。

根據挖掘人員在阿拉伯一處海灘所發現的證據顯示，印度商人在四千多年前就善於利用季風越洋航行。我聽到這消息，就替一本雜誌寫了篇報導。這些在青銅器時代冒險犯難的水手們不僅開創了國際貿易，還觸發了第一波的全球經濟，他們將喜瑪拉雅山區的木材和阿富汗的青金岩（lapis lazuli，又稱天青石）帶到美索不達米亞的大城市，而此時埃及的石匠才對吉薩金字塔群進行了最後的裝飾。我交稿時跟總編輯提到，除了那堆古印度貿易商品遺跡外，考古學家們還找到一根雞骨頭，那有可能是這種鳥類進入西方的標誌。

「這倒有意思，」總編說道，「你去追追看，看牠是打哪兒來的？為什麼我們吃這麼多雞肉？反正去搞清楚，到底雞是怎樣的一種鳥？」我心不甘情不願地答應了。幾個星期後，我來到中東國家阿曼的某個海濱村莊，在那處沙灘遺址工作的義大利考古團隊正好回來，他們剛結束午後的阿拉伯海游泳時光。雞骨呢？「喔，」挖掘隊長一邊擦著溼漉漉的頭髮，一邊說著，「我們覺得認錯了啦。那骨頭八成是來自我們隊上某個工人的午餐。」

由於雞既無法拉動古巴比倫的馬戰車，也不是把蠶絲從中國帶到西方的推手，因此考古學家和歷史學家對雞並未有太多著墨，而人類學家向來喜歡觀看人們獵野豬勝於餵小雞。家禽學者則是醉心於如何盡可能有效率地把穀物轉換成禽肉，至於雞是如何散布到全世界，這件事對他們而言並不是重點。即便是充分理解動物對於人類社會建構之重要性的科學家，也不免忽視了雞。暢銷書《槍炮、病菌與鋼鐵》（*Guns, Germs, and Steel*）的作者賈德．戴蒙（Jared Diamond），把雞放在「小型家畜、家禽和昆蟲」這一群[4]，如此分類固然有道理，但卻不像牛一樣得到足夠的重視。

弱勢群體跟無名英雄都是新聞工作者熱衷報導的題材，但我們實在是太低估雞了，連在法律上都無視牠們。儘管雞肉跟雞蛋提供我們都市工業生活的動力，但根據美國的法規，如果雞是被養來吃的話，那麼牠們根本不被當做牲畜看，連隻「動物」都不是。懷特*曾表示，「對都市長大的人來說，雞並非總是佔有一席光榮之地」，他們如果想到雞，腦中浮現的只能像是「直接從歌舞雜耍劇跑出來的滑稽道具。」[5]雖然蘇珊．奧爾琳†在一篇二〇〇九年的《紐約客》雜誌文章裡，大力鼓吹頗受歡迎的「庭院養雞運動（backyard chicken movement）」[6]，但貓狗還是占據最受歡迎寵物排行榜的榜首。

假如明天醒來，所有貓狗連同那些奇奇怪怪的鸚鵡、沙鼠（gerbil）什麼的全都消失了，人們大概會如喪考妣、哀痛不已，但對全球經濟或國際政治而言，卻沒啥衝擊。然而這世界要是突然失去了雞，馬上就會面臨災難。二〇一二年時，由於數百萬隻雞因病被撲殺，導致墨西哥城的雞蛋價格飆漲，示威群眾走上街頭，震驚了剛上台的新政府。墨西哥的人均消費雞蛋數高居世界之冠，所以該次事件被稱為「『巨』蛋危機」（The Great Egg Crisis）[7]，也就不足為奇了。同一年，在開羅，價格高昂的雞肉則是助長了埃及革命，當時反對者聚集高呼「他們吃鴿跟雞肉，我們每天只吞豆！」[8]而當最近雞肉價格在伊朗上漲三倍後，該國警政首長警告電視節目製作人，不要播放吃雞肉的畫面，以免造成買不起烤雞肉串的民眾心生不滿，進而引發暴力衝突[9]。

雞就這麼悄然無聲、沛然莫禦地成為人類社會的必需品。牠們雖然飛不太起來，但藉由國際貿易，倒成了世界上最會遷徙的鳥類。一隻雞身上五花八門的部位，最終可能分別落腳在地球的兩端——中國人買雞腳、俄國人要雞腿、西班牙人啃雞翅、土耳其人愛雞腸、荷蘭人拿雞骨熬湯，然後雞胸肉都賣到美國跟英國去了。這項全球化的生意牽連甚廣，比如堪薩斯州的穀物養胖了巴西的雞，歐洲的抗生素避免美國的雞群染病，而南非家禽場用的是印度製籠舍等等。

「初看起來，商品是種再明顯簡單不過的東西，」馬克思如此寫道，但分析之後，商品卻變成「很古怪的東西，充滿形上學的微妙和神學的怪誕。」[10]當我跟著雞繞著地球跑時，發現牠們也充滿出人意料的形上學及神學意涵。這種神奇的動物出自亞洲叢林，如今廣布全球，牠們被當做王室苑囿的明星，扮演過指引未來的要角，也曾化身為光明和復活的神聖使者。牠們在鬥雞場裡打得你死我活，我們以此作樂；被人類當做萬用醫藥箱；激勵鼓舞了戰士、情人以及母親。傳統上，從峇里島到紐約布魯克林，雞仍舊承擔著我們的罪孽，就跟牠們數千年來所做的事一樣。沒有其他動物能夠在跨越不同社會及不同時期的情況下，還能引起這麼多的傳說、迷信和信念。

雞之所以能夠跨越世界，是因為我們帶著牠們行動。這趟旅程始於數千年前的東南亞，旅途中的每段進程，都需要人類幫上一把。牠們被裝進竹籠內歇息，放在獨木舟上，順著寬闊的湄公河而下，在一陣刺耳嘎叫聲中被搬上拉車，然後踏著沉重步伐的牛隻緩緩將其拉向中國的市集，再放進商人斜掛背後的藤編籃裡，一路左推右擠越過喜瑪拉雅山地。水手們則會帶著雞橫越三大洋，到十七世紀時，幾乎有人定居的各大陸，四處都能看到雞的蹤影了。一路走來，

*〔譯註〕懷特（Elwyn Brooks White, 1899-1985）是二十世紀美國知名作家，《夏綠蒂的網》（*Charlotte's Web*）為其兒童文學代表作。

†〔譯註〕Susan Orlean，美國記者、作家，電影《蘭花賊》的原著作者。

牠們填飽了波里尼西亞殖民者，促成非洲社會的都市化，甚至避免了工業革命初期的饑荒。

達爾文以雞來鞏固其演化論，巴斯德（Louis Pasteur）用雞製造出第一支現代疫苗。而即便已經被研究了兩千五百年以上，雞蛋至今仍是科學的首要模式生物（model organism），也是我們每年用來製造流感疫苗的「容器（vessel）」。家雞也是所有已馴化的動物中，最先完成基因體定序的物種。雞骨能緩解我們的關節炎，雞冠可撫平臉上的皺紋，也許不久之後，就能利用基因轉殖的雞來合成多種人類用藥。養雞可提供鄉村地區婦孺不可或缺的卡路里及維生素，使其免於營養不良的命運，同時還能增加收入，幫助困苦的家庭擺脫貧窮。

這種動物還像是長了羽毛的瑞士刀，是種用途廣泛的牲畜，在不同的時間地點任由我們取求。這樣的可塑性，使其成為所有馴化動物中最有用處的一種，也因此有利於我們經由牠們來追尋自身的歷史。雞可稱得上是鳥界的變色龍*，且因牠們如魔鏡一般，映照出我們變化多端的慾望、目標和意圖，像是被當作有威望的物品、說真話的人、靈丹妙藥、魔鬼的工具、驅魔師，或是巨富的來源等，所以牠們也就成了人類探勘、擴張、娛樂以及信仰的標記。當代考古學家用簡易的網篩收集雞骨頭，便能看出人類在何時何地過著怎樣的生活；複雜的演算法及電腦的強大運算能力，則使生物學家有機會從基因的層次追蹤雞的過去，而這也跟我們的過去密切相關。神經科學家研究長期受虐雞隻的腦部，發現讓人不安的跡象——雞的智力很高，這也激發我們進一步理解自己行為的興趣。

在現今的都會叢林裡，幾乎已經看不到活生生的雞了，牠們絕大部分都待在羅列成群、巨大幽閉的養雞場和屠宰場裡，外圍則以柵欄封鎖起來，將民眾拒於門外。現代的雞隻是科技的一大勝利，亦象徵我們悲哀、可怕的工業化農業。牠是史上最被精巧規劃生產的生物，也是世上最常被虐待的動物。不管怎樣，我們總是選了雞當做全球都市未來發展的能量來源，卻又往往對其視而不見、無動於衷。

由於都市生活已經跟每日在農場裡真實上演的生死存亡太過脫節，因此有了橫掃歐美的庭院養雞運動，而且雞還能提供一種方便且價廉的管道，讓我們跟已然消失的鄉村傳統重新搭上線。這個趨勢或許無法改善數十億隻工業化農場雞隻的命運，但有機會幫我們恢復記憶，想起自古以來雞和人類之間豐富且複雜的關係，正是這種關係使得雞成了人類最重要的夥伴。我們可能會開始注視著雞，然後，了解牠們，改變對待牠們的態度。

在我們對雞的依賴與日俱增、距離卻日益疏遠之際，用來描述勇氣和懦弱、堅韌及無私，以及種種人類特質與情緒的方式，卻依舊跟這種鳥類緊密相連。「所有事物都會被遺忘，」文學批評家喬治．史坦納（George Steiner）說道，「唯有語言不然。」[11]英文裡頭有這些字詞：cocky（趾高氣昂）、chicken out（臨陣退縮）、henpecked（妻管嚴）、walk on eggshells（謹言慎行）、hatch an idea（運籌策劃）、get one's hackles up（怒髮衝冠）、rule the roost（當家作主）、brood（冥思苦想）、crow（自鳴得意）。從這些用法看來，我們對雞的喜愛，可是遠大於鷲鷹或鳩鴿，而且喜愛的方式比我們

*〔譯註〕：*Zelig*，是一九八三年由伍迪．艾倫（Woody Allen）自編自導自演的一部電影，中文片名為《變色龍》，主角Zelig是個具有特殊能力的男子，能夠變身成任何人。

願意承認的還要多。就像庭院裡的雞一樣，我們既溫和又粗暴，冷靜亦激動，優雅且笨拙，有飛天之志，卻無翱翔之能。

CHAPTER

1

自然界的蛋頭先生

愛斯基摩人或許是唯一一群無法從這種家禽身上得到好處的人類。

——威廉．畢比（William Beebe），《雉類研究專論》（*A Monograph of the Pheasants*）

一九一一年某個寒冷的清晨，在緬甸北邊一處潮溼的高地森林，三十四歲的生物學家威廉．畢比正蹲伏在溼軟的林下灌木叢裡[1]。遠處，村內的公雞放聲啼叫著。他藏身之處的後方有一片空地，男人們以及載運著稻米和軍火的騾子準備前往鄰近的中緬邊界，彼時中國正處於饑荒和革命的動盪之中。當騾隊啟程，晨光撒落其上，馬鈴的尖細叮噹聲逐漸消失後，野豬、兀鷲、鳩鴿、村民的雞全部一擁而上，到那個棄用的營地撿食殘羹剩飯。

幾分鐘後，一隻華美的鳥漫步至空地，只見牠苗條的身軀光滑柔亮，腳上長著長而黑的「足距」（spur）。旭日高升，陽光穿透樹林打在那隻鳥的羽毛上，透過望遠鏡，畢比目不轉睛地看著。「在那片刻，他微微閃耀，陽光從羽衣上反射出紅、綠、紫色金屬光澤，」畢比如此寫道。那些居民養的雞隻不分公母全都停下來，看著這隻莊嚴華麗的新來者走過。「牠們將他視為外地份子，或許認為比牠們更優越，這肯定是要敬重的，因而不敢對他放肆失禮。」畢比補充道。那隻野鳥裝做沒看到其他動物，只為啄一口吃的而暫停一下，再瞧一眼村裡的母雞，隨後氣宇軒昂地闊步走進林子裡，消失無蹤。

畢比起身跟著，瘦長的身軀伏進潛行，越過潮溼的地面。在一條蝕溝底部，他看到那隻公鳥在竹叢裡，一旁有隻母鳥。公鳥正開心地咯咯叫，還一邊扒著土找蟲子，他「不錯過任何掉落的樹葉或枝條。在這邊看他如何每一兩秒就按部就班地掃視天空和林子，倒挺有意思的。」畢比注意到，這隻公鳥從未鬆懈防衛，而牠似乎擁有一種近乎詭譎怪誕的超感知覺。大老遠處有隻嚎叫的貓引起了牠們的注意，接著附近一隻松鼠跳動，那兩隻鳥立馬拔腿狂奔，衝進密林裡。

那次經驗給畢比留下了難忘的印象，而他之後將會成為美國首批知名的科學家。那隻鳥，也就是「紅原雞」，把自己表現的像是「一頭難以馴服的豹子，尾巴低垂、雙腿微彎，頭壓低，總是維持專注，傾聽著、注視著，幾乎停不下來。」畢比是位熱愛冒險的鳥類學家，曾經從墨西哥旅行到馬來西亞，但他卻被這非凡的生物——也就是現代家雞的祖先——給震攝住了。「你要是在叢林深處見過真正的野雞，」他寫道，「肯定難以忘懷。」

若說家雞是因為太普遍而讓人們視而不見，那麼突然映入眼簾的野雞可就神祕莫測到令人吃驚了。很少有生物學家曾在亞洲南部的原生棲地觀察過紅原雞，而我們對紅原雞的了解，幾乎都來自對動物園裡的個體所進行的研究，這些圈養個體的外表雖然看起來跟畢比觀察到的野生個體沒啥兩樣，但行為卻像是那些養在院子裡的乖乖牌。由於家雞和紅原雞其實是同一種鳥（牠們的拉丁學名都是*Gallus gallus*），因此牠們彼此之間能夠交配產生後代。從印度到越南，在畢比那趟旅程結束後的幾十年間，能跟紅原雞交配的家雞數量隨著人口擴張而一路飆升，因而稀釋了野生紅原雞的基因庫。畢比當時的觀察，給我們寶貴的機會來一窺這些後來可能成為家雞的紅原雞。

生物學家長期以來一直不明白，到底這種既怕人又隱密的動物，是怎麼成為家庭生活象徵的？「雖然有人曾指出，那些鳥極有可能是家雞的祖先，但牠們看起來實在不比鷓鴣或紅腹錦雞來得容易馴服，」[2]在一八四八年滿臉疑惑寫下這句話的艾德蒙・瑣爾・狄克森（Edmund Saul Dixon），是一位英格蘭牧師，他的文字讓達爾文反覆思考著家禽的議題。

就像所有馴化的動物一樣，家雞起先也是野生動物，後來才逐漸進到人類的生活圈裡。狼是為了尋找丟棄的食物殘餘才接近人，人提供食物，換得牠們看門守衛，成了家犬[3]。古代近東地區的野貓，以偷吃倉中穀物的鼠類為食，因此人貓之間得以互相容忍。豬、綿羊、山羊與牛，最初都是我們的獵物，後來才被圈起來成了家畜。至於雞的故事，說起來就比較離奇了。是牠們投懷送抱呢，還是我們主動出擊？亦或者是彼此隨著時間，自然而然就習慣了對方的存在？

馴化或馴養的英文「domestication」源自拉丁文，意思是「隸屬於房舍」，這字也意味著馴養的動物是為我們效勞，從而換取棲所、食物和庇護，就像是侍從或奴隸一樣。而現今的生物學家，則把馴化視為一種長期且相互的關係，緊密相連、難分難解。即便是野化家豬、澳洲野犬（又稱丁格犬、丁哥犬）以及美國西部的野馬，仍保有與人類共同生活了數千年的基因性狀*。

其實，僅僅少數幾種動物跟我們建立起這樣的連結。超過兩萬五千種魚裡頭，唯獨金魚和鯉魚可被視為馴化；五千多種哺乳動物中，僅有幾十種馴化種；在約莫一萬種鳥類裡，只有十種左右是我們家舍庭院的一份子。經過訓練後，我們可驅使大象去搬運原木，將獵豹繫上繩子牽著走，還能給斑馬配上馬具拉馬車，但牠們都只是暫時馴服、心不甘情不願的過客，而非完全融入人類大家庭的成員。上述這三種動物，每一代都得重新馴服，才能為人所用。至於紅原雞，既不信任人類，又不適合圈養，怎麼看都不像是會成為人類最重要動物夥伴的候選者。這一切便是為何畢比在其原棲地對紅原雞的詳細觀察，是追蹤雞隻橫越海洋和大陸這段旅程的起始點。

不過，畢比之所以在第一次世界大戰前夕造訪緬甸，這件事跟雞的故事本身沒啥關係。保育人士在當時急於研究並記錄雉類，而緬甸之旅是該任務的一部分，追究起來，這都得感謝仕女帽和橡膠輪胎搞到雉類快滅絕。在那個年代，為了供應新興的自行車及汽車工業之所需，亞洲南部成千上萬畝雉類的主要棲地被砍伐破壞，以利大規模種植橡膠樹。同一時期，異國鳥羽成為數十萬歐美人士的時尚宣言，美國境內的鷺鷥、森鶯、燕鷗等也因而大量死亡。後來，從波士頓發起了一場小型抗議活動，當時有兩位社會名流正碰面喝茶並著手創立奧杜邦學會（National Audubon Society），那場抗議的聲勢漸增，形成一股強大的政治壓力，最終導致美國國會立法禁止販售本土鳥種的羽毛。

規模宏大的仕女帽製造業迅速把矛頭轉向亞洲南部的叢林，全世界四十九種雉雞，有四十七種分布在那裡，包括紅原雞。這群鳥擁有精緻繁複且耀眼鮮豔的羽衣，此乃其他鳥類難以望其項背的。鳥類愛好者擔心，還沒來得及把各種雉雞給分門別類，牠們就會消失殆盡。「這群最美麗、最值得注目的鳥正迅速邁向滅絕，」紐約動物學會（New York Zoological Society）†的會長亨利・費爾菲爾德・奧斯伯（Henry Fairfield Osborn）警告道，「其習性和周遭環境對了解牠們的組成及演化至關緊要，但我們過不了多久就沒辦法記錄這些資訊了。」[4]奧斯伯跟其他憂心的紐約客們，轉而求助於鳥類學界的天才青年，畢比。

從哥倫比亞大學輟學後，畢比進入剛開幕的紐約布隆克斯動物園（New York Zoological Park in the Bronx）工作，當時才二十二歲的他，就設計出了新穎的飛行展示籠。那時，美國其他動物

*〔譯註〕家豬是由歐亞野豬（*Sus scrofa*，即山豬）馴化而來，家豬逃逸至野外或人為引入至非原生分布區而形成的野生族群，即為野化家豬。澳洲野犬在分類上仍有爭議，目前一般認為是灰狼（*Canis lupus*）的一個亞種，*C. l. dingo*，其祖先在數千年前被人類帶到澳洲大陸，而後成為澳洲野生動物的一員。北美洲原生的野馬早在史前時代就已滅絕，現今在美國大西部荒野漫遊的「野馬」，是歐洲人在十六世紀時由歐洲引進的家馬（*Equus ferus caballus*）野化而成。

†〔譯註〕現今國際野生生物保育學會（Wildlife Conservation Society，簡稱 WCS）的前身。

園都把鳥養在小小的圍欄裡[5]，但這飛行籠卻是個驚人的開放空間，長約四十六公尺、寬約二十三公尺，鳥兒可飛至十五公尺高，底下則有一條小溪在樹木花草之間流過。自從一九〇〇啟用後，這個飛行展示籠就成了紐約中心的亮點。畢比身材像根瘦竹竿，配上一抹瀟灑的小鬍子，他相當擅長把科學跟冒險、上流社會和娛樂表演結合起來。他跟老羅斯福總統有點交情，愛跑化妝舞會，在第一次世界大戰出過飛行任務，當過紀錄片主角，還曾搭乘球形深海潛水器潛至海平面以下九百多公尺處。「無趣乏味是不道德的，」他曾跟朋友這麼說。「一個人要做的事情別無他樣，就是去體驗。」[6]

一九〇二年，畢比跟家境富裕且才華洋溢的瑪麗．布雷爾．萊絲（Mary Blair Rice）結婚，她來自維吉尼亞州，是一位賞鳥者，也是小說家。在奧斯伯的鼓勵以及紐澤西一位實業家的資助下，他們於一九〇九年從紐約港登上盧西塔尼雅號（Lusitania），這艘倒楣的定期郵輪在六年後被德國的U型潛艇擊沉，成為美國參戰對抗德國的導火線之一。接下來的十七個月裡，這對夫婦在亞洲南部一路奮力前進，他們得避開鼠疫，更要逃離在中國所發生的暴動，還得應付畢比週期發作的抑鬱症。經過這趟艱困的旅程，他們的婚姻也走到了盡頭。返鄉後，萊斯遠赴內華達州的雷諾（Reno），並提請離婚，在聲明中指控其夫婿過於殘酷。而畢比則繼續著手出版四大冊的《雉類研究專論》。

畢比夫妻發現，大規模屠殺確實威脅到許多物種，而這跟橡膠種植、羽毛市場、中國人轉向食用大量肉類等因素脫不了關係。「無論何處，都可見到牠們被陷阱和圈套誘捕，被吹管或十字弓射出的毒箭射穿，或遭連發獵槍射擊。」[7]畢比沮喪地寫道。他看到一大捆一大捆的白鷴羽毛堆在緬甸當時首都仰光的海關裡，還抱怨尼泊爾和中國出口大量羽毛到西方國家，儘管西方新的法規已經禁止其進口。快速擴張的橡膠栽植，他補充道，則是大幅減少殘存鳥兒賴以為生的棲息地。

有鑑於紅原雞是世上所有雞隻活生生的原型，因此畢比特別喜愛這種「地球上現存最重要的野鳥」[8]。他曾目瞪口呆地看著一隻紅原雞從灌叢中疾飛而出，然後穩穩地停在一棵樹的高枝上，另一隻則是翱翔飛過八百米寬的山谷。「那些養在牲口棚內的弱雞個個弱不禁風，看不出牠們有做這種事的能耐。」畢比不禁帶著生物學家的高姿態數落著家雞。不過，紅原雞大半時間都待在地面，於晨昏覓食，天熱時就棲息在蔭涼處，這樣的生活節奏，跟熱帶地區許多早期農業社會算是同步。

由於對紅原雞的食性所知甚少，因此畢比花了許多時間去探索其嗉囊（位於喉部附近的一個消化囊袋），並仔細搜尋腸胃道。他發現，絕大部分都是植物跟昆蟲的殘餘。雖然紅原雞是雜食性，但牠們偏愛竹筍之類的禾草、活的蟲子、穀物、草本植物，以及腐肉。這樣的食性，不同於烏鴉或麻雀，使其有機會成為早期農人的朋友。

畢比也對紅原雞定棲一地和群居的本性大感震驚，這樣的特質似乎同樣對古代人類有些吸引力。牠們甚少離家出走，母雞會照顧小雞近三個月，之後小雞才會離開、組成自己的社群。「我很少看到或聽到獨居的公雞或母雞，」[9]畢比寫道。原雞和其他雉雞不同，牠們在夜裡喜歡群聚棲息，通常，牠們偏好在彎低的竹桿上睡覺。這看起來似乎是糟糕的選項，因為那比樹枝更接近地面，而且易在風中搖擺，但少有獵食者能夠攀上光滑的竹桿。孤立的樹也是另一個理想棲所，不大容易在夜間受到攻擊。大多數鳥類在夜間被關起來時會焦躁不安，但紅原雞的睡眠習慣和弱點，反而有助於牠們住進雞舍。

要知道，會獵食紅原雞的動物不在少數。貂和胡狼喜歡吃野雞，鷹和鵰也是，而蜥蜴跟蛇則會享用雞蛋。然而紅原雞跟牠們那些馴化的手足不同，牠們並不多產。一隻母的紅原雞每年平均只在細心隱藏的地面巢產下六顆蛋，這數量比許多雉雞都來的少。此外，紅原雞跟牠許多表親相比，既不會比較大隻，也沒有比較多肉。當代家雞的特徵是肉跟蛋的產量均豐，不過這僅是人類千年來動手介入的結果，並非其祖先的特色。但紅原雞公鳥察覺危險和發出警告啼叫的能力，對早期的人類聚落來說，或許可做為一個便利的警報系統。

除了紅原雞外，還有三種原雞——灰原雞、綠原雞和斯里蘭卡原雞（藍喉原雞），畢比對這幾種原雞也曾近距離觀察過。牠們雖然特徵相近，但地理分布比紅原雞來得侷限。從喀什米爾境內海拔一千五百多公尺的冷冽喜馬拉雅山腰，到蘇門達臘島上蒸騰的熱帶草澤，都有紅原雞的蹤影。而從巴基斯坦到緬甸再到越南的海濱，紅原雞生存的棲地類型相當多樣，牠們也為了適應這些條件各異的地區，而演化出數個亞種。正是這種適應不同風土及食物的能力，讓紅原雞得以踏上旅程，抵達地球上絕大多數你所能想到的環境。

畢比的結論是，紅原雞是由某種神祕獨特的「有機陶土」（organic potter's clay）所構成，使其得以和其他鳥類區分開來，他稱之為「潛在的生理和心理可能性」[10]。畢比寫下這些文字時，亦即在緬甸看到那隻公雞大搖大擺走過空地的那一年，遺傳學才剛萌芽，任職於他準母校哥倫比亞大學的湯馬斯・杭特・摩根（Thomas Hunt Morgan），從果蠅研究證實了染色體（該物質攜帶特定的遺傳性狀）之存在，並於知名學術期刊《科學》上頭發表了一系列影響深遠的論文[11]。這些研究推動了現代遺傳學革命，而其基礎是一個世代前的達爾文所奠定的。

畢比推論道，由於紅原雞與眾不同的可塑性，讓人類得以將之改造成各類「漂亮出色、稀奇古怪，或龐然巨大」的家雞品種[12]。人們可以拉長或縮短牠們全身的羽毛，快速改變其羽色及紋路，還可增大或縮小四肢。紅原雞的尾巴不到三十公分，但日本有個品種，尾長達六公尺。而馴化的公雞，光是雞冠型態就超過二十幾種。公雞能培育成兇狠的鬥士，鬥雞羽毛較一般公雞短少，好讓敵手不易抓到。經過育種後，一公斤重的紅原雞可以變成只有一斤重的矮腳雞，以及肌肉發達、四公斤半的婆羅門雞，還有每天能下一顆蛋的白來亨雞。

也可以這麼說，紅原雞就是自然界的蛋頭先生*。牠們的生活節奏、食性、適應力，以及定棲和群居的本性等，都能完美搭配人類社會。在二〇〇四年，一支名為「國際家雞多態性圖譜聯盟」（International Chicken Polymorphism Map Consortium）的龐大跨國科學團隊解譯並發表了雞的基因組，這是第一種被畫出基因組圖譜的農場動物，該成果也對雞的經濟重要性提出有力的證

*〔譯註〕蛋頭先生是源自美國的塑膠玩具，有許多附件可裝在主體上，可任意安裝、變換造型。

據[13]。研究人員發現，在兩百八十萬個「單核苷酸多態（型）性」（single-nucleotide polymorphism）裡，可能絕大多數都起源於馴化之前。單核苷酸多態性是從基因組選定的片段，每個片段都代表單一DNA建構組成（building block）中的一處差異。換言之，現代家雞主要就是隻紅原雞；不過該結論是立基於這個假設：用來研究的紅原雞基因，確實就是來自純種的野生紅原雞。

這項研究結果對繁殖場來說頗具實用價值，他們可針對特定基因性狀來雜交育種，產出更大、更多肉的雞隻，但對於「如何讓野雞乖乖住進牲口棚」這件事，那些研究成果沒能提供什麼精闢見解，這不免令人感到沮喪。後來的研究則暗示，某個促進快速增長的突變，可能在數千年前就把紅原雞帶往馴化的軌道上；不過，要說人類一開始養這種鳥主要是拿來當食物，這並沒有多少證據可證實。科學家們需要的是一隻保證純種的紅原雞，以便釐清是哪些細微差異造就了野雞跟馴化雞的不同。

說來簡單，做起來並不容易。到第一次世界大戰時，帽子上的異國珍奇鳥羽已經退流行，橡膠熱潮也已崩盤，這就給了亞洲南部的雉雞們，包括紅原雞，一個休養生息的機會。可是畢比在長途考察旅程中，同時注意到有些紅原雞公鳥身上沒有「蝕羽」，也就是頸部紅黃相雜的羽毛及中央尾羽在夏末脫落後，所換上一套略帶紫色的羽衣；秋天時，牠們會完全換羽，全身長出新的羽衣。家雞並無蝕羽這個換羽階段，因此畢比所看到的情況，意味著野生紅原雞「混到了當地村莊家雞的血統」[14]。

等到另一位生物學家意識到這種世上最多產鳥類、人類最重要牲畜的祖先正以不可逆的態勢緩慢消失時，已經是將近一個世紀後的事情了。亞洲的家雞族群大肆擴張，野雞的基因完整性深受波及，紅原雞竟成了自身演化勝利的受害者。牠們的消逝，或許會讓我們永遠難以得知家雞是如何展開這趟旅程的。幸好，感謝美國政府一項名不見經傳的計畫，該計畫是打算平息南部各州獵人們的叫囂要求，而紅原雞可藉此揭露牠們的故事。

從遙遠且充滿異國情調的地區輸入野生動物，這個習慣幾乎就跟文明一樣古老。古代近東地區的早期統治者們，向來以其私人動物園中的獅子和孔雀自豪，巴格達一位哈里發曾送一頭象給查理大帝。[15]十五世紀時，一名中國皇帝曾對外交使節炫耀他的長頸鹿，令其震驚不已。由於絕大多數的物種並不像雞或人類一樣那麼能夠適應新的氣候、食物或地理環境，因此這些遠道而來的動物多半很快就喪生了。

中國的環頸雉是少數幾種成功引進美國的野鳥，牠們在一八八〇年代從遠東地區引入，並於中西部和洛磯山區快速繁殖擴散，不過牠們倒是堅持不願住在梅森－迪克森線（Mason-Dixon Line）*以南。美國許多外來鳥種的繁殖擴散，根本是悲劇，比如歐洲椋鳥和家麻雀，牠們四處啄食農作物、騷擾本土物種，甚至害噴射客機墜機。美國國會於二十世紀初，立法保護本土鳥

*〔譯註〕美國賓州和馬里蘭州的分界線，也是南北戰爭時，南方蓄奴州跟北方自由州的分界。這裡指的是環頸雉在美東的分布，主要就是以此線為界。

種免於時尚帽業的迫害，在同一個時期，也立法禁止輸入具危害潛力的物種。

到了經濟大蕭條，從鹿到水鴨，各種本土野生動物全都快速消失，沒多久，警鐘就響遍了保育界、獵戶以及槍彈工業[16]。一九三七年，小羅斯福總統簽署了一項兩黨一致同意的法案，這是首次有固定財源資助野生動物研究，以期瞭解並處理相關問題[17]。後來，第二次世界大戰爆發，這項工作因此中斷，危機在十年後更加深化，因為數百萬返鄉的退伍軍人，帶著威力強大的步槍進到林子裡。於是，全美各地的狩獵季節被大幅縮減，整條密西西比河遷飛路線（Mississippi River flyway）則是完全禁獵。國際漁獵保育委員協會（International Association of Game, Fish and Conservation Commissioners）的主席，於一九四八年在大西洋城的一座宴會廳裡警告道，「這片大陸上的野生動物保育歷程不但悠久且豐富多彩，但毫無疑問地，美國野生動物管理當局現正面臨最嚴重的危機。」[18]

紐約狩獵保育部門的主管，一位充滿自信、名喚嘉德納·邦普（Gardiner Bump）的新科博士，提出了一套激進的解決之道。邦普是個身高超過一米八、體重九十幾公斤的壯漢，他極力主張從歐亞進口狩獵鳥禽到北美，如果幹得「夠科學」的話，就能取代那些已經油盡燈枯的本土物種。美國魚類及野生動物管理局（U.S. Fish and Wildlife Service）局長對於引入潛在有害生物一事頗有戒心，因為他所帶領的這個單位，基本上就是為了回應防治外來種的強烈要求而成立的。但大難臨頭，他急需對策，只得勉強同意。

邦普和太太珍妮特為了找出最合適的鳥，展開了為期二十年的研究，一路從斯堪地那維亞考察到中東地區[19]，但他們運回美國的幾十種狩獵鳥種，全都無法自行適應並繁殖擴散。於此同時，邦普在華府的同僚和長官們所面臨的壓力日增，來自南部各州的國會議員要求他們趕緊找到合適的鳥種，好滿足選區內心生不滿的狩獵選民。南方人主要獵水鴨和北美的鶉類，但他們渴望獵獲更具挑戰性的鳥禽，比如雉雞。一九五九年，邦普夫婦在新德里一處富裕的郊區租了間有後院的房子，那後院的面積足夠容納幾間籠舍來養鳥，他們熱切期盼能在印度次大陸發現適合的鳥[20]。

邦普求教於經驗老到的英國人，他們力勸邦普把焦點放在隱密、聰明、動作敏捷、喜歡溫暖潮溼林地環境的紅原雞身上。邦普要華府方面放心，表示自己要前往帶回一種絕對有搞頭的鳥。不過，印度的官僚拒絕了他的請求，不願意派出官方遠征隊至喜馬拉雅山麓，那裡正是紅原雞的主要棲地。印度在當時是親俄的，因此對於美國人接近敏感的中、印、巴基斯坦三國邊界一事頗為警戒。邦普並未因此氣餒，反倒安排了一趟私人的狩獵假期行程[21]。他在印度北部樹木繁茂的山丘和森林間進行調查，該區有自喜瑪拉雅山發源的恆河滔滔流過，紅原雞提出的挑戰，使他留下深刻印象。他寫道，這「幾乎跟打中驚飛的披肩榛雞（ruffed grouse）一樣困難。」[22]他決定派出當地人去捕捉紅原雞，並採集雞蛋。

有件事是邦普最關切的。他需要的是能夠從美國南方的獵食者口中逃生、血統純正的野生紅原雞。如果他進口到美國的，是混到家雞基因的紅原雞，牠們大概就不會有畢比當初觀察到的那種怕人又隱密的特質，這樣恐怕也活不到傳宗接代就會死光。為了避免這個困擾，他指示道，所有紅原雞的蛋和雛鳥，其採集地距離最近的村莊起碼要相隔五公里遠。後來，他聲稱絕大多數採集到的樣本，距離最近的人類居所都有十六到二十四公里遠，不過這說法在半個多世紀後已經難以查證是否屬實。

邦普在幾十年前就已過世，但是當年在印度跟他共事的年輕生物學家格廉·克里斯騰森（Glen Christensen），現仍在世，高齡已近九十。他住在內華達的沙漠裡，我打電話找他時，電話那頭傳來：「你等會兒，我得去拿我的氧氣過來。」不久，他回到話筒旁，確認邦普很清楚雞交的問題。本來，我心目中的邦普應該是個吃苦耐勞、積極進取的戶外咖，背包和步槍上肩就能在興都庫什山的荒山野嶺信步而行。克里斯騰森聽了我的想像之後，不禁啞然失笑。「設陷阱捉鳥這些事，他並沒有參與太多。事實上，邦普並不常出野外，」他補充道，然後又停下來吸了一口氣。「他就像個老鄉紳一樣，坐在德里的自家大宅院裡。」[23]

比抓鳥更困難的，是如何把這些紅原雞從新德里送到紐約去，這可是長達一萬一千七百五十公里的旅程。在那個年代，從印度到美國得換好幾班飛機，整整花上四天才能到達，這對任何想要運送野鳥的人來說，在後勤調度方面都是場惡夢。泛美航空在一九五九年引進新的波音707噴射客機，以同一架飛機飛行，這段航程的時間將減少到一天半[24]。邦普夫婦為德里的航空公司代表舉辦了一場豐盛的晚宴，眾人就在後院的堅固籠舍之間觥籌交錯，一邊喝著雞尾酒，一邊聽邦普細數他們的努力及成果。泛美航空的代表們對此印象深刻，但也可能只是喝茫了，總之他們同意幫這個忙。

到了一九六〇年五月，邦普夫婦就開始收集設陷阱者所帶來的紅原雞和蛋。他們把蛋拿給一般的母雞代孵，孵出之後將小雞移到後院籠舍並以雞飼料餵養，那些雞飼料則是從世界農業博覽會（World Agricultural Fair）的美國展示處強行要來的。感恩泛美，有七十隻紅原雞經由紐約送到了南方四個州。隔年，又有四十五隻運到美國。在此期間，幾個州的獵禽主管機關在專門的孵化場裡繁殖紅原雞，然後從一九六三年秋天開始，把上萬隻紅原雞放到美國南部。邦普夫婦對此滿懷希望，認為起碼自己總算是替獵禽危機尋得一道解方。

然而，那些被野放的雞似乎在南方野地裡消失無蹤，牠們可能不敵獵食者、天氣或疾病，或是幾個致命的因素共同導致。回到美國後，邦普在六〇年代剩下的幾年裡，帶著他越來越絕望的要求四處走訪各州的孵化場，因而引起獵禽管理單位的反感。保育界有很多人大肆批評邦普，直言引進外來物種的努力完全是浪費時間和金錢。在一九五〇年代，由於狩獵限制和棲地保護這兩項政策的密切配合，野生動物的族群量已有所回升。有個新威脅更具潛在危害，尤其對野鳥而言，那便是「污染」。有位曾受畢比指導的美國魚類及野生動物管理局前雇員，名叫瑞秋．卡森，她在一九六二年出版了《寂靜的春天》。這本暢銷書讓環境運動轉而認識並防範化學污染和棲地破壞，因為這些問題對原生物種造成莫大威脅。

到了一九七〇年初葉，正當美國慶祝首屆世界地球日、尼克森總統準備籌組新成立的環境保護署時，邦普從華府的辦公室撥了通電話到南卡羅萊納州，聯絡一位對紅原雞有強烈興趣的年輕生物學家。外來獵禽計畫已經差不多要被砍掉了，而在南方各州獵禽場裡留著繁殖用的紅原雞，過不久也要被銷燬。「他們要宰掉那些紅原雞，」他慎重提醒這名年輕的同僚列爾・布里斯賓（I. Lehr Brisbin），「你能救多少算多少。」[25]

↓ ↓ ↓

布里斯賓現在已經七十好幾了，跟他第三任妻子住在一座豪奢的郊外社區，離他工作半個世紀的核武研究室不算太遠，隔一條街則有整排蓋成殖民時期風格的房屋和精心整理的草坪。他的私家車道開頭跟別人家沒啥兩樣，之後卻突然轉進一段沒有鋪面的小徑，下坡進到密林裡。我按下門鈴，布里斯賓喚我入內，眼前有隻戴著無線電項圈的箱龜緩緩爬過。

他光著腳坐在門廳的鑲木地板，周圍散落著一只綠色背包和許多地圖。在他身後的邊桌上，一隻剛吃飽、同樣戴著無線電項圈的狐狸直盯著我看。「牠掛了？」他問著電話那頭，「有把牠冷凍起來嗎？」安靜片刻。「喔，假如你的鳥死了，只要你有冰起來，就不會麻煩到我。」掛掉電話後，他抓起倚在門上的一根木製手杖，撐起瘦小結實的身軀。布里斯賓答應帶我去看那些他從鬼門關救回來的野雞的後代——可能是世上僅存的純種紅原雞。

他的第一份工作是在一九六〇年代末期，以一名生態學者的身分去評估家雞是否能在前往火星的旅途上存活下來。為了執行這項工作，他把咯咯亂叫的雞裝進金屬箱子，再把箱子放到襯鉛的深坑裡，坑中含有低放射性輻射源。那個坑位於政府管轄的薩凡納河核禁區（Savannah River Site）內，該禁區是核子工程師合成氚及鈽的地方，這些物質是製造大規模毀滅性武器的材料。他每天讓雞反覆暴露在輻射線中，以模擬外太空的環境，那裡可沒有地球大氣這層防護罩。結果顯示，即便明顯暴露於伽馬射線一個月，他所實驗的九十隻雞都很耐操，沒有一隻掛點。雖然生長速率減緩，但除了中趾稍微短了些外，大部分的骨骼並未受到影響。

他推斷，家禽能夠在太陽系內的星際旅行存活下來。一九六九年七月，阿姆斯壯和艾德林首次登陸月球，布里斯賓也在同一個月發表他的研究成果[26]。其實有隻雞跟著幾位太空人一起出那趟登月任務，只不過上場的型式是冷凍乾燥的雞蓉奶油湯。美國航太總署負責人的夢想，是把活的動物跟太空人一起送上火星定居，想像著當這些自給自足的拓荒者建立起人類第一個在地球之外的灘頭堡時，公雞在火星上一片粉紅的破曉時分高聲啼叫。狗貓可以慢點上去，不過雞跟蛋卻是這項冒險行動的必需品。布里斯賓執行的研究是航太總署這項宏大計畫的一部分，可那計畫從未實現。

布里斯賓在喬治亞大學雅典校區（University of Georgia in Athens）念研究所時，曾研究過家雞在生活史各階段的生長速率。雞的壽命約十年，甚至到二十年，不過那些蛋雞或肉雞很年輕就被宰殺了，所以研究人員對於中年和老年的雞所知甚少。布里斯賓知道，比較家雞跟原雞的生活史有助於整個研究，他也夢想著能夠前往印度，到原生棲地去觀察野生紅原雞。無奈天不從人願，就如同航太總署沒能把雞送上火星一樣，布里斯賓也沒機會造訪次大陸。但就在他發表前述論文的一年之後，他接到一通急切的電話，正是邦普打來的。

得知那些雞的險境後，布里斯賓跳上他的福特旅行車，開了兩百二十幾公里，直赴喬治亞州一所獵禽場，從那兒載了一百顆紅原雞蛋離開。兩個月後，他寫信告訴邦普，他在核禁區裡的雞舍養大了三十五隻健康的小紅原雞。經由試誤學習，他發現這群雞非常神經質，於是避免觸碰到牠們，也限制牠們跟人類接觸的機會。儘管他是這方面的專家，也已極力預防，但一年後還是只剩八隻存活。兩名喬治亞大學的同事再給他六十九隻從阿拉巴馬州獵禽場拿來的紅原雞，這些同樣是邦普從印度帶回來的。

一九七二年，布里斯賓轉到華府做辦公室工作。他沒辦法帶著雞群一塊兒到首都去，但也找不到人願意接手照顧這群喜怒無常的鳥。邦普夫婦那時已經退休，住在紐約州北邊的自家農場；薩凡納河核禁區的生態學同事對布里斯賓的這項興趣嗤之以鼻，核子工程師則是覺得在他們的高科技園區裡出現這種低科技的雞，實在太沒面子了。此時，「出乎意料地，埃薩克・理查森（Isaac Richardson）撥了通電話過來，」布里斯賓說道。埃薩克・理查森是個孤僻古怪的有錢人，在阿拉巴馬州的塔斯卡盧薩（Tuscaloosa）有間牛豬屠宰場，他靠著賣牛肉豬肉賺大錢，但以飼養異國珍禽為樂。

理查森聽聞了布里斯賓的困境之後，當年六月就前往薩凡納河，帶了一打的雞回去，之後回報道，那些雞不只活下來，而且朝氣蓬勃。布里斯賓大受鼓舞，把剩下的幾隻雞通通裝進淺箱，裡頭鋪著泡棉以防牠們把自己給撞死，然後載到阿拉巴馬去。時序進入美國南部的八月天，車上沒有冷氣，所以「我傍晚上路然後徹夜開車，」他說道。清晨把雞卸下後，他便開車掉頭北返華府。

繁殖飼養紅原雞是門艱鉅的學問，但理查森向世人證明，他是萬中無一的高手。三年後，他把雞群的數目提升到七十五隻；接下來的三十年，他的雞一直維持健康且沒有接觸到其他雞群，因此其基因組成並未被「稀釋」。他曾把一些雞分送給非相關專業的鳥類學者，但絕大多數的雞很快就因疾病或壓力而死亡。即便是畢比服務過的紐約布隆克斯動物園，也認為這些紅原雞實在太難照養了[27]。只有一小批人知道照養這些鳥所需付出的技巧和投入，而理查森有某種魔力，其非凡成就對這群人而言，有著傳奇的地位。

布里斯賓最終又回到南卡羅萊納州，研究在薩凡納河核禁區放射性環境下受到傷害的雞——後來還包括暴露在車諾比爾輻射污染物之中的雞——能多快排除體內的毒害。[28]（他發現牠們確實能排除，而且很快。）他也發表過幾篇文章，探討受放射性鈀污染的蛇類、美洲鴛鴦（林鴛鴦）和野化家豬，還曾花費數年研究棲息在核禁區冷卻廠廢熱水中的美國短吻鱷，這也讓他有機會在馬藍．柏金斯（Marlin Perkins）所主持的熱門電視節目《野性王國》（*Wild Kingdom*）上露臉。在這幾十年裡，他沒有再養紅原雞，但布里斯賓說，他永遠記得邦普在一九七〇年那通電話中所說的話。「有朝一日，」那位紐約的鳥類學者預言般地警告道，「牠們或許會成為唯一的倖存者。」

四分之一個世紀後，布里斯賓發現有場關於熱帶亞洲鳥類的專題討論會，將在一九九五年美國鳥類學者聯會（American Ornithologists' Union）*於辛辛那提召開的大會上舉辦。他說：「我心想，哇，把紅原雞的議題端上檯面的機會來了！」他刻意下了個頗具煽動性的論文題目——

〈紅原雞是東南亞最瀕危的鳥類之一嗎？〉（Is the Red Junglefowl One of the Most Endangered Birds in Southeast Asia?）[29]

世界自然保育聯盟（International Union for Conservation of Nature）認定全世界四種原雞之中，有三種可能面臨潛在的危險。唯一的例外是紅原雞†，因為牠的族群量遠多於其他幾種原雞，而且廣布於東南亞，僅在人口稠密的城市國家新加坡裡稀少罕見。布里斯賓的論點並不是紅原雞正在消逝，而是野生族群的基因完整性正在喪失。這個物種是因「漸滲」（introgression，基因滲入或基因混合）而「死亡」，而非個體全數消失的那種「滅絕」。

這個議題在保育界並不流行，因為比起基因漸滲，實體上的滅絕對於許多知名的野生動物來說才是無法抵禦的威脅，比如藍鯨、西伯利亞虎、北極熊，當然也包括成千上萬沒那麼受人關注的物種。野生疣鼻棲鴨因為跟馴化綠頭鴨雜交而受脅；世界各地族群稀少的各種野犬（wild dogs），則是混到越來越多各種品系的家犬及野化家犬的血統‡。植物也有同樣的麻煩，舉例來說，亞洲的野稻品系正在凋零[30]。布里斯賓和幾位生態學者指出，雞、鴨和稻米是人類極為重要的糧食來源，確保其野生祖先遺傳基因之存續，便是一項重要且審慎明智的努力。

「我想看看有沒有人會跳出來跟我辯論，」布里斯賓說道。他的策略奏效了，堪薩斯大學的生物學者陶．彼得森（Town Peterson）突然出現在會議室，堅決認為基因漸滲不太可能對野生紅原雞造成主要衝擊。兩位專家最後決定合作研究，以釐清事實。由於兩人都不是遺傳學家，且基因定序技術尚未成熟，因此他們需要一項單一明確的性狀特徵，以資區辨野生紅原雞和家雞。後來他們選定「蝕羽」，因為鳥類學家已知純種的紅原雞公鳥會在夏末換掉紅黃相雜的頸部羽毛及中央尾羽，然後暫時換上一套略帶紫色的羽衣，但家雞並不會如此。如同畢比所言，紫色羽衣的存在，是該隻紅原雞沒有混到家雞基因的可靠證據。

這項研究花了四年之久。他們走訪美國、加拿大和歐洲的十九間博物館，在滿是灰塵的抽屜和霉味撲鼻的儲藏室裡找到了七百四十五隻紅原雞標本，收藏的年代超過兩世紀[31]。比較過這些標本的採集日期、季節和地點後，兩位科學家發現了一項明顯且讓人憂煩的趨勢。蝕羽開始在標本上消失的日期可追溯至一八六〇年代的東南亞，而且這個現象似乎隨著時間往西擴展。到了一九六〇年代，也就是邦普去收集紅原雞的時期，幾乎在整個紅原雞分布最西邊的北印度，蝕羽也開始消失了。布里斯賓和彼得森相信，這項改變並不僅是野生族群內的自然變異而已。標本上的標籤資訊指出，那些缺乏蝕羽的個體，許多是採集自家雞數量繁多的地區。在印度北部和西部，亦即當年邦普用力最勤的地區，有可能是野生紅原雞的最後據點。

兩位研究者於一九九九年聯名發表一篇論文，警告道「完完全全野生的族群可能面臨極為

*〔譯註〕成立於一八八三年，後於二〇一六年跟庫珀鳥類學會（Cooper Ornithological Society）合併，現為美國鳥類學會（American Ornithological Society）。

†〔譯註〕目前這四種原雞在世界自然保育聯盟的保育等級皆為「無危」（Least Concerned, LC）。

‡〔譯註〕馴化的疣鼻棲鴨即國人熟知的「紅面番鴨」。除了番鴨外，其餘各個品系的家鴨幾乎都是從綠頭鴨馴化育種而來。這裡的野犬可能是指 Asian wild dog（亞洲豺犬）、African wild dog（非洲野犬）等犬科動物。

嚴峻的威脅」，而利用動物園或野外現有紅原雞所進行的研究，那些個體「恐怕都有混到家雞的基因」[32]。若此，幾十年來將紅原雞與家雞進行比較研究的結果就引發了質疑，這些比較研究的目的都是想探討雞是如何、為何、何時何地被馴化的。令人擔憂的是，紅原雞這種「對人類經濟和文化都如此重要的動物，顯然處於基因滅絕的險境之中。」

列基特．強森（Leggette Johnson）的農場位於喬治亞州東北部小鎮科伯敦（Cobbtown）的金雀路上，周圍盡是平整的棉花田，從布里斯賓在南卡羅萊納州的住處還得再往南開兩小時的車。素樸房舍的一側，是個以柵欄圍起的開闊區域，裡頭滿是比人高的長欄舍。某個陰沉的秋日，強森跟我們在大門口碰面。一臉慎重的表情、啤酒肚、緩慢的語調，穿著典型南方老好人的連身吊帶工作褲，他是少數在美國成功繁殖紅原雞的人之一，雞群裡頭還有當年邦普收集、理查森照顧過的那些紅原雞的後代。

「你走進去的話，牠們全都會抓狂，」[33]他用粗短的手指指著一個鐵絲網欄舍說道。這句話既是陳述，也是警告，更是挑戰。這時有三隻雞緊張兮兮地沿著側邊，慢慢走到另一端角落去。還有一隻，在其嬌小、暗褐色的身體上方，頂著看起來像是個白色小頭巾帽的玩意兒。牙線，強森對我解釋。一個月前，有隻鷹突襲雞舍，雖然鐵絲網阻擋了那隻猛禽，但牠鎖定的那隻母紅原雞本能性地試圖逃脫時，整隻往籠子衝上去，然後牠的頭就開花了。於是強森從浴室醫藥箱中拿了牙線，把撞暈的母雞抓起，坐在整個翻過來的白色塑膠飼料桶上將牠的傷口給縫起來。

牠們永遠都想逃脫。那三隻雞在幾公尺外的鐵絲網後面縮成一團，強森指向其中最大的一隻。那隻公雞大片艷麗的藍、紅、黃羽色在陰霾天色下依然耀眼，跟兩隻母雞單調的棕褐色形成對比。某天，舍門關得不夠快，那公雞立刻奪門而出，在外頭逍遙自在了三個月，牠會徘徊到母雞附近，但數次嘗試捉牠卻都無功而返。「我就是無法逼近，」強森說道。「要是我靠近一點，牠馬上就會溜走。」那隻雞完全不信任人類，只有一個包著尿布的兩歲鄰家男孩例外，他能往那隻四處跑的公雞直直走去，顯然對公雞的自由無法造成威脅。

要走到養紅原雞的欄舍，強森得先穿越相鄰的另一舍，裡頭養著其他同樣野生的鳥類。我們走過時，尾羽優雅的雉雞和圓滾滾的鵪鶉登時四散，看起來較像是感到疑惑而非擔憂。他說，「我可以把飼料放在手中餵這些鳥吃，」而牠們就在我們腳邊奔竄。「但那些就不行了，」他指著那三隻縮在一起的紅原雞補充道。「如果跟別人講這些，他們會以為你在發神經，但要是你真的把牠們弄到太激動然後抓一隻起來，牠會放棄搏鬥而且全身鬆軟。心臟衰竭而死吧，我猜。」

近距離觀察發現，兩隻褐色的母雞其實帶點紅色調，頸部則有細緻如點畫般的黑縱紋。其嘴喙小巧，也不像浮誇的公雞那樣腳上有足距、頭上有冠和肉垂。強森提議讓我隨他一同進入雞舍，但我婉拒了，因為我不希望這些珍禽因為我而嚇出心臟病來。這條血脈可是僅剩百隻上下倖存於世。

強森聳聳肩，調整一下鴨舌帽，解開門閂，小心翼翼地走入。霎時一堆看不清的翅膀猛拍爆響，感覺連周遭氣壓都改變了，而我不自主地跳了起來。片刻之後，強森離開欄舍，那些雞比之前更加緊密地擠在遠端的角落，擺出看似極度恐怖夾雜著傲慢憎恨的姿態。當我問他這種鳥是如何變成馴化的家雞時，他並未回答，但是帶我到養殖場的另一側。

這名喬治亞州的農民，是美國少數收集了四種原雞的人。四種原雞的母鳥羽色都偏褐且沒啥花紋，也沒有雞冠，這樣在森林底層孵蛋時，就比較不易被天敵發現。至於灑滿鮮豔色彩的公雞，在牠們同類看來會更加耀眼，因為牠們的眼球擁有四種負責識別顏色的錐細胞，人類才三種。達爾文把這種張狂的外表解釋為公鳥之間的軍備競賽，目的是為了向其追求的異性展現更多魅力[34]。如今，科學家們表示，牠們還試圖讓競爭對手留下深刻印象。就像古希臘戰士戴上以羽毛裝飾的頭盔，或是十九世紀「佐阿夫兵」（Zouave，法國輕步兵）穿著鮮豔的褲子和頭巾帽，這些特殊的制服都能使敵人眼花撩亂、膽顫心驚。

強森先帶我們去看斯里蘭卡原雞的籠舍，這是印度東南外海那座淚滴形島嶼的特有原生鳥種。只見公雞和母雞謹慎地往籠舍後方移動，可是牠們並未驚慌失措。公的斯里蘭卡原雞，無論體型或外型都很像紅原雞公鳥，但赤紅雞冠上卻有一抹鮮黃。下一個籠舍圈養來自印度南方的灰原雞，裡頭的公雞頸上綴著些許黃點，踏著一雙黑腳*來回奔跑，把灰色身軀上那些紅褐夾黑的羽毛搖曳地沙沙作響。母灰原雞跟其他母雞一樣樸素，但是腳略帶黃色。

再過去的籠舍有隻綠原雞，其原生地在今日印尼的爪哇、峇里等島嶼上，西去斯里蘭卡三千多公里遠。這隻公雞反常地一動也不動，還用一種讓人緊張不安的犀利眼神瞪著我們看。牠似乎對自己華麗的羽衣充滿自信，畢竟這是四種原雞之中最引人注目的。牠身上的羽色從青銅色逐漸轉變至翡翠綠，喉部為天藍及亮紫，帶著幾抹紅褐跟金黃，雞冠則從淺藍漸至洋紅。

奇怪的是，當我們站在那隻立定的綠原雞前面聽強森說明時，雖然這三個姊妹種也很緊張，但卻不像紅原雞那樣會緊張到嚇死自己。他從不需拿牙線替養殖場這一側的原雞縫傷口，其他欄舍的松雞、鷓鴣、鵪鶉、紅腹錦雞也都沒有紅原雞這般狂野難馴的性情。為了限制人為活動造成的傷害，他進入紅原雞欄舍的頻率盡量避免高過三天一次。

這些紅原雞與眾不同的特質，近來引起了瑞典烏普薩拉大學生物學家雷夫・安德匈（Leif Andersson）的注意，他是利用DNA定序技術研究馴化動物基因演變的先驅，也曾是二〇〇四年發表家雞基因體定序結果的團隊成員[35]。安德匈跟布里斯賓幾十年前的想法一樣，知道自己需要純種紅原雞來跟家雞比較研究，以便更精確地繪製出基因圖譜。二〇一一年，他到強森的農場去看這些珍禽，並且抽血採樣[36]。理查森那一脈的紅原雞，其DNA現已被安德匈拿到烏普薩拉的實驗室進行定序。撲朔迷離的家雞史，可望藉由這些遺傳物質解開重要線索，尤其一旦該物質被證實是最後一批沒被污染的基因體的話。

回南卡羅萊納州的路上，布里斯賓反覆思索著家雞馴化之謎。這些雞是為何以及何時何地

*〔譯註〕灰原雞的腳實為紅色。作者或許是看到陰暗天候下被泥土沾黑的腳。

從林子裡跑到後院去的？生物學家至今仍對這問題爭論不休。數千年前，在亞洲南部的某處，牠們就這麼融入人類社會了。務農的祖先可能很歡迎這種幫忙吃雜草跟害蟲的動物；也許獵戶從森林裡抓到後，帶著活鳥回家，久而久之牠們就被馴化了；採集糧食的人可能找到尚未孵化的蛋，於是拿回家裡孵。然而布里斯賓深信，只有某個改變紅原雞先天易驚個性的基因突變，才能造就今日如此平靜溫和的現代家雞。強森的紅原雞「有百分之五的機會，被人抓著就會死掉，」布里斯賓說道。從野生動物到後院小雞，這項改變——或許僅是隨機的基因轉變——戲劇性的轉化了這種鳥，也對人類造成重大影響。

突然，一隻松鼠衝到車前，我趕緊打方向盤，卻還是撞到那隻可憐的傢伙。布里斯賓要我回轉。「你有袋子嗎？」他像個小孩般熱切問道。「別浪費了。」回頭找到牠時，頭已經扁了，但其他部位沒有異樣。「太好了，」他邊說，同時把裝著死松鼠的袋子放到後座。然後才竊笑著說道，他收來的東西常嚇壞薩凡納河核禁區大門哨口的警衛。「那些警衛實在很不想檢查我的車，因為車裡可能會有蛇或鱷魚之類的。」他瞥了一眼後座。「到我家後，記得提醒我帶走。」

幾個月後，好奇的我致電已退休的理查森，想知道這位自學成才的屠宰場老闆幾十年來是如何成功圈養邦普那些難搞的原雞，即便心臟衰竭或疾病一直是牠們揮之不去的威脅。

在他塔斯卡盧薩家中接起電話的，是一位女性。「他六個星期前下葬了，」理查森的太太說道，「他享壽八十三，一生沒待過醫院。」我向她致哀，然後她女兒接過電話並自我介紹。「他對牠們關懷備至，」我問到紅原雞時，她是這麼說的。「他將那些雞單獨飼養，不讓牠們跟其他的雞雜交。要是有其他人走近，即便是我，那些雞都不會有好下場。」她又說，在他父親過世前幾個星期，她曾問，為何他如此重視這些難伺候的雞。「他說，『我喜歡這些雞，因為牠們無法被馴服。』還說，『我就是喜歡牠們的性情——狂野不羈。』」

CHAPTER

2

深紅色的鬚髯

看哪，那公雞王，看他如何造訪貧民窟，宛若領主！
看哪，那公雞王，看他如何從這些空地，衝著較小而更馴的公雞們，追逐！
看哪，那公雞王，看他如何展開雙翼，似汽油潑灑，喔，彩繪玻璃蝶舞！

——傑伊・霍普勒（Jay Hopler），〈公雞王〉（The Rooster King）[1]

公元前一四七四年的一個明亮秋日，雞隻以史上最隆重的腳本出場。那天，在武功赫赫的埃及法老圖特摩斯三世（Thutmose III）眼前，有四隻鳥被人們欣喜若狂地帶到當時世上最大、最富裕的城市，底比斯（Thebes）。現場萬人空巷，全城都來觀看這盛大的遊行。華麗駿馬拉著純金及琥珀金（electrum，金和銀的天然合金）裝飾的戰車，陽光反射，使得沿著城中凱旋大道滾滾而來的群眾難以直視。努比亞（Nubian）侍從扛著巨大的象牙，那是法老在敘利亞親手獵象所得。用喉音歌唱的俘虜穿著奇裝異服走過，接著是幾隻昂首闊步的熊，和一頭活生生的大象——這些全是戰利品，來自一場位於中東、為期六個月的戰爭。做為人質的外國王子們，待在鍍金的籠裡緩緩前行，金籠的造型就如同那些裝著斑斕鳥禽的籠子[2]。

四隻異國珍禽是巴比倫統治者獻給圖特摩斯三世的貢品，這位法老至今仍被視為埃及數一數二的軍事及政治領袖[3]。圖特摩斯三世的身高僅一米六，但連串軍事勝利，使他得以跨越幼發拉底河進到美索不達米亞（今日之伊拉克），他在此痛擊對手，凱旋而歸，回到曾被詩人荷馬讚為「擁有百座城門……的世界偉大寶庫」、埃及人稱為「瓦瑟特」（Waset）的首都底比斯[4]。

寬闊的凱旋大道通往底比斯的盧克索（Luxor）祭堂，另一端則是卡納克（Karnak）神廟，圖特摩斯命人將其成功入侵的編年紀事刻在神廟的石牆上。當時埃及尚無象形文字用以描述這種前所未知的動物，石材的幾個關鍵處也有受損，因此無法完全肯定這些贈禮就是雞。但從鐫刻的文字可知，有隻來自美索不達米亞的鳥禽每天都會做某件事，古埃及學家認為是「下蛋」[5]。由於要到二十世紀之後，大部分的母雞才能每天下一顆蛋，因此那種言過其實的宣稱，也許只是其中一項被刻上石塊的誇大之詞罷了。然而，沒有其他鳥類像雞一樣符合描述。

歷史上的古埃及，大半時間都是個如同島嶼般孤立隔絕的區域，其範圍由生命之源尼羅河及其沖積入地中海的肥沃三角洲所界定。由於古埃及的農產富饒，而北邊是大海，南邊是莽原，東邊和西邊都是沙漠，所以在早期的歷史中，古埃及人甚少遠離尼羅河谷。但這情況在新王國時期的初期有了轉變，因為圖特摩斯三世的祖父圖特摩斯一世，開始將兵力布署至黎凡特*地區。當部隊進到該區域，初次見識到下雨時，他們全看傻眼了，稱雨水是「從天而降的尼羅河」[6]。接著，在新王國的全盛期，整個世界被帶到了埃及統治者的跟前。圖特摩斯三世的繼母，亦即哈特謝普蘇特（Hatshepsut）法老，派遣船隻下紅海前往龐特之地（the land of Punt），那兒可能是今天的索馬利亞或衣索比亞，帶回了乳香、象牙、黑檀木，以及之後被移植到埃及的沒藥。此外，她還大力推動地中海地區的國際貿易。至於雞隻抵達埃及這件事，其意義並不僅止於一個物種的傳布而已，更重要的是，該事件顯示出埃及新興的興趣：探索、征服外在世界，並且收集外地商品及動植物。

其實，圖特摩斯三世本人就對異國事物頗為著迷。在那堵上頭刻文提到「每天下蛋的鳥」的卡納克石牆附近有個房間，裡頭可見以雕刻呈現的石榴、鳶尾花、瞪羚，以及其他並非原產於埃及的物種。越過尼羅河，這塊貧瘠的西岸地帶是留給陵墓及陵廟所用，他的首輔大臣瑞克米爾（Rekhmire）便長眠於此。其陪葬所用的金屬花瓶，據信是米諾斯人（Minoans，又稱米諾安、邁諾安）從克里特島（Crete）帶來的貢品，其中有個花瓶，刻飾著公牛、獅子及羚羊頭的形象。此外，還有隻粗略描繪的鳥，帶有兩片肉垂、一張冠，以及尖嘴喙，這可能是已知最古老的公雞圖之一[7]。

在古埃及，雞是稀有且專屬王室的鳥，這件事到一九二三年才為世人所知。在底比斯西邊帝王谷（Valley of the Kings）進行考古挖掘的哈渥德・卡特（Howard Carter），於一九二二年底發現了圖坦卡門王（King Tutankhamen）的陵墓[8]。四個月後，卡特報告發現一塊破碎的石片，地點在

*〔譯註〕Levant，這是個模糊的歷史地理名詞，可泛指地中海盆地東邊的廣大土地，或是指大約包括今日敘利亞、黎巴嫩、約旦、以色列等國的區域。

鄰近的拉美西斯九世（Ramses IX）陵墓和阿肯納頓（Akhenaten）陵墓之間。阿肯納頓是圖坦卡門之前的法老，統治時期比圖特摩斯三世晚一個半世紀，他背棄了原本的宗教信仰，轉而專注發展埃及人對太陽神的崇拜。卡特差點沒被塞滿圖坦卡門墓室的數千件物品給淹沒，那些東西將會耗掉他未來十年的光陰，更別提後續圍繞著這項發現而馬不停蹄進行的全球宣傳。他的資助者及友人卡納文勳爵（Lord Carnarvon），兩週前才在開羅去世——要嘛是源自被感染的蚊蟲叮咬，或者，按照更為流行的說法，是因為被詛咒的墓室。雖有遺憾，但這一小塊石片仍使這位備受歡迎的古埃及學家興奮不已，他對此寫了篇延伸論文，指稱這不僅是「已知最早以紅原雞形式畫出的馴化公雞圖」，還是「千真萬確的證據，證明古底比斯人已經知道……家雞這種動物」[9]。

這個在一小片三角形石灰石上的圖案極為迷人，該石片現典藏於大英博物館。它沒有許多古埃及雕像及建築橫飾帶（friezes）常見的拘謹呆板，取而代之的是活潑醒目的墨水素描，畫出大片鋸齒狀雞冠、明顯的肉垂、收攏的翅膀，以及一束張開的尾巴。這隻公雞顯然是由親眼見過活雞的人所繪製。它就跟隨便哪隻鄉下放養的雞一樣炫耀著它的行頭，「這表明一件事，」卡特補充道，「就是在那麼早的時期，雞就已經完全被馴化了。」[10]

根據出土地點，他推斷這塊碎片的年代介於公元前一三〇〇年的阿肯納頓法老時期和公元前一一〇〇年的新王國末期之間，那時埃及已經遭逢一連串毀滅性的乾旱和戰爭，只得任由外國統治者擺布[11]。儘管這只是個粗略的猜想，但卡特的發現長久以來都是埃及最古老的雞隻圖像，沒有被挑戰過。另一個圖像是個銀碗，上頭有隻公雞出現在一片農耕的場景中，這個雅緻的容器是在尼羅河三角洲被發現，帶有埃及和西亞風格的迷人元素。該容器的年代一般認為在公元前一〇〇〇年左右，但根據藝術史家克莉絲汀．利麗奎斯特（Christine Lilyquist）的看法，它事實上可能出現於公元前十三世紀，拉美西斯二世（Ramses II）在位時的光榮時日。這手工藝品上出現的公雞圖像，或許暗示了其宗教地位，而非農業用途，因為它是在供奉芭絲特（Bastet）的神廟所發現。芭絲特是保護埃及人免於疫病和惡靈侵擾的貓首人身女神[12]。

但即便雞有其特殊地位，牠仍然只是個外來者[13]。新王國時期終止之後，在動盪不安的幾個世紀裡，埃及人埋葬的不僅是統治者與眾大臣而已，他們還把成千上萬的動物給做成了木乃伊[14]。從貓咪到鱷魚，這些死掉的動物為了死後世界而被人保存下來，牠們可能是心愛的寵物，或者為死去的人提供食物，或是要向系統複雜的埃及萬神殿裡某位神祇表達敬意。在三十多處墓地裡，考古學家找到了兩千萬具動物遺骸，包括四百萬隻聖䴉*，但尚未發現任何木乃伊雞。這種異國珍禽在古埃及的魅力十足、引人注目，而且還是地位的象徵。就算這樣，雞仍稱不上「神聖」。

*〔譯註〕指現今分布於撒哈拉沙漠以南的非洲白䴉（*Threskiornis aethiopicus*），又稱埃及聖䴉。十九世紀之前，聖䴉在埃及境內仍相當普遍，但到了十九世紀中葉就已幾乎絕跡。古埃及的智慧及理性之神托特（Thoth），其形象是䴉首人身，聖䴉便因此被製成木乃伊而成為托特的象徵，其「神聖」之名由此而來。台灣野外也有許多聖䴉，牠們是二十世紀末從圈養環境逃逸後落地生根的族群，近年數量漸增，已成為對本島生態環境具有威脅性的「外來入侵種」。

相較之下，有許多的鵝被製成木乃伊。當雞在底比斯華麗亮相時，鵝早已被馴化並養在家禽場裡。鵝本是候鳥，牠們最初是隨著季節更迭而在尼羅河谷南來北往的過客。後來，由於被古埃及富饒的庄稼地所吸引，牠們學會了跟人類一起生活，並提供現成的肉和一年幾十顆大鵝蛋，而且是防範外人入侵的最佳警報系統。

但從長遠來看，我們已經知道鵝沒辦法經由培育而下更多蛋或長得更快，也不是啥雜七雜八的東西都吃，像是潮溼的尼羅河谷環境裡數量繁盛的壁蝨和蚊蚋。在鬧鐘尚未發明的年代，公雞也是可靠的司晨者，這在農業社會絕對是個受歡迎的特質。總之，初來乍到的雞，幾乎要追過了競爭對手，成為西方世界最有用處的鳥類了。

四千公里，這是尼羅河谷跟紅原雞在巴基斯坦最西邊的棲地之間的距離。家雞從東方到西方的旅程，正好跟世上最早的三個城市文明之興起相契合，時間比圖特摩斯三世在位之時還早了一千年。感謝骨頭、泥版和一塊破碎的手工藝品，考古學家已經開始著手追查，究竟家雞是如何在一個全球化的世界肇始之際，從一個文明到一個文明之間交替前進。

這趟旅程是沿著三千兩百公里長的印度河所展開的，這條大河發源於喜瑪拉雅山區，最終流入阿拉伯海。當古王國時期的埃及人賣力建造金字塔時，生活在印度河流域文明下的人們，則是打造了一個比埃及或美索不達米亞更大、人口更稠密的社會[15]。其六大都市擁有自豪的寬闊街道、創新的供水系統以及下水道，在羅馬興起之前，這在古代可是無與倫比的成就。他們有一套廣為使用，但至今仍未被解讀的符號系統。輪車、河舟、海船，這些交通工具把超過兩百五十九萬平方公里土地上的數百萬人口給連結起來，居民們牽水牛犁田，種植大麥、小米、小麥以及稻米，畜養山羊和綿羊，並且獵捕野豬及野鳥。

印度河流域的獵人們，對其文明區北部、喜瑪拉雅山腳下所產的紅原雞應當頗為熟悉；獵人對灰原雞也不陌生，牠們分布在流域的東南邊緣、今印度境內挨著阿拉伯海的古加拉特邦（Gujarat）一帶。從現今紅原雞仍有分布的喜馬拉雅山麓出發，只消走個幾天，就能抵達印度河北邊的大城哈拉帕（Harappa）。哈拉帕城區曾沿著印度河的支流拉維河（Ravi River）綿延超過一百公頃，在公元前二六〇〇年至一九〇〇年的印度河流域文明全盛期（埃及正值古王國時期後半），該城牆內的居民起碼有兩萬五千人。

不幸的是，首批挖掘哈拉帕遺址的人，是十九世紀中葉的英國鐵路技師。這些技師在一處窮鄉僻壤又驚又喜地發現了數千個埋在地下的燒結磚，他們叫當地工人拿這些磚頭當做修築拉合爾（Lahore）鐵路的路基。當時，沒人料到有這個印度河文明的存在。直到後來，差不多是卡特仔細觀察那塊畫著公雞的埃及石片的時候，考古學家才意識到印度旅客跟貨物奔馳其上的這條軌道，竟是鋪設在世界首批偉大城市的殘骸之上。

李察・梅斗（Richard Meadow）跟同事阿吉塔・帕提（Ajita Patel）曾在哈拉帕工作數年，直到巴基斯坦不穩定的局勢中斷了挖掘作業為止[16]。他們擁有印度河出土保存狀況最好的鳥骨收藏。某日，春寒料峭，我前往位於美國麻州劍橋的哈佛大學毗巴底考古及民族學博物館（Harvard University's Peabody Museum），在動物考古學研究室裡訪問他們兩位。研究室入口的左邊正好是一幅中美洲的壁畫，畫中的勇士提著對手首級。梅斗是個高挑、寡言的新英格蘭人，而帕提則是位嬌小、健談的印度女士，他們共用一間擁擠的辦公室，裡頭的書籍和論文堆得滿坑滿谷，還有一些克里克族原住民（Creek Native American）手工製作的詭異木頭面具當做裝飾品。

他們倆輪流對我說明，要辨認家雞骨頭可不是件容易的事。很多考古學者會給它們貼上「像雞一樣」或是「跟雞差不多大小」之類的一般性標籤來敷衍了事，但是那個地區有很多種雉科鳥類，比如石雞、鷓鴣和鵪鶉等，牠們遺留的骨頭都很像。再加上數千年來的損壞，使得辨識工作難上加難，至於要把紅原雞的骨頭跟家雞的骨頭分開，這問題可就更大了。雖然現代家雞的體型普遍比牠們的野外祖先大上不少，但這不見得適用於四千年前的情況。

此外，梅斗進一步說道，假如家雞真是重要的食物，那麼印度河的居民可能已經把多數證據都吃掉了，因為他們會把骨頭兩端給嚼碎。他說的這種飲食習慣，至今在該地區仍舊普遍。若想確認特定鳥種，最佳的線索在這些軟骨結構中。雖然還是有機會從印度河遺址的鳥骨萃取出DNA，但許多遺骨出土多年，幾十年來或多或少已經受到污染。

哈拉帕位於紅原雞現今的分布區附近，但其他印度河文明遺址則不然。有個地方叫摩亨卓達羅（Mohenjo Daro），那兒位於巴基斯坦的高山跟海邊的中間，科學家在該地找到一根約十公分長、被發掘者描述為非常「像是雞」的股骨（大腿骨）。當代工業化養殖的家雞，其股骨長度約十二公分半，而紅原雞的股骨平均不到七公分半。在德里的西邊，印度考古學家瓦桑．動德（Vasant Shinde）也曾在一個不怎麼大的印度河城鎮發現類似的骨頭，他堅信那些骨頭來自家雞[17]。

在這個神祕莫測的印度河古文明中，不只雞骨頭罕見，即便是日常生活的蛛絲馬跡，先民遺留下的也是少到讓人沮喪。學術界尚未破譯他們所使用的符號，此外，目前只知他們會製作小雕塑，不像古埃及人或美索不達米亞人那樣製作真人大小的雕像。前陣子有個幹勁十足的考古學家，把數以千計的手捏小型泥塑給分門別類，這些泥塑分別來自幾十個印度河遺址，而且絕大部分都被之前幾個世代的研究人員給忽視了[18]。在哈拉帕、拉合爾博物館（Lahore Museum）以及新德里印度國立博物館（National Museum）的各種收藏品中，這些塑像有幾個顯然是雞之類的動物。其中一個似乎有冠及彎彎的尾巴，宛如家雞或原雞那樣。另一個看起來則像是隻戴著頸圈的公雞，不過這並不必然表示那是隻馴養的雞，因為野雞也可能被鏈起來，而且其他犀牛或老虎的泥塑偶爾也可見到頸圈。兩隻鳥往盤子裡啄食，牠們可能是雞，也可能不是，但這樣的圖像絕對會讓人想到家雞。印度河流域的先民們確實曾在籠中養過鳥。最近有個小型的赤土陶籠被挖掘出來，它的大小跟今日巴基斯坦仍然用來養鷓鴣或鵪鶉的籠子差不多。

有尊極為引人注目的泥塑男像，其手臂平穩地抱著一隻像雞的鳥，靠在胸前。直到今日，南亞次大陸的男人在進行鬥雞之前，還是會做出相同的動作。然後呢，有根公雞的足距在哈拉帕被發現，另外還有一個黏土印章，上面的圖案可能是兩隻面對面的公雞，這是四千年前舉辦鬥雞活動的旁證，而鬥雞在當代的印度和巴基斯坦依然盛行。印度南部的一些傳統將鬥雞和宗教儀式相結合，這些儀式可能跟源遠流長的地母神有關。

持戒甚嚴的印度教徒是不准吃肉的，而對雞的特殊禁忌，則可追溯到雞（像是牛一般）被視為特別神聖的年代。但是近來對印度河遺址的炊具分析顯示，他們擁有煮出一鍋美味雞肉咖哩所需的大部分材料[19]。咖哩的英文「curry」可能源自於南印度坦米爾語（Tamil）的「kari」，意思是「醬」。十七世紀的英國商人搞不清楚該地區的多種辛香菜餚，於是把這些菜都叫做「curry」。所謂咖哩，依照英國佬的定義，就是把洋蔥、薑、薑黃、蒜、胡椒、辣椒、芫荽、小茴香（孜然）以及其他香料混雜在一起，然後跟蝦蟹貝類、肉類或蔬菜一起煮成的料理。不過，沒人知曉咖哩是從什麼時候開始出現的。

阿茹尼瑪．卡秀（Arunima Kashyap）這位考古學者之前任職於溫哥華的華盛頓州立大學時，跟其他印度及美國的考古學家合作，從瓦桑．動德所發現的烹飪鍋具裡，採用創新的方法精準找出極難尋得的殘留物[20]。此外，他們也在鄰近墓地找到相同年代的人類牙齒。卡秀回到她的實驗室後，利用一種名為「澱粉粒分析」（starch grain analysis）的技術仔細檢查那些樣本。澱粉是植物儲存能量的主要方式，而且即便植物本身敗壞已久，但就算是只有微量的澱粉也能保留下來。如果植物被加熱，比如放在印度河遺址中常出現的唐杜里式（tandoori-style）窯爐內烹調，還是可以根據其細微的殘留物進而辨識出種類，因為每種植物都能留下獨一無二的分子特徵。如果是個外行人用顯微鏡來看，會覺得這些殘留物看起來像是隨機出現的斑點；但是在研究人員的細心觀察下，他們可以娓娓道來，一位四千五百年前的廚師在烹煮晚餐時，放了什麼食材到鍋釜裡。

仔細觀察過那些出土的人類牙齒和鍋中殘渣後，卡秀發現了薑黃和薑曾被使用過的跡象，這是典型的咖哩所必備的兩種材料。為了進一步確認，她和一位同事離開實驗室，前往自家廚房。他們依照傳統食譜煮了咖哩，然後檢視鍋中殘留物，看看這些殘餘如何分解。結果跟田野挖掘出來的樣本相吻合，因而確認他們找到的是最古老的薑黃和薑，同時也是首次發現印度河古文明時期的香料。而從哈拉帕找到的古代牛齒，上頭也有遺留薑黃和薑。印度河的先民或許跟現在的村民一樣，會把剩菜放在屋外讓遊盪的牛隻大快朵頤。

如果沒有米飯，咖哩又會如何食用呢？考古學家過去曾以為印度河流域的農民只能種少數幾種穀物，比如小麥和大麥。然而，劍橋大學的考古學者珍妮佛・貝茲（Jennifer Bates），跟同事在德里附近的兩處遺址發現了遺留的稻米、小扁豆和綠豆。稻米的發現尤其令人吃驚，因為長久以來，學者都認為稻米是印度河文明的末期才傳進來的。事實上，有某個村莊的居民似乎更喜歡稻米，而非大麥小麥，不過他們最愛的還是小米。瓦桑・勳德認為，現今所有印度餐館都能點到的咖哩，其所需的每種重點配料都能在遺址裡找到；其他考古學家則推測，印度河文明時期發展出來的許多傳統，無論是在宗教、社會還是工藝技術方面，在後續的印度文明時期都還持續著，包括唐杜里烤雞。

咖哩這種充滿異國配方的菜色，花了幾千年才在中東跟歐洲流行起來，但適應力強的家雞，則在這首個偉大文明的時期蓄勢待發，準備邁出前往西方的第一步。印度西部有個名為洛塔（Lothal）的印度河文明遺址，考古學家發現了類似雞的骨頭，以及一些住在遙遠波斯灣的商人所擁有的私章[21]。在現已開挖的該城鎮中央，是個巨大的磚砌蓄水池，許多研究人員相信那以前是個人工港。附近則有幾座倉庫、一個珠子工廠，以及一片金屬加工製造區。

洛塔在遠洋貿易剛興起時，曾是個繁榮的集散地。水手們可以從這裡奮力划過阿拉伯海，並利用阿拉伯沿海的季風繼續在遼闊的海面航行一千六百公里遠，再沿著波斯灣努力前進，直達美索不達米亞大城烏爾（Ur）的繁忙碼頭。烏爾是當時全球最大、最富裕、最具世界性的城市。

↓ ↓ ↓

那商人不耐煩地在碼頭上來回踱著步，他的大型木船繫在碼頭，帆已捲起，滿頭大汗的搬運工從滿載的船艙內不斷搬出貨物，一旁有個官吏正有條不紊地記錄著每件物品。羊肉味從附近的小吃攤陣陣飄來，混雜著異國香料的香氣。在成堆貨物之間，有個柳條編織籠放在倉庫陰影處，該名抄寫員瞥了一眼籠中之鳥，問道：「這是什麼鳥？」商人聳聳肩，一無所知。當下一箱貨物擺好，抄寫員用一端削尖的蘆葦在濕泥板上刻下了幾個符號。那位商人等官員把文件完成後，第一站就是前往王宮。在美索不達米亞的偉大城市烏爾，其港口上方有一處高地，那兒便是王宮所在地。國王伊比辛（Ibbi-Sin）有座御花園，裡頭養了非常多國外的珍禽異獸，他肯定會很樂意看到那隻色彩絢爛的禽鳥。

根據《創世紀》所載，傳說中以色列人的始祖亞伯拉罕，約莫就是在此時期攜家帶眷離開

「吾珥」(即烏爾),前往水草更豐的迦南之地[22]。但只有亞伯拉罕這麼做。公元前兩千年,烏爾不僅吸引商人遠道而來,當地村莊的婦女也進到城內,希望在繁忙的紡織廠找到工作[23]。烏爾王朝控制了現代伊拉克中部及南部的大部分地區,大城烏爾位處王朝中心,擁有雄偉的廟宇和宮殿,從幼發拉底河畔的繁忙碼頭則可通往波斯灣。此地的商人並非以傳統且麻煩的單位穀物量作為交易媒介,而是率先使用新型的貨幣——銀舍克勒(silver shekels)。當時的書記員在濕泥板刻下楔形文字,詳細記錄每筆交易。王朝的締造者烏爾納姆(Ur-Nammu)創立了世上第一套正式的法律制度,繼承其位的兒子舒爾吉(Shulgi)不僅能讀會寫(這在當時是各地統治者的異數),而且修改了手抄學校(scribal schools)的課程,興建道路,還提供了第一家客棧給旅人。此外,舒爾吉從遙遠的地區收集異國動物,因而被認為是創建世上第一座動物園的人[24]。

皇室會收集美索不達米亞地區尚未知曉的異國動物,像是駱駝和劍羚之類的,這類消遣活動持續好幾十年,直到該王朝的末代國王伊比辛為止。根據抄寫員的記載,馬哈錫(〔Marhashi〕可能位於今日伊朗的一部分)的國王曾送給伊比辛一頭非比尋常、滿布斑點的狗,這或許是豹或鬣狗,對抄寫員來說這是新奇的物種。我們今日能得知這些訊息,都得感謝烏爾城內一絲不苟的官吏們,在一個多世紀裡持續不輟地留下了十多萬片泥板。其中有塊年代在伊比辛十三年的泥板提到,在烏爾王宮的一份「其他物品」清單上,有隻來自梅盧哈(Meluhha)的鳥。檔案裡有五份已知的文獻曾提及這種鳥類,上述泥板則是其中之一;有些提到的可能是活鳥,其他則是關於雕塑或是木製、象牙製的古玩珍品[25]。

那種鳥被稱作「dar」，這字是阿卡德語（Akkadian），一種錯綜複雜、比同屬閃米語族的希伯來語和阿拉伯語更早出現的語言，在美索不達米亞地區使用超過兩千五百年。要把一種消亡已久的語言翻譯成現代英語，其結果總是不牢靠，但學者們對於一些鳥名基本上是有共識的，像是鷓鴣、鴨、鴉、雀、鴿以及其他本地鳥種。然而要是提到外來動物，在歷史紀錄上就極難確認了。即便在現代，異國的動物也常把人搞糊塗。一個受邀參加美國感恩節的土耳其人，應該會很好奇，為何桌上這道新大陸的主菜（turkey，火雞），竟是以自己舊大陸的母國（Turkey，土耳其）來命名[26]？一五三三年，一名義大利博物學家把火雞叫做「遊盪的雞」（the wandering chicken），後來有個法國科學家把珠雞的希臘文名字給加了上去，就成了現在火雞的學名「*Meleagris gallopavo*」。至於英文俗名「turkey」，則是因為歐洲人搞錯了珠雞的原產地，以為是土耳其，但其實是在非洲*。

名稱經常和特定在地品種的關係密切。一個聊著「德州短角」跟「安格斯」的現代牧場主，一定知道自己談的是不同品種的牛，但一名西雅圖的時髦純素主義者，恐怕不知道那個頭戴牛仔帽的現代牧場主是在講牛。這樣的困境還超越了動物的類型。古代美索不達米亞人對於色彩的認知跟現代人不同，對於「有斑點的」（spotted）代表什麼意思，得看你請教的是哪位阿卡德語專家，有些認為是「布滿小斑點」（speckled），有的甚至認為是「紅色」的意思[27]。

某些專家根據各種線索，認為「dar」是種主要為暗色系的鳥，或許是黑鷓鴣（black francolin），這是該地區原生的一種雉科鳥類[28]。由於雞跟黑鷓鴣同屬雉科，兩者外型有其相似之處，因此跟雞相比，說是黑鷓鴣也算合理。當運輸動物是昂貴、困難又有風險時，把一隻陌生的鳥安上「印度來的黑鷓鴣」之名，這也講得通。

其他線索則指出，雞是從印度河流域抵達美索不達米亞的。有條線索，存在於一則遠古記載的故事——「恩基和世界秩序」（Enki and the World Order），這個傳說講的是水神恩基審視他自己所創建的宇宙秩序。在梅盧哈的土地上，恩基讚揚森林和公牛，並聲如洪鐘地說道，「願使山林裡的dar蓄上玉髓紅的鬍鬚！」[29]印度河流域的先民會用一種稱作「紅玉髓」（carnelian）的深紅礦石來製作珠飾，並且將許多珠飾從洛塔等港口出口到美索不達米亞，而有著「深紅鬍鬚的鳥」，顯然是對公雞肉垂的絕佳描述。

考古學家不太可能找到雞骨頭來確認當初在國際貿易首個鼎盛時期從印度河被帶到美索不達米亞的那種鳥，因為就在來自印度的黑鷓鴣被抄寫員記下之後不久，從北方和東方而來的部族橫掃烏爾，將整個城市洗劫一空，並擄走國王且在伊朗將其囚禁至死。這場亡國之禍，標誌

*〔譯註〕關於火雞的學名，根據*Helm Dictionary of Scientific Bird Names*（James A. Jobling, 2009）的解釋，*Meleagris*是希臘文「珠雞」，而*gallopavo*則是拉丁文*gallus*（農家庭院裡養的公雞）及*pavo*（孔雀）的組合，因火雞的外型大致像公雞，但體型和光鮮亮麗的尾巴又讓人聯想到孔雀。在十六到十八世紀初期，英文把珠雞稱作turkey-cock、turkey-hen，或turkey-fowl，因為珠雞是從非洲經由鄂圖曼帝國進口到歐洲的，而當時常把鄂圖曼帝國稱作Turkey。當歐洲人從新大陸把火雞這種乍看有點像珠雞的鳥帶到歐洲後，火雞也被叫做turkey。後來珠雞的英文俗名改成了guineafowl，火雞則繼續被叫做turkey至今。

著這個南美索不達米亞王國對該地區的控制已然告終。即便從梅盧哈進口的雞倖免於難，其數量也少到難以在塵土飛揚的挖掘遺址被發現。

悠立斯・匹特司（Joris Peters）的辦公室位於慕尼黑的一所大學裡，辦公室書櫃上層的木架安放著一副骨骼，看起來就像隻鴕鳥寶寶。匹特司是動物考古學者，他笑著指出我的錯誤，拿起那副骨骼模型擺在凌亂的桌面解說道，「非也非也，鴕鳥的胸骨是平的。」他指著一塊大而彎曲、狀似船隻龍骨的骨頭。「雞的胸骨連著又稱許願骨（wishbone）的叉骨（furcula），這根骨頭有助於飛行。」[30]

匹特司是位服儀整潔、鬍子刮得乾乾淨淨的比利時科學家，他大半時間都花在近東地區的考古遺址上。此外，他還監管著一批世上數一數二多的古代雞骨收藏品，就放在比他辦公室低一層樓的儲存設施裡，儘管全部的雞骨也才佔了幾個架子而已。雞骨跟牛、羊的骨頭不同，雞骨經常是整副都蕩然無存，因為人、狗或是其他食腐動物基本上很快就能解決掉雞的屍骨。

在一九八〇年代，匹特司曾在約旦的一處遺址進行挖掘，他的團隊每天會吃一隻雞，吃剩的雞骨什麼的就丟在營地後面。他發現那些肉食動物每晚都來，一點不剩地把丟棄的屍骨全都叼走。好奇心使然，他每天清晨都去查看還有啥留下來。那一季的工作結束後，他推斷，在那樣的沙漠環境裡，每年只有一根雞骨能夠保留下來。而在較潮溼的環境下，骨頭降解的速度會更快，保存下來的機率就更低了。

大約二十年之前，多數考古學家都不會費心保留鳥骨，因為當時在挖掘現場並不覺得這些東西有啥意思或重要性。但研究人員現在已經了解，這些遺骨對於飲食、社會組織、貿易模式，乃至數千年前的環境狀態等都能提供重要的訊息。至今，考古學家利用細目篩網，就能找到許多細小鳥骨碎片。但即便撐過了歲月的推移，雞骨還是很難幫忙詮釋阿卡德語中（如dar）的那些專門術語。一根鷓鴣的股骨和一根紅原雞的股骨看起來都很像。還有，埋起來的雞骨，跟比較重的骨頭相比，比如說被宰的羊隻，日後呈現的樣貌會不一樣。在土壤中，雞骨會滑落到較低處，跑到較古老的考古層，在地下鑽洞的鼠輩也很容易變動雞骨的位置。

吃過的雞骨，人們處理的方式也跟處理牛骨或羊骨不同，大型骨頭可能會埋在村落的郊區，但雞骨這種小東西，隨便扔在房子周圍就行了。久而久之，當建築被拆、修復、重建，這些遺骨就會進到後起的建物之中。在凱撒時期製作的鍋釜旁被發現的一根雞骨，其實可能來自羅馬建立之前的某頓晚餐。

匹特司的桌上放著幾個圓鼓鼓、跟冰櫃差不多大的塑膠袋，桌子有一半都被這些塑膠袋蓋住了，他快速翻找，打開其中一個，從中拉出一個比較小的袋子，接著把六根灰白的雞骨擺在復活節時留下的一盤巧克力蛋旁邊。這些小小塊的骨頭，是至今家雞出現於近東或歐洲的最古老物證。這是在一九六〇年代從土耳其一處古代村落遺跡挖掘出來的，之後就成了匹特司的收藏。從發現這些骨頭的考古層來看，其年代是在公元前一千四百到一千二百年之間，差不多是家雞在埃及首次亮相的年代。

前一天，匹特司已從那個土耳其遺址出土的三十多根骨頭裡挑出四、五根，寄給一名英國同事，該名同事會用放射性碳技術一根一根地定年，並試圖從骨頭內部萃取出足夠的膠原蛋白，以便獲得那隻上古禽鳥的基因序列。這項研究合作案是匹特司宏大企圖的一部分，他希望利用更精確的定年及古代的ＤＮＡ，來追蹤家雞在亞洲傳布並進入歐洲的路程。也就是說，得要勞心費力地仔細檢查數百甚至數千塊密封在這些小塑膠袋中的骨頭，而你不知道這些骨頭是否還保有ＤＮＡ。

像梅斗、帕提、匹特司等科學家們在述說這些古老雞骨的故事時，確實有理由要格外小心謹慎。舉例來說，在一九八八年，兩名中國和英國的考古學家表示他們發現了一根八千年前的雞骨，地點在中國中部，離紅原雞分布區北界超過一千六百公里遠[31]。此消息一出，立刻成為全球頭條新聞，因為這骨頭的年代，比從印度河流域挖到的那些像雞的骨頭還要古老兩倍。而關於中國家雞的最古老書面證據，則出現於大約公元前一千四百年[32]，跟雞到達埃及和匹特司那些土耳其樣本的年代相當。

如果屬實，該發現就代表雞的馴化可能早在該地區出現農業之前就已發生，並且在其原生棲地之外快速散布並進入緯度較高、氣候較冷的地區。在這種情況下，早期的家雞可能是完全繞過印度和中東，而從中國北方經由俄羅斯進入歐洲。若此，這個樣本似乎顛覆了我們對人類和其他動物在史前時代如何移動的理解。

然而，匹特司最近前往中國並檢視那塊骨頭，判定它是從較晚近的土層滑動到較古老的土層，其年代可能不超過兩千年。那兩位考古學家只有判定土層的年代，但沒有拿雞骨本身去定年。其他在中國發現且標示為古代家雞的骨頭，後來發現是屬於鷓鴣的。在老骨頭能夠提供更好的資訊之前，雞從南亞北上中國而後進入日本、韓國的路徑，仍然只存在於理論上。

梅斗和匹特司他們自己也曾差點被耍。梅斗還是年輕學生時，在伊朗東南部的一處遺址挖掘，工作團隊發現了一根還有足距的雞腳骨，看起來像是一隻大公雞所有。遺址所在的上古村落，其年代約在公元前五千五百年，比東邊幾百公里外繁榮興盛的印度河文明還要早了整整一千五百年。如果真有那麼古老，這隻鳥的存在便意味著在印度河及美索不達米亞文明興起之前，家雞早就已經出現在紅原雞的分布區之外了。可是梅斗注意到，若與該考古層中的其他動物遺骸相較，那根雞骨顯得較為白皙，因此他慎重地推斷雞骨的年代應該是在公元前一千年左右，只是跑到了較為古老的土層去了。一九八四年，匹特司在約旦發現一塊雞骨，其年代似乎相當於公元前兩千年的古烏爾時期；到了二十一世紀初，一位美國考古學者在相同地點找到另一塊相同年代的類似骨頭。但放射性碳定年的結果卻顯示，這兩塊雞骨都同樣來自於中世紀的某頓晚餐。

↓　↓　↓

過了軍事檢查站，就是拉里煦（Lalish），一個坐落在伊拉克北部高聳岩丘下的山村。通往這個村鎮的陡峭山路，最後的寬度就跟窄巷一樣，參訪者將鞋子脫下，然後在高大的石造建物之間繼續上坡。在一個充滿宗派傾軋的國家裡，亞茲迪（Yezidi）是個四面楚歌的少數教派，而拉里煦是亞茲迪人最為神聖之所在。在一間小接待室裡，拔巴・查威許（Baba Chawish）讓我坐在絨布沙發，自己則是在地板的墊子上收起修長的四肢，解說道，「我們信奉的是世上最古老的宗教。」[33]

這位引人注目的亞茲迪教士身材高挑，平坦的淺色頭巾繞著無簷黑圓帽，大片濃密黝黑的鬍鬚掛在瘦長的栗褐色臉頰上。他的白長袍和乳黃背心，在腰間黑飾帶的襯托下更顯不凡，甚至他的手機也是雅白色的。長期受基督徒及穆斯林迫害的亞茲迪人，相當崇敬一位只向上帝而不向其他人事物俯首的「孔雀天使」（Tawûsê Melek）。他們的反對者將其視為撒旦，並譴責他們的魔鬼崇拜行徑。學者表示亞茲迪教派的起源古老，比亞伯拉罕信仰*還要悠久，因而吸收了許多後起的傳統[34]。

「孔雀天使」以孔雀的形象示眾，而孔雀，又是另一種來自東方的異國鳥禽，最早是在公元前兩千年，被引進位於拉里煦南方八百公里遠的烏爾[35]。根據亞茲迪人的信仰，聖孔雀抵達拉里煦後，在伊甸園會見亞當，並教導他崇拜太陽。公雞也同樣受到高度敬重。拔巴・查威許說，「公雞告知我們何時該起身禱告，」這時我也看到在房間一隅的時鐘上站著一隻公雞標本。虔誠的亞茲迪人每天都要面對太陽五次並誦念祈禱文，破曉前的雞鳴正是開啟每日儀式的信號。

最早關於「雞在宗教所扮演之角色」的證據，發現於拉里煦以南不到一百五十公里處，該地位於底格里斯河畔亞述帝國首都阿舒爾（Assur，又稱亞述古城）的廢墟之中，就在伊拉克前總統海珊老家提克里特（Tikrit）的上游。河谷之上，兀立著一座宏偉的塔廟，以美索不達米亞人所偏愛的階梯金字塔形式建造，然而筆直的邊角經過千年風化，已使其外型成一錐丘[36]。成堆坍塌的神廟和宮殿低緩排列，在其下是有著拱頂的地下墓穴，墓裡長眠著一代又一代的王室成員。其中有個墓穴，德國考古學家在一個女人的頭骨旁邊，發現精緻的象牙盒，同時出土的還有一把與之相配的象牙梳、金珠、耳環，以及由阿富汗採來的青金石所製成的印章。象牙盒子上雕飾的圖像是隻雞，這雕像是在亞洲大陸這個雞的原鄉內已知最古老的一個[37]。

在《舊約聖經》裡，亞述人被比作狼，現代的史學家則貶之為無情的征服者[38]。我們知道，在公元前八世紀的亞述帝國鼎盛時期，他們迫使全部人口遷移，並殘酷地鎮壓仇敵，這是當時常見的作法。多數惡名昭彰的負面訊息，源自於石頭浮雕上的駭人內容，而這些讓人印象深刻的浮雕宣傳，創作於亞述人稱霸近東的兩百年間，直至公元前七世紀帝國敗亡方休。然而在其漫長歷史上，亞述是個規模不大、緊密團結的商貿王國，南接美索不達米亞、北臨土耳其、西抵黎凡特、東達波斯，亞述人便利用其中心位置來獲取經濟利益。阿舒爾是亞述的信仰中心，好似今日的拉里煦之於亞茲迪一般。

那個象牙小圓盒的高度僅七公分半，創作於公元前十四世紀晚期[39]，約當圖特摩斯三世入

*〔譯註〕Abrahamic faiths，又稱亞伯拉罕諸教、天啟宗教，主要指有著共同源頭的三大一神教：猶太教、基督宗教（包括新教、天主教、東正教）、伊斯蘭教。

侵之後的一個世紀。法老命人刻下的編年紀事中所載之鳥，便可能來自這個地區，而此圓盒的年代，可能略早於卡特的石片及尼羅河三角洲的銀碗。跟後期使亞述永垂史冊的嗜殺場景不同，盒上描繪的是典型伊甸園景象，瞪羚在棕櫚樹下吃草，公雞和母雞棲息於針葉樹枝條，呈現出寧靜祥和的風貌，樹之間可見烈日閃耀。藝術史家瓊・阿茹茲（Joan Aruz）表示，「牠們不但是異國動物，或許還具有某些巫術或宗教儀式上的意涵，牽涉到『嶄新的一天』或其生育能力。」

這種鳥曾具有神聖的屬性，在西方的宮廷中一度是新奇的禮物。亞述人崇拜沙瑪什（Shamash）。在亞述眾神裡，沙瑪什是太陽神，被描繪成一個火紅的圓盤，他是月神「欣」（Sin）之子，具有超越黑暗邪惡的光明力量。在阿舒爾，有座奉祀這兩位神祇的神廟，建於公元前一千五百年左右，還有另一座，長年佇立於烏爾[40]。在這短暫一瞥之後，要過好幾個世紀，這種鳥才又現身，地點在美索不達米亞平原上、介於烏爾和阿舒爾之間的巴比倫。

巴比倫的全盛期是在公元前第六世紀[41]。受東邊的米底人（Medes）及波斯人之助，巴比倫人摧毀阿舒爾，征服了亞述帝國，重申他們才是廣大美索不達米亞平原上的權力核心。斑斕的埃特曼安吉（Etemenanki）矗立在此廣闊城市的中央，這座七層塔廟由於化作《聖經》中的巴別塔而永傳於世，其高可比自由女神像，而此大城之中，住了來自中東各地的二十多萬人，在當時可是歷來規模最大的都會中心[42]。馬爾杜克（Marduk）曾經身為巴比倫的守護神和主神長達千餘年，但自亞述開始崩潰之時，祂的人氣亦逐漸滑落，之後其地位被日月雙神取而代之[43]。

末代巴比倫之君那波尼德（Nabonidus）在公元前五五六年即位，可能具有亞述人血統的他，加速了此一進程。當埃及的阿肯納頓專注在單一太陽神信仰時，那波尼德則是格外崇敬月神，「欣」也是古烏爾的主神。他同樣敬拜月神之子努斯庫（Nusku），努斯庫不僅是光與火的象徵，也和公雞有關。巴比倫時期的碑文是以楔形文字寫成，跟在那之前一千五百年的烏爾抄寫員所用的文字一樣；曾有碑文提到「tarlugallu」，意即「皇家之鳥」，有學者猜想這指的便是雞。這種鳥也會突兀地重複出現在一些實用和常見的物品上。古美索不達米亞人常在脖子上戴一個穿繩而過的石製小圓柱，這些小圓柱都銘刻著神祇、英雄、動物等，如果拿這圓柱滾過一小塊黏土，黏土上就會清楚呈現這些圖像，其作用便是當做個人簽名或是機構的標記。許多這個時期的圓柱印章圖像，可見公雞棲於精巧的柱上，牠們作為神聖的象徵或是神祇的奴僕，接受著敬慕的男祭司所供奉的祭品。往往，在不遠處還懸著一彎眉月。

那波尼德在一處遠離繁華首都的阿拉伯綠洲住了十五年。史家們對他拔營遠走沙漠的動機仍多有爭辯，但他的離去和他的宗教觀念，可能觸怒了傳統教派的祭司，動搖既有貴族體制，還擾亂了軍心。等他回歸時，當年一同踏破阿舒爾的盟友波斯人及米底人也跨過底格里斯河，戰勝某些心懷怨懟的巴比倫將軍，並且就在今日巴格達以北處擊敗了那波尼德的軍隊。公元前五三九年十月二十九日，巴比倫著名的城門被猛然擊潰，該門以藍－金釉面的獅子和公牛所裝飾，城門破後，可見寬廣的街道上滿是翠綠的蘆葦和棕櫚。這一日，那波尼德被入侵者俘獲[44]。

波斯征服者居魯士大帝（Cyrus the Great）進佔了當時世上最偉大的城市，這件事也意味著家雞開始迅速傳遍西亞並進入歐洲。居魯士的繼承者日後逐漸控制印度河至尼羅河之間的每寸土地，上抵分隔歐亞的博斯普魯斯海峽。他們授予這個多民族社會一定程度的自治，革新巴比倫陳腐的行政體系，並且悉心避免在這個遼闊的國度裡干涉宗教自由[45]。

或許除了古羅馬人之外，沒有其他古人像波斯人及其信仰的祆教（瑣羅亞斯德教）那般賦予雞如此重要的角色和崇高的地位。「公雞乃是生來對抗邪靈和巫師的，」有個祆教的傳說如此認為，「雞鳴之時，可保災禍遠離……眾生。」[46]由於波斯人極為敬重公雞，因此就像印度教徒一樣，波斯人也禁食雞肉[47]。公雞可驅逐「怠惰之魔」布虛亞司塔（Bushyasta），有論者言道，「即便日上三竿，此魔仍想讓人們持續陷於沉眠。」[48]在南亞的鄉間，每個打算睡懶覺的人立刻都會學到這麼一件事：此鳥一旦現身，「好逸惡勞的世界便要吹起死亡號角。」[49]

公雞的神聖高貴性質，甚至還啟發了一個極為古老的王權象徵——鋸齒形的王冠。最初是由波斯的國王採用這種奇特的頭飾，至今仍在皇室中流行著。這些圓形王冠上的一個個小尖角，並無什麼當代的理由可解釋，它們或許象徵著雉堞，或高山，或日芒。但一個典型王冠上的三角形，也跟公雞的雞冠頗為相似[50]。有意思的是，在波斯帝國首都波斯波利斯（Persepolis），有些石頭浮雕上的圖像是個站在新月之下的男子，頭戴王冠，還有一雙翅膀。另一種波斯人所戴的神聖高貴帽子，叫「克爾巴夏」（kurbasia），顯然是被設計成類似雞冠的樣子[51]。

家雞抵達波斯（今日之伊朗）的年代介於公元前一千二百年至公元前六百年之間，這也是一般認為瑣羅亞斯德（Zoroaster）出生的年代範圍[52]。根據某些傳說，他出生於伊朗和巴基斯坦之間的阿富汗。這名中年男子就像耶穌和穆罕默德一樣，人們說他揭露了新事實、顛覆了舊傳統，並且忍受既有神職人員的批評[53]。有些學者認為，瑣羅亞斯德試圖改革舊有的伊朗多神教，並且將阿胡拉・馬茲達（Ahura Mazda）的地位提昇至全知全能、永恆存在的神。阿胡拉・馬茲達本是一名波斯神祇，其名之意為光與智慧[54]。

阿胡拉・馬茲達創造了安格拉・曼紐（Angra Mainyu），其地位如同撒旦，是一切罪惡和痛苦的源頭，但終將在末日來臨時被消滅[55]。阿胡拉・馬茲達就像猶太教的雅威（Yahweh）一樣，通常不以任何塑像或雕刻的形式呈現。此外，馬茲達有幾位副手，祂們可比亞茲迪教、猶太教、基督教、伊斯蘭教的大天使，斯羅沙（Sraosha）是其中一名副手，祂反抗一切邪惡，同時四處傳播祆教的福音：善念、善言、善行[56]。祂宣教的工具之一是隻公雞，有篇古代文本說公雞「放聲啼叫，召喚人們祈禱。」[57]這種祆教信仰從公元前六世紀開始滲透到西亞和印度的大半地區，當時波斯帝國的路況優良、局勢穩定，從而連結了印度次大陸及地中海地區，促成一股貿易熱潮，如此榮景在古烏爾消亡後就沒出現過了，烏爾本身在此時期也經歷了一次小小的復興[58]。有個在烏爾附近的淤積港灣所發現的波斯棺材，裡頭有個小印章，印章上的圖像是隻耀武揚威的公雞[59]。

瑣羅亞斯德這名波斯先知認為，人是在光與暗、善與惡、真相與謊言之間永無止境地掙扎，這樣的人生觀深深影響了猶太教、基督宗教和伊斯蘭教[60]。在波斯人來到巴勒斯坦之前，並無對抗上帝的撒旦，沒有熊熊烈火燃燒其中的地獄，也無末日啟示可以等待[61]。據說在耶穌降生之後，唯一的宗教權威人士，既非猶太拉比（rabbis），也非希臘哲人，而是稱作「梅格斯」（magi）

的祆教教士。雞並未出現在《舊約聖經》裡，但在《新約》，基督提到了公雞和母雞[62]。

居魯士攻陷巴比倫後的幾個世紀內，雞從蘇丹傳至西班牙，還到了遙遠的中亞哈薩克，那兒已是波斯影響範圍的邊緣。此外，擅於航海的腓尼基人渴望以家禽換得英格蘭的錫，雞就這樣勇敢地跟著腓尼基人航向大西洋。雞不再只是一種帶著異國風情的禮物，牠還捲入了古代西方的宗教信仰和實踐之中。希臘的奧林帕斯十二神，有六位神祇以雞作為象徵之一；在羅馬全盛期，牠被拿來預測戰鬥的結局[63]。公雞啼叫則標誌著使徒彼得於耶穌受難當天，在耶路撒冷背棄了耶穌[64]。從埃及到英國，崇拜密特拉斯（Mithras）和伊希斯（Isis）*的信徒們，會在神廟中把雞當作犧牲品。到了中古世紀的早期，根據教皇法令，基督教世界的教堂尖頂設置雞來指明風向[65]。

伊斯蘭教也賦予雞特殊的地位。波斯帝國崛起後一千年，先知穆罕默德告知其追隨者：「當你們聽到公雞啼叫，即當請求真主眷顧，因為公雞看到了天使。」[66]根據某些伊斯蘭傳說，穆罕默德看到一隻巨大且無以名狀的華麗公雞，站在第七層，也是塵世最底層的地基之上，頭伸入天堂裡，宣告著上帝的榮耀[67]。

在成群的雁鵝及鳩鴿、聖䴉及鶻鴣、烏鴉及兀鷲之中，雞在整個中東和歐洲地區成為了代表覺醒、勇氣和復活的首要聖鳥。面對如此多的競爭對手，雞只用了短短幾個世紀就脫穎而出、領先群雄。有個學者認為，雞的外型讓古人聯想到當時的油燈壺，這是古代最常見的人造光源，其壺嘴宛如突出的喙，壺柄像是豎立的雞尾[68]。其他人則指出，母雞的生產量和公雞的兇猛狂暴，分別是豐產和戰爭的強力象徵。至於雞鳴，那更不用說了，農人聞雞而起，為社群生產糧食、為國庫增加收入。或許是因為源自神祕遙遠的東方，加上其作為皇室鳥禽的悠久傳統，這些都使得雞得以跟其他平淡無奇的農場動物有所區隔[69]。

縱使在千里迢迢的中國，雞也跟太陽以及光明戰勝黑暗有關。公元初期，有個皇后參拜了或為阿胡拉．馬茲達的神明，彼時波斯人貿易範圍已達太平洋岸，這些都可能反應了祆教的影響直抵中國[70]。一個流傳在公元三世紀的中國民間傳說是這麼說的，雞是「朱公」的後裔，這個人把自己幻化為雞[71]。此時期的道士會殺雞獻拜，來致賀新廟落成，或替皇室驅邪，或是趕走瘟疫。道士若將公雞舉到嘴邊（這舉動在鬥雞者之間仍然普遍），便可用嘴呼出欲去之的妖邪[72]。而「雞人」這一官職乃專為提供獻祭的雞所設，而且為了滿足各種典禮儀式，他還得時時飼養一批不同顏色的雞隻[73]。

在當時，即便是公雞的啼叫聲，也被認為具有帝王氣勢。當中國的國君想要大赦天下時，御林軍會在皇宮前的雕樑畫棟亭閣內，豎起一根柱子，上頭立起一隻頭部由純金打造的大公雞，而後數以千計的百姓爭相前來拿取一些柱子四周的土壤，希望能獲得好運[74]。即便到了當代，中國最為卓越的電影獎「金雞獎」，其獎座就是一尊金公雞[75]。「雞」唸起來跟「吉」諧音，雞也是十二生肖之一。一般認為，肖雞的人其特質是善於察言觀色的直言者[76]。在中古早期的

*〔譯註〕密特拉斯又稱密特拉（Mithra），是古老的雅利安人神祇；伊希斯是古埃及信仰的一位女神。

韓國，雞是養在宮廷裡，此外，據說有隻白公雞預示了一個宗族和王朝創立者的誕生[77]。

在日本，到了公元七世紀時，便可見到進獻給天照大神（即神道的太陽女神）的白雞漫步於神宮內，牠們是唯一能將天照大神引出藏身洞穴的動物[78]。苗族這個位於中國西南的少數民族，至今仍流傳一個洪荒時期的故事[79]：六個太陽由於害怕被一名神射手給射下，所以不願出來。沒人知道該怎麼辦。這時，一隻公雞出現了，說是拯救了這一天也不為過。這小傢伙只是啼叫，就把太陽給勸誘出來照耀大地啦！一支日本研究團隊最近推斷，這種啼叫源自於公雞體內敏感的生理時鐘，使其比人類還早注意到光線[80]。

從日耳曼墓穴到日本神社，雞在公元肇始之際，便以光明、真理、復活的象徵出現在橫跨歐亞的數十個宗教傳統裡[81]。西藏的佛教僧侶把雞視為貪婪和慾望的象徵而避之，這或許是因為在寒冷的西藏高原上，這種鳥直到近年都還是無法成功培育。即便如此，在舊大陸的絕大多數地區，雞在靈性方面所扮演的角色日益吃重，這不僅顯示這種家禽在農地裡的用處，還說明了牠們能夠反映我們不斷改變的信仰。如同亞茲迪教派一樣，雞已然適應了帝國和宗教的興衰。諸神、教義和教條輪番出現、消失、轉化，但是雞卻成為人類崇拜儀式中，恆久不變且至關重要的那部分。

CHAPTER 3 具療效的一窩蛋

看見這顆蛋了嗎？這就是能讓我們推翻地球上所有神學流派及寺廟的原因。

——德尼．狄德羅（Denis Diderot），《達蘭貝之夢》（*D'Alembert's Dream*）

毒藥逐漸往上麻痺蘇格拉底的雙腳、雙腿，到了鼠蹊部時，這位西方世界最著名的哲學家，轉向他的朋友克里托（Crito），說道：「我們欠阿斯克勒庇俄斯（Asclepius）一隻公雞，」阿斯克勒庇俄斯是古希臘時期的醫藥之神，「記得，要還給祂。」[1]他的朋友含淚頷首。再過片刻，毒性攻心，蘇格拉底登時斷氣。這位被判處死刑的革命性思想家，其高徒柏拉圖讚頌為「最優秀、睿智、正直的人」，臨死之言竟是跟一隻雞有關[2]。

在古希臘，病人如果希望恢復健康或是慶賀身體復原，經常會殺雞來獻祭給阿斯克勒庇俄斯[3]。德國哲學家尼采認為，上述情節定然是蘇格拉底對於「生命」這種終極疾病的反諷[4]。也有人說他是在表達其虔誠信仰，亦即這樣的犧牲能夠確保他的不朽，因為阿斯克勒庇俄斯具有起死回生之能[5]。古典學者伊娃．寇爾斯（Eva Keuls）則認為，蘇格拉底這位樂觀且不敬神的哲人其實是在講黃色笑話，目的是為了讓悲傷的朋友開懷些。寇爾斯堅稱蘇格拉底在死前，可能因為毒藥之故，也可能因為隨侍在旁的克里托為了查驗毒藥發作的狀況而觸摸了他的身體，或者兩個原因都有，使得蘇格拉底勃起，讓他罩身的斗篷「搭帳篷」。他以希臘文的「雞」做為逐漸冰涼麻木的雙關語，當該詞指涉與飢渴的性慾和康復痊癒有關的鳥時，也能表示堅硬或者朝氣蓬勃[6]。

蘇格拉底活躍於公元前五世紀晚期，當時雞被稱作「波斯之鳥」。古希臘劇作家阿里斯托芬（Aristophanes）曾創作一部喜劇，《鳥》（*The Birds*），劇中一名角色說道：「波斯雄雞！強健的希拉克利斯（Herakles）啊！牠究竟是如何在沒有駱駝的情況下到達這裡的？」[7]時間往前三個世紀，荷馬可能是在那時寫就其著名的長篇故事，故事裡的主人公是精明謹慎的英雄奧德修斯（*Odysseus*），他一路從土耳其航行至埃及，再到許多地中海島嶼，最後回到希臘外海小島上的故土，但在這段漫長而危險的航程中，他並未碰見雞[8]。到了公元前六二〇年，在希臘的花瓶上才首見雞的圖像。有個相同年代的赤土公雞在德爾菲（Delphi）被發現，這隻雞充滿細節、栩栩如生[9]，著名的太陽、光明及真理之神阿波羅的神諭和神廟就在附近。

在希臘，雞是痊癒和復活的強力象徵。大家都知道伊索寓言裡有隻會下金蛋的鵝，但伊索還說過一個較不為人知的故事，「公雞和寶石」（The Cock and the Jewel），這或許是現存最古老、以雞為主角的故事。故事裡，有隻公雞無意中發現了一顆寶石，牠雖然知道其價值，但也明白，對牠來說那是無用之物。「給我一粒穀子，勝過給我全世界的寶石，」這隻明智的動物最後如此說道[10]。有些古希臘人如同波斯人和印度人，認為這種鳥至為神聖而不願殺害。還有，雞跟太陽神和月神也有關連，就像在巴比倫尼亞那樣。畢達哥拉斯這位神祕主義者、數學家，在公元前六世紀時曾建議：「養隻公雞，但不要犧牲牠，因為雞對日月而言乃是神聖之物。」[11]這種鳥還跟更新復始之女神珀瑟芬尼（Persephone）有關，她有一半的時間待在冥界，當她重返人間時，便會帶著春天一起回來[12]。

幾乎可以肯定的是，這些信仰反映了早期愛琴海地區的觀念。蘇格拉底死於公元前三九九年，而當時的波斯帝國版圖從巴基斯坦一路延伸到分隔歐亞的達達尼爾海峽（Hellespont）[13]。雖然波斯人被希臘人說成殘暴的墮落者，但他們帶來的種種新貨物、動植物、觀念、宗教信仰以及創作發明等，卻是大受歡迎。在雅典，波斯服飾、波斯風格的建築、波斯食物等都相當時髦風行。有種美味多汁的新水果叫做「波斯蘋果」（Persian apple），在雅典市集的攤位上頗受喜愛，但其實這是原產於中國西部的桃（其學名中的*persica*，就是波斯的意思），從東方沿著波斯所控制的貿易路線傳入西方[14]。

雞跟波斯這個東方強權之間的關聯，使其成為阿里斯托芬的最佳拍檔，他樂於拿當時的哲學家（比如蘇格拉底等人）以及政治當局開玩笑。前面提到的那齣滑稽喜劇裡頭，另一個角色說：「牠（指公雞）才是波斯的第一個君王、第一個統治者，比歷代波斯帝王和祭司都要早，」「此乃為何牠被稱作『波斯之鳥』……牠像波斯國王一樣趾高氣揚地走來走去！」阿里斯托芬筆下這隻高視闊步的公雞，穿戴著厚盔甲以及類似波斯王冠的那種高冠，不僅如此，根據劇本上的舞台指示，這雞還炫耀著一根「超長、超紅的陽具」[15]。

拿這種放肆無禮的裝束來開鄰近帝國的玩笑，在那個時空背景下，肯定能夠博得男性觀眾們的喝采，因為時人認為較小的陰莖要比大支的好看，也較不粗魯野蠻。而公雞那必然為之且持續不輟的啼叫聲，就像不斷在提醒著旁人牠具備王者般的指揮權，甚為惱人。「只要牠清晨勃起放聲高鳴，不管什麼人都得起身工作，」某個角色抱怨道，「金屬工、陶工、拉伸皮革的、剝皮的、洗皮的、賣淫的、彈里拉琴（lyre）的、做盾牌的——天未亮就得起床，穿鞋上工去！」

蘇格拉底是以腐蝕青年和散布不敬神的思想而被判死刑，這部在蘇格拉底死前十五年所完成的奇幻劇，本身就是異端邪說。劇中提及，過去有個時期「並非由眾神擔任君王統治人類，而是你們」——鳥兒們。在兩個雅典人的幫助下，眾鳥在天上建城，找回失落的特權，並且成功領導了一場反抗奧林帕斯眾神的活動。新的法條禁止誘捕、射獵、食用鳥禽。而在這個新的天空衛城上守護城牆的，則是「阿瑞斯嗜殺成性的小孩」（Ares' Killer Kid）、戰神所青睞的狠角色，波斯之鳥。

阿里斯托芬在其諷刺作品中，如此描寫一隻權迷心竅、爭強鬥狠、「性」致盎然的鳥，反映出雞在古典希臘時期所扮演的多重角色，而其中有許多是採納了先前出自近東地區一些和雞有關的神話內容。由於巴比倫及波斯帝國所留下的紀錄實在不多，因此我們對於雞在西方最初的整體看法，來自於牠們早期在歐洲文明發源的灘頭堡。那個希臘花瓶上的公雞，棲息的姿態跟古巴比倫印章上的雞沒兩樣，都是停棲在祭拜場景中的柱子上。牠們或是待在智慧及勇氣、琴棋書畫樣樣行的女神雅典娜之一旁，或是成為雅典娜盔甲上的裝飾圖案。[16]在古希臘雅典衛城裡，有座以黃金和象牙製成的雅典娜像，非常有名，其頭盔是以一隻公雞為飾。公雞也出現在赫密士（Hermes）的肖像上，赫密士是投機者和運動員的保護神[17]。

蛋雞在蘇格拉底的時代已算普遍，不過豬肉和羊肉遠比雞肉來得受歡迎，而且容易取得[18]。撇開雞的強大鬥性和性能力不談，雞之所以和其他動物不同，是因為跟阿斯克勒庇俄斯之間的緊密聯繫，祂是光明和痊癒的至高之神，也是具有一半人類血統的阿波羅後代。在最初的希波克拉底（Hippocratic）誓詞裡，醫師必須向阿波羅和阿斯克勒庇俄斯宣誓，祂們似乎是從一間阿波羅神廟開始受到如此崇拜，該神廟位於跟雅典隔著柯林斯地峽（Corinthian isthmus）相望的埃皮達魯斯（Epidaurus）境內，時間約莫是雞隻抵達希臘的公元前七世紀[19]。當時有這麼樣的小巧細瓶，其上描繪著一條蛇，蜿蜒於兩隻公雞之間。這種稱作「alabastron」的小容器，裡頭裝著可能具有藥用價值的油膏或香水，因為蛇是另一個跟阿斯克勒庇俄斯有關的神聖動物[20]。

阿斯克勒庇俄斯在蘇格拉底活躍的年代已是受人歡迎的神祇，在那之後的八個世紀裡，其神廟發展為地中海世界的水療及治療中心。家族成員們會相聚在神廟，備好包括獻祭雞隻在內的豪奢宴席，以此祈禱或慶祝親戚恢復健康。雅典衛城南面有座寬敞的醫神廟（Asklepion），上演過許多阿里斯托芬劇作的劇場就在附近[21]。還有座醫神廟位於常被稱為「古代盧爾德*」的

*〔譯註〕Lourdes，或稱露德，位於法國西南部庇里牛斯山區的城鎮，著名的天主教朝聖地，據傳該地泉水具有治病的神蹟。

埃皮達魯斯，擁有一百六十間病房和一個避難所；另一座是在小亞細亞境內的帕加馬（Pergamon），那裡是個尊爵不凡的複合建築體，裡頭有自己的劇院和運動設備，可供其富豪客戶們大肆誇耀一番[22]。科斯島（the island of Kos）上的醫神廟是希波克拉底接受醫學訓練之處，在公元前三世紀時，有位希臘詩人記載，兩名婦女帶了一隻公雞到神廟，宰殺獻祭後將其烹煮，切下一隻雞腿獻給祭司，也給祭壇上的聖蛇一些肉，然後將剩下的打包帶回家吃[23]。

後來在羅馬帝國時期，醫神廟逐漸減少，原因之一是使徒保羅要基督徒不吃「祭過偶像的食物」（idol food）。那個時代至今的遺續，除卻考古遺跡和hygiene（衛生）及panacea（萬靈丹）這兩個源自阿斯克勒庇俄斯女兒之名的字彙不談，只剩北美救護車後面那條纏繞於杖的蜿蜒蛇形[24]。但最晚在公元第三世紀時，艾盧西斯神祕儀式（Eleusinian mysteries）的參與者就開始以公雞來供奉阿斯克勒庇俄斯或大地及農穫之神狄米特（Demeter），不過他們在儀式之中並不吃雞肉[25]。

長達數千年的歲月裡，雞在許多不同的文化被當成卓越的「鳥藥箱」，其肉、骨、內臟、羽毛、冠、肉垂、蛋等，都經常出現在古代的醫療處方中。不管是什麼症狀——偏頭痛、痢疾、失眠、氣喘、抑鬱、便秘、嚴重燒傷、關節炎，或者只是久咳不止——雞都是長著兩隻腳、隨時備便的全方位藥房。公元二世紀的希臘名醫蓋倫（Galen），曾開立一帖治療尿床的藥方：乾的公雞雞胗配杜松子汁[26]。其他人建議用雞腦來促使嬰兒發牙，或當做蛇咬的解毒劑。還有人說，雞糞能治潰爛的肺。十一世紀的波斯哲學家阿維森納（Avicenna）用小母雞熬湯，作為治療痲瘋病的藥物；法國文藝復興時期有一道處方，要人把雞榨乾後喝掉湯汁，便能治癒發燒[27]。

十六世紀一位義大利科學家寫道，「雞隻因其藥用之故，對人類而言實有莫大裨益，無論人體內外，幾乎任何病痛都能從這種鳥禽找到療法」[28]。

古城米拉斯（Milas）位於愛琴海岸，現今土耳其境內，那裡至今仍使用生蛋白來治療燒傷，這也是從希波克拉底到二十世紀的美國醫師都推薦的療法。然而，有篇二〇一〇年發表於《急診護理期刊》（*Journal of Emergency Nursing*）的研究報告發現，米拉斯的家長們若使用生蛋白來處理小孩燒傷，會增加感染的機率。較佳的處置是把燒傷部位泡在冷水中，之後再蓋上無菌紗布[29]。不過，雞湯倒是撐過了時間和現代科學的考驗。羅馬時代的作家普林尼（Pliny）表示，雞湯對於治療痢疾極為有效[30]。根據一篇在二〇〇〇年發表於《胸腔醫學》（*Chest*）的報告，研究者發現雞湯（他用太太的祖母的家傳食譜）所含的成份具有溫和的抗發炎效果，能緩和感冒常見的上呼吸道症狀[31]。另一份針對志願受試者的研究則證實，雞湯比熱水更能紓解鼻塞和胸悶。第三份研究調查發現，雞湯能強化鼻腔纖毛，這些纖毛可阻止細菌和病毒造成的潛在危害[32]。此外，有篇二〇一一年由某位愛荷華州的醫師所做的研究，作者明確指出在患有病毒性疾病的一群人中，有喝雞湯的（即便是買商店裡的罐裝雞湯）比其他沒喝的人更快恢復健康[33]。

雞肉含有半胱胺酸，這是種胺基酸，跟支氣管炎藥物的有效成分密切相關，這或許能說明為何長久以來雞湯如此受人讚頌。有些研究人員懷疑，雞湯能調控免疫系統，藉此減緩人體面臨病毒攻擊時所產生的炎症反應。

其他一些更為令人費解的處方，也已得到研究的證實。舉例來說，雞冠確實能減緩關節炎、撫平皺紋。原來，雞冠富含玻尿酸，這是種能夠減少發炎的化合物，用在賽馬身上也有好幾十年的歷史了[34]。輝瑞（Pfizer）藥廠目前正在養一種具有巨大紅雞冠的白色來亨雞，目的正是為了從中萃取玻尿酸，以嘉惠受關節病痛所苦的患者。輝瑞的競爭對手健贊（Genzyme）生技公司，則是在凝膠中使用玻尿酸，使其達到如同肉毒桿菌素（Botox）一般的效果：拉提已經下垂、老化的皮膚[35]。而從雞骨取得的蛋白質，被證明可抑止類風濕性關節炎患者的疼痛[36]。不過，這種鳥對於人類健康所扮演的關鍵幕後角色，則是預防流行性感冒，這是人類最普遍、最致命的災病之一。

寒冷細雨中，卡車正響著蜂鳴器倒車進入裝卸區，佩特・舒（Peter Schu）要我猜猜看車上載了幾顆雞蛋。這卡車約莫只有美國聯結車的一半大，看起來雖小，但我猜挺高的。「五萬顆吧，」我試著給了個數字。看他的笑容，我知道差得遠了。「十八萬，」這位葛蘭素史克（GlaxoSmithKline）大藥廠的副總說道。

每天早晨六點及午夜十二點一到，一扇黑色鐵門就會旋轉打開，讓一輛像這種沒有任何標記在上頭的卡車轆轆駛進位於德列斯登（Dresden）的工廠，其所在地約在德國首都柏林南方一百六十公里處。車上的貨物是來自數十個散布於德國及荷蘭鄉間的牧場，這些牧場每天可生產三十六萬顆雞蛋。至於牧場所在地點，則是機密[37]。

那些雞蛋是「試管」，用來生產給我們接種的流感疫苗。希波克拉底在將近兩千五百年前就描述了流感的症狀，而流感大流行在十六世紀首次被記載[38]。每年有數百萬人被流感病毒感染致病，二十五萬到五十萬人死於流感[39]。而在一九一八年的全球大流行，據估計高達五千萬人死亡，大約每三個人就有一人生病，光是美國的流感死亡人數就達五十萬人[40]。那場大流行最早可能是從雞隻開始，接著是豬，再來傳到人類身上。流行性感冒似乎是人類馴養動物所必須付出的代價，這種疾病會不停演化，然後在人群之間傳播[41]。每次只要有大流行爆發，就是一場全球威脅。

諷刺的是，今天雞成了全球流感疫苗最主要的供應來源，而流感就在人跟鳥之間不斷循環著。要想跟這類快速演化的病毒搏鬥，得要由醫師、流行病學家、微生物學家以及公衛官員們團隊合作，且各國協調一致地努力才行。每年，全世界的科學家們都會採集檢體，並據此猜測哪一型的病毒株可能會在下一個冬季傳播[42]。流感疫苗便是用選定的微量非活性病毒株來「欺騙」身體的免疫系統，使其產生抗體，等到流行的季節到來，抗體便能抵禦感染。被選出來的病毒株會被培養並送到疫苗廠，就像德列斯登的這座一樣。

舒的手下有七百名員工，他們每年能大量製造出六千萬劑疫苗，並在流感季節開始前將其出貨到七十個國家。為了達成這項目標，已受精雞蛋的穩定供應必不可少。每顆蛋生出來之後，都得小心翼翼地保持清潔，之後從牧場到疫苗廠之間，都有嚴格的安全預防措施確保供應過程穩定且無菌。養雞業者的工作內容都有保密協定，即便是對鄰居也不能走漏風聲，他們特地生產的這些蛋也不得張貼任何標誌或提示。外人帶入的細菌或病毒可能會延遲或中斷規律的生產流程，從而危及產量，這可能會造成極為慘痛的全球疫苗供應短缺。二〇〇八年時，其中一處生產這些特殊雞蛋的牧場附近有座禽場爆發禽流感，半徑十公里內的雞隻全被撲殺。為此，舒費了好大一番功夫從其他牧場找尋得以補足短缺的雞蛋。「所以才說不要把所有的雞蛋放在同一個籃子裡，」他苦笑道。

當卡車司機關掉引擎、爬出駕駛室去抽菸時，舒帶我進到工廠主要建築裡一間漆成白色的小更衣室。疫苗是在一處光滑新穎的鋼構玻璃帷幕建築裡生產製造，這裡每天要用掉三十幾萬顆雞蛋，每一顆的大小跟形狀都差不多，而且幾乎都是在整整九天之前產下的。每顆蛋都已經被檢查過，確保形狀和重量一致（只用介於五十四到六十二克的蛋），而且胚胎還在發育中。

舒向我示範如何徹底清洗雙手，再把一身精瘦的身軀滑進拉鍊式全白連身衣褲裡，穿上粉藍色的靴子，替換掉原本滿布細菌的便鞋。之後，他戴上一副巨大的透明護目鏡。這一切只能在一種情況下完成：必須沒有任何物品接觸到被便鞋污染的地板。我花了兩倍的時間，才把自己放進這套不好穿的服裝裡。換裝完畢，我們先坐在把房間一分為二的長椅上，再把腿跨過去，然後走向另一側的唯一一道門。此時他突然停住，陰沉地說道：「再往前走，我們就要到有活性病毒的區域了。」

我們進入一條走道，搭乘電梯到三樓，那裡有個四周用玻璃圍住的長廊，可以俯瞰下方的貨物裝卸區。裝卸區看起來活像是太空船中的氣閘，有個封口能把外界跟堆疊在卡車裡的蛋隔開來。在長廊末端，跟我們一樣包得緊緊的工人慢慢推著摩登時髦的設備前進，那些設備看起來像是不鏽鋼板的可動式自助餐廳櫥櫃，裡面裝著幾百顆蛋，每顆都安穩地坐落在塑膠托盤上。在長廊外的一個小前廳裡，我們穿上了另一層手套跟靴子。

舒打開下一道門，我們走進一個矩形小房間，房間一側是玻璃牆，另一側是一扇大門，就像大型冷凍庫的門一樣。這個地方看起來宛如一個小巧、高效的中央廚房。當舒開啟大門時，只見六名女員工正忙著搬運放滿蛋的托盤，同時一陣暖濕空氣襲來，消解了還在我骨頭裡鑽刺的德列斯登寒風。往裡頭看去，是擺滿無數個框架的雞蛋。那些剛從卡車卸下的蛋，就先被堆放在這個巨大的孵蛋倉裡過一晚，好讓它們在長途顛簸之後得以調整適應。

等到雞蛋安頓好，身穿白工作服的員工會把蛋連同托盤放到兩條輸送帶上，送進玻璃牆後面的大廠房。廠房裡，內裝病毒液的不鏽鋼筒和裝配線機械設備看起來就像是現代化德國啤酒廠的場景，除了少數員工外，其他閒雜人等一律止步。那些員工需要負責監看裝著病毒液的鋼針精準、細緻地刺入每顆蛋裡頭，之後要進行長達七十二小時的孵卵作業，好讓注入的病毒能夠在富含營養且無菌的環境下感染胚胎並增殖。接下來，蛋中的液體會被抽取（並利用化學物質使病毒失去活性），放入高速離心機中純化，分裝為單劑，然後注入注射器，再以收縮膜包裹，等整批包裝完畢後，便可分銷到全世界。你在社區診所所打的流感疫苗，其生產地都能被追溯到這樣的工廠。

第二次世界大戰時，美軍由於深怕一九一八年的流感大流行捲土重來，進而使得對抗德國和日本的努力付之一炬，於是在風聲鶴唳中發展出了這樣的疫苗生產技術[43]。美國大兵是在一九四五年開始接受流感疫苗注射，而當時的德列斯登正被英美空軍以燃燒彈轟炸。此後，藉由每年一次的疫苗注射，好幾百萬人得以免於因流感而生病或死亡。不過，由於每生產一劑疫苗平均需要三顆雞蛋，所以相關製程仍然複雜且昂貴。只要有一顆蛋感染病原，就能毀掉整批疫苗[44]。

直到不久前，要想大量生產製造流感疫苗，這都還是唯一切實可行的辦法，但在二〇一二年底，美國食品藥物管理局（U.S. Food and Drug Administration, FDA）批准了一款「無蛋疫苗」，這些疫苗是在哺乳動物細胞中培養病毒所製成[45]。隔年初，FDA也核可一項較為簡單、平價的製程，該製程甚至無需用到活流感病毒。替代方案改用基因改造病毒（genetically modified virus）來感染昆蟲細胞，使之產生能夠觸發人體免疫系統製造抗體的蛋白質，效果就跟雞蛋生產出來的疫苗一樣[46]。「未來會轉移到無蛋製程，」我們回到疫苗廠的更衣室脫掉身上的防護裝時，舒坦言道，「不過新的作法還是有一大堆障礙需要克服。」

即便以後流感疫苗不再需要用到雞蛋，雞蛋仍舊是動物研究的模式生物。雞蛋乍看之下似乎平淡無奇，不過這個完美的乘載系統，卻是比任何加壓太空艙還要複雜。在其光滑的外殼下，有一層內殼膜和一層外殼膜，鈍端有氣室提供膨脹收縮的空間。再往內，是佔據大部分內部空間的透明液體，由薄薄兩層較濃的蛋白包裹著。蛋黃被自身的卵黃膜包覆起來，由繫帶跟內部兩端相連。在已受精的雞蛋裡，蛋黃提供胚胎發育時所需的養分，然後胚胎會把代謝廢物存積到一個囊中，並且經由半透性的蛋殼獲得氧氣，而蛋殼也能阻絕一切細菌或病毒的入侵。由於胚胎受到完美的保護，因此要到孵化前三天它才會生成免疫系統以及抗體。

亞里斯多德曾研究過雞，胚胎學就此誕生。他在廟裡觀察跟母雞分開的公雞有什麼樣的交配習性——或許是在有成群雞隻供獻祭的雅典醫神廟裡。他也曾把受精的雞蛋開個小洞，這樣就能記錄從卵到孵化這三週之間的胚胎發育狀況。觀察的結果，使他得以摒棄許多其他學者一直堅持到十九世紀的觀點——胚胎其實只是具體而微的動物，之後慢慢變大而已[47]。這位希臘思想家提出了另一種看法，他認為胎兒是照著明確的階段發育而成[48]。這些開創性的雞蛋實驗，讓他進一步去研究包括人類在內的其他物種，直到作出如下結論：「所有動物，不管什麼種類，無論牠們是天上飛的、水裡游的、地上爬的，也不管是胎生或卵生，其發育過程都是一樣的。」[49]

對胚胎學家來說，雞蛋這個小宇宙仍舊是他們心中首選的微型實驗室。十七世紀時，威廉·哈維（William Harvey）在倫敦利用雞蛋搞懂血液循環流動的過程，並探索後來我們所知的神經系統[50]。義大利波隆那的馬爾切洛·馬爾皮吉（Marcello Malpighi）則是以最新型的顯微鏡觀察描述了雞胚胎發展中的微血管和其他解剖結構的關鍵之處[51]。三個世紀後，科學家於一九三一年在受精的雞蛋中培養病毒，使得日後第一批具成本效益的疫苗能夠順利生產，自此人類得以對抗腮腺炎、水痘、天花、黃熱病、斑疹傷寒，甚至是落磯山斑點熱（Rocky Mountain spotted fever）——最終乃至於對抗流行性感冒[52]。

到了一九五〇年代，癌症研究人員開始利用雞蛋來研究腫瘤的發展，他們將癌細胞置入受精雞蛋中，然後觀察疾病如何滋生及傳播。安德力斯・傑爾斯特（Andries Zijlstra）是美國田納西州首府納許維爾（Nashville）范德比爾特大學醫學中心（Vanderbilt University Medical Center）的新生代科學家，他曾發現一種從雞蛋裡觀察腫瘤生長的新方法。納許維爾是美國鄉村音樂之都，從市區酒吧開車到他的實驗室只消幾分鐘，我去拜訪時，他說：「訣竅在於觀察腫瘤生長的同時，讓動物繼續存活著。」[53]

身為荷蘭農夫之子，傑爾斯特藉由保持適當的溫濕度，首創在不影響胚胎生長的情況下，把一個剛發育的胚胎移入塑膠培養皿中。他將腫瘤細胞注入該胚胎的血管後，在癌細胞增殖擴散的過程中，每隔十五分鐘就拍一張照，觀看細胞如何應對癌症。傑爾斯特從實驗室的一角拉出一個長方形托盤，上面有幾十個淺凹，凹裡有一些看起來像是橘子果凍的東西，還沒完全變硬。「這些還要再煮個幾天，」他指的是胚胎，意思是這些胚胎還需要進一步孵育。他的實驗室每年會用到兩萬顆蛋，跟德勒斯登所使用的一樣都是近乎無菌狀態下所生產的雞蛋，每顆要價三塊美金，這價錢在商店裡差不多可以買一打普通的雞蛋。「用小雞胚胎，你可以確實看到發生什麼變化，但如果用小鼠或甚至是斑馬魚的話就不行了，」他一邊跟我說，一邊把托盤滑推回它溫暖潮濕的小窩裡。「這是個完整的生物系統，沒有被切成碎片。」

一八七八年十月三十日，有件裝有一粒小公雞心臟的包裹被送到位於巴黎的巴斯德研究院（Pasteur Institute）。當時有種致命疾病橫掃法國，這隻小公雞在土魯斯（Toulouse）被注射那種病原菌後就死了。那個年代，只有針對天花和牛痘這類病毒性疾病的疫苗。沒有經過改造（或弱化）的病毒通常會刺激抗體並保護病人，但也可能會殺死病人[54]。

當時五十來歲的巴斯德已經是個舉世聞名且異常忙碌的科學家，他一開始並不太注意這個包裹。但他的年輕助手查理斯．尚博朗（Charles Chamberland）從巴黎的市場裡買了兩隻活雞，然後從那個公雞的雞心裡取得致病物質，將之注射到活雞體內。當他隔天一早再進到研究院，兩隻雞都已經一命嗚呼。尚博朗想要培養該微生物，但因為使用酵母和水的混合物作為培養基而告失敗。一八七九年的元旦剛過，他跟巴斯德忽然想到一個萬靈丹：雞湯，或者更準確地說，雞高湯。「現在我們有了培養這些微生物的介質了，」巴斯德興奮地在筆記上寫著[55]。那些芽孢桿菌（bacillus）在高湯裡活了下來，因為接種這些高湯的雞很快就死了。

但在那之後他們並無進展，直到夏季來臨。尚博朗跟多數富裕的巴黎人一樣，渴望馬上展開八月的休假。由於原本要替幾隻母雞接種「微生物」的計畫推遲了，所以他離開時漫不經心地把雞湯放在雞籠附近。幾個星期之後，他總算回來進行這項工作，結果雞雖然有生病，但卻痊癒了。這樣的結果引起了巴斯德的高度興趣，他下令進行另一次注射。「機會只青睞準備好的人，」巴斯德會如此說道[56]。這次實驗的結果，原來養的雞沒死，但實驗當天從市場買回來的雞卻掛了。巴斯德知道，原本的雞已經對該疾病產生抵抗力，因為暑假期間牠們暴露在漂浮於實驗室空氣中的少量微生物之下。

這一發現讓他們投注大量心力操作病原體，希望使其得以讓雞隻產生抗體而不會致命。科學家們嘗試對受感染的雞湯增加酸度並降低溫度，然後觀察那些從市場買來的雞，看看對牠們的健康有何影響。要是把芽孢桿菌暴露於氧氣中，會減弱其影響。等到一八八〇年一月，巴斯德已經能夠在實驗室的籠中一次接種多達八十隻雞，這些處理過的病原能讓雞隻產生免疫力而不會致病[57]。「對培養發展模式進行某些修改，」隔一個月後他便意氣風發地告訴法國科學院，「我們可以降低這些傳染性微生物的毒性。」[58]

這對法國的家禽業來說無疑是個好消息，當時他們正因「雞霍亂」（chicken cholera）肆虐而蒙受巨大損失。儘管最終的結果證明，相較於把受感染的雞給隔離和撲殺，接種疫苗不但成本較高且效率較低，然而重點是，首支人造疫苗的研發生產，標誌著一次人類醫學革命的開始，這將幫助研究人員對抗每年奪走數百萬人性命的疾病。

十二年後，在半個地球之外，有另一批雞也給人類的飲食和疾病帶來極為重要的洞見。在印尼的荷蘭醫師庫立斯提安・埃科曼（Christiaan Eijkman），對於當時好發的腳氣病頗為焦心，這是種相當疼痛的疾病，會使人的腳腫脹，並導致心臟衰竭。跟巴斯德一樣，埃科曼也在偶然之間有了驚人發現。他原本就養了一群雞，平時除了有雞蛋吃，偶爾也可煮鍋雞湯。由於他所屬的軍醫院預算削減，迫使他改變養雞的方法。他買了較為便宜、看起來灰灰的糙米來餵養部分的雞，其他的雞則吃餐廳裡剩下的白米。一段時間之後，他觀察到前者都相當健康，但後者卻染病了，繼而發現維生素B的重要性，而埃科曼和其他科學家後來也因此共享諾貝爾獎[59]。

家雞實驗一方面替疾病治療闢出康莊大道，但另一方面，在二十世紀初也被優生學運動的發起人所利用，他們試圖藉此擺脫他們認為的「人性中的墮落特質」。一九一〇年，紐約州冷泉港實驗室（Cold Spring Harbor Laboratory）的主任查爾斯．達文波特（Charles Davenport）聘僱來自密蘇里州的哈利．拉夫林（Harry Laughlin），他對雞的繁殖配種很有興趣。拉夫林到紐約後出任優生學辦公室的執行主任，他利用這個頗具影響力的職位去說服國會限制東歐移民的數量[60]。拉夫林把雞的繁殖配種當成「透過科學選擇改進人種」的樣板。他在十八個州協助推動法案，強制對一些殘疾和貧困人士進行絕育[61]。納粹德國的立法者於一九三三年頒佈了類似的絕育法案，便是根據拉夫林的法律用語[62]。在德國及美國，都有成千上萬的人被強迫絕育。達文波特和拉夫林都在第二次世界大戰結束之前就過世，而優生學則被納粹的政策給徹底搞臭。

這個時期還有另一位優生學者，根據家雞實驗結果認為細胞具有極長的壽命。法國生物學家亞歷克西．卡雷爾（Alexis Carrel）是動脈縫合技術的先驅，他拿過諾貝爾獎，任職於紐約市的洛克斐勒醫學研究所*。一九一二年一月十七日，他從一顆取自十八日齡公雞胚胎的心臟上切了一片下來，並放在凝結的雞血培養基裡，結果雞心切片不僅維持生機，還分裂出新的細胞[63]。這項實驗震驚了美國社會，《紐約時報》每年都會報導其生長和健康狀況[64]。卡雷爾是某個

*〔譯註〕Rockefeller Institute for Medical Research，現今洛克斐勒大學（Rockefeller University）的前身。

科學委員會的成員，該委員會曾提議將八百萬名被認為不適合生育的美國人絕育。他在第二次世界大戰爆發時返回法國，替德國的傀儡政權「維琪政府」工作，後於一九四四死於心臟衰竭。而在紐約，那顆長生不死、持續跳動的出名雞心比卡雷爾還多活了兩年，直到卡雷爾的助理之後去了其他實驗室而把那顆雞心丟棄為止。研究人員要到後來才明白，那一切都是因為定期加入培養基的雞血造成雞心細胞不死的錯覺[65]。

卡雷爾之後的一個世紀，生物學家試圖將這種鳥改造成一個「迷你藥品工廠」。人體的蛋白質會形成抗體來對抗疾病，但要生產製造這些抗體，可就複雜又昂貴的多了。蛋白提供了一個誘人的簡便方法來大量製造抗體，就像在德勒斯登看到的那些雞蛋，它們已經如同微型生物反應器一般在運作了。跟山羊或倉鼠之類的其他動物不同，雞製造蛋白質的方式和人類極其相似。研究人員把其他物種（包括人類）的基因嵌入基因轉殖的雞，希望藉此製造出蛋白質藥物（protein-based drugs），好用來治療卵巢癌、後天免疫缺乏症候群（AIDS）、關節炎以及其他許多疾病，屆時這類藥物的費用僅需今日所需花費的一小部分

在複製出桃莉羊而聲名大噪的愛丁堡羅斯林研究所（Roslin Institute），生物學家把人類抗體注入受精雞蛋的胚胎內，再把胚胎轉移到一顆「宿主雞蛋」（host egg）裡，結果有些孵出來的小雞能夠生出保留外來DNA的後代。美國則有其他科學家正努力設法改變公雞的精子，使抗體成為其基因組的一部分，然後再傳遞給受精卵[66]。種種途徑都有可能讓我們能夠像德勒斯登那裡的工廠一樣，大量製造以基因轉殖蛋為基礎的廉價人類蛋白質藥物。在蘇格拉底要求友人

獻祭公雞給阿斯克勒庇俄斯之後的廿四個世紀，基因轉殖雞的時代正悄然露出曙光，過不了多久，就會登堂入室進到你家醫藥箱了。

CHAPTER 4 基本裝備

在人類遷徙和佔領陌生土地的過程中，要說人類最忠實的跟班，雞可算是僅次於狗。

——艾德蒙．瑣爾．狄克森（Edmund Saul Dixon），《觀賞雞和家雞：牠們的歷史及管理》（*Ornamental and Domestic Poultry: Their History, and Management*）

家雞最偉大的旅程，是由西往東橫越太平洋，這也是人類在十六世紀之前最偉大的探索壯舉。長久以來，太平洋一直是人類走出非洲後所面臨的最大一塊障礙。很長一段時間，人類若想在地球上多數地區定居，並不需要隨身攜帶馴化過的植物、眷養過的動物，或是具備星象知識。我們在五萬年前就已離開非洲，橫越亞洲，並且划向澳洲。但在三萬年前，我們的遷徙進程卻止步於散落在新幾內亞島東邊的索羅門群島，前方的門檻正是那片最深、最寬闊的大洋[1]。之後人類就沿著太平洋邊緣移動，往北穿過西伯利亞後跨入阿拉斯加，繼而填滿美洲大陸的各個角落，至少在一萬三千年前就抵達南美最南端的火地群島，而且很可能在更早之前就到了[2]。

之後約莫一萬年的時間裡，人類仍然無法掌握佔地球表面將近三分之一的廣大太平洋地區。為此，我們需要適合航海的船隻和先進的航海技術，以及精挑細選過的穀物，和強健且相對小巧的動物，牠們得要在漫長的航程中存活於狹小的空間內才行。一直要到公元一千二百年之後，玻里尼西亞人的雙船體平台木舟（double-hulled canoe）才終於抵達遙遠的夏威夷群島及復活節島[3]。在人們帶上的遠航裝備用具中，雞是不可或缺的一部分。

「該怎麼解釋這個民族能在如此浩瀚的海洋上拓殖呢？」[4]庫克船長（Captain James Cook）對此不禁深感疑惑，他帶領了首艘抵達夏威夷的歐洲船隻，但在那之前五百年就有人類定居在夏威夷了。直到二十世紀，許多西方人仍然認為玻里尼西亞人肯定是某塊大陸沉沒之後的遺民，只是被困在幾處沒有被淹掉的地方[5]。也有人猜想，在這些太平洋島群的下方正好有個「南方大陸」，可讓沒有複雜技術設備的水手們從容不迫地啟程。幾乎沒人能夠想像，這批人是如何在欠缺現代羅盤、六分儀和大型船隻的情況下，達成如此驚人的拓殖壯舉。

後來，庫克直接目睹了他們的技術。船上有位曾跟林奈通過信的博物學家，名叫約瑟夫・班克斯（Joseph Banks），當他們巡航至大溪地附近時，他堅持把圖帕伊亞（Tupaia）給帶上奮進號（HMS *Endeavour*）[6]。圖帕伊亞是個藝術家、當地信仰的祭司，也是政治人物。在完全沒有任何海圖和儀器的情況下，圖帕伊亞對方圓三千二百公里內的一百多座島嶼知之甚詳，而在跨越南太平洋前往紐西蘭的航程中，他也能掌握自身所在位置。「這些人在海島間航行數百里格*，白天以太陽來指引方向，到了夜晚就觀看星星和月亮，」[7]庫克還在大溪地時就如此驚嘆道。他相信更進一步的調查，能夠揭露這些無畏冒險活動的起源。「這一旦被揭曉，我們就再也不會搞不懂為何有人能夠上到這些星羅棋布於大海的島嶼……因此我們或可一個島嶼一個島嶼地追溯他們直至東印度（East Indies）。」[8]

奮進號上，雞被關在舵輪前方的一個籠子裡，在庫克的長途航行期間，牠們是蛋和肉的重要來源[9]。對玻里尼西亞人來說，雞的用處遠不只如此。班克斯在一七六九年抵達一座島嶼時，就記載了一件事：在他們的接待會上，一名尊貴的老先生「立刻點了一隻公雞和母雞送到庫克船長與我的面前，我們便收下了這份贈禮。」[10]當一七二二年第一批歐洲人抵達復活節島時，島民們也給了類似的獻禮，只是當時的氣氛並不友善就是了。荷蘭水手上岸沒幾分鐘就射殺了十來個手無寸鐵的原住民，只因為這些當地人做出了他們認為具有威脅性的姿勢。心懷恐懼的酋長叫人拿雞來獻給遠征隊的首領，以求避免更多的殺戮。當晚，島民們帶來活雞與烤雞到船上，藉此平息這幫危險異客的怒火[11]。

英國考古學者凱絲琳・羅特利茝（Katherine Routledge）曾在第一次世界大戰前夕調查過復活節島的廢墟，她在一九一九年出版的《復活節島之謎》（*The Mystery of Easter Island*）中寫道，「在當地人的日常生活裡，雞的角色甚為重要，雞舍的遺跡要比民宅氣派宏偉得多。」[12]據她回憶，經常有人請求一位德高望重的當地人進行一項儀式，以此提高百姓家中雞的生育力。當時歐洲

*〔譯註〕League，里格曾是歐洲及拉丁美洲慣用的長度單位。在英語系國家，一里格在陸地上約等於四點八公里，海上則是三海里，將近五點六公里。

因為一戰而危如累卵之際，羅特利莒發現自己得試圖阻止當地島民跟來自智利的綿羊牧場主之間的流血衝突。反叛的島民領袖是一位名叫安格塔（Angata）的薩滿女祭司，她送給羅特利莒兩隻雞，希望在起義時得到羅特利莒的支持。

復活節島，是世上有人居住的島嶼中極為偏遠的一個，在羅特利莒的那個年代，島上的玻里尼西亞人僅是原有人口數的殘餘，在那之前，許多人不是死於疫病，就是被強制送到智利的礦山去[13]。極其孤立的地理位置，人口稀少，狂風吹襲而成的地貌，以及超過十八公尺高的詭異雕像，種種因素使得復活節島成為西方世界的羅夏克墨漬測驗*。面積跟紐約曼哈頓差不多的復活節島，現在已是生態浩劫的代名詞，造成浩劫的原因是由於人口成長並且對於島上的物資貪得無厭，如此真實故事對於一個身處危機的星球來說，不啻為當頭棒喝。

「人類的貪婪是漫無邊際的。其自私自利似乎是天性使然，」這是出自《復活節島，地球之島》（*Easter Island, Earth Island*）一書，由一名紐西蘭及一名英國考古學者所合著[14]。「但在一個有限的生態系統裡，自私自利會導致日益增加的族群失去平衡、人口崩潰，最終便是滅絕。」作家賈德．戴蒙於一九九五年時厲聲警告以為呼應[15]。「復活節島就是地球的縮影。」島上居民砍光了森林，把動植物吃到滅絕，還讓社會瓦解導致部族之間互相征伐，乃至同類相食。「馴養的動物中，」戴蒙寫道，「他們只剩下雞。」

學者、作家、攝影師、遊客等群湧而至，觀看並研究島上那些無聲的碩大石像，但他們往往忽視了雞舍。島上的墾殖者好像是在停止雕刻巨型石像的期間創造出雞舍，那是用來養雞隻種莊稼之複雜系統的一部分。島上至今仍散布著數百座這類建築結構，這些以乾砌石工法（dry-stone）整齊建造的石堆，每個都有石門掩蔽的小進出口[16]。這些雞舍往往分布在幾百個築有圍牆的園子裡頭或周邊，有些園子的形狀像是大型獨木舟，這類園子能夠避免莊稼遭受太平洋的狂風摧殘。堅固的圍牆讓雞隻得以躲避惡劣天候，還能使其不受鼠類威脅，這是島上唯一會捕食雞的動物。此外，雞糞可能是附近田地的重要肥料來源。

沒有確切證據顯示這些雞舍的出現比歐洲人抵達的時間還早。奧勒岡大學的考古學者泰瑞·杭特（Terry Hunt）曾在島上主持過多年考古挖掘，他認為它們源自古玻里尼西亞人。這些雞舍在十九世紀時被當成採石場，石材被拿去修築牧場圍牆，這些牆至今仍然縱橫交錯於島上。杭特的看法是，十八世紀不可能建造數百座這樣的小型建築，因為當時島上的人口正在銳減。雞對於島民而言，具有宗教、政治及農業上的重要性，把他們的雞舍拆掉，再拿去建牆圈住外地引進的綿羊，這便可能導致那場讓羅特利茲試圖調停的反叛活動。

戴蒙在其一九九七年出版的《槍炮、病菌與鋼鐵》中，認定復活節島的島民實行過「密集的家禽養殖」，但他對這件事的重要性保持懷疑[17]。即便養著狗、豬和雞，其他島嶼上的玻里尼西亞人也只能偶爾享用一點富含蛋白質的肉類，農作物才是生存的關鍵。這種看法或許嚴重低估了雞在島民飲食中的角色，以及雞糞幫助土地肥沃的影響，不過這還有待研究人員去收集

*〔譯註〕Rorschach test，又稱墨跡測驗，在二十世紀初由瑞士精神科醫師赫曼·羅夏克（Hermann Rorschach）發展出來而聞名。藉由受試者陳述卡片上特定墨跡圖案的內容，來分析判斷受試者的心理及性格。

必要的數據，以釐清歐洲人到達之前島上飼養家禽的情況。

復活節島向來都不是個容易生存之處。在荷蘭人初次上島後過了半個世紀，庫克船長於一七七四年三月抵達此地，當時他寫道：「沒有哪個國家會去爭取發現復活節島的榮耀，因為在這片海域裡，幾乎其他島嶼所能提供的補給和航運便利性都勝過該島。」[18]庫克估計島上大約有六七百位居民，但他不知道這僅是歐洲人當年初次抵達時島上總人口數的四分之一而已[19]。杭特主張，從歐洲帶來的疾病才是造成人口遽減的背後推手，而非當地人的貪婪或愚蠢。

島上最初的森林，在荷蘭人抵達之前就已消失殆盡。杭特曾挖掘過棕櫚的種子，種殼上有老鼠啃咬過的痕跡，而老鼠很可能是毀掉森林的罪魁禍首。庫克造訪該島時，先遣登陸部隊的成員觀察到「有個人手中有一些老鼠，他似乎不想丟棄，我相信他們會吃老鼠。」[20]這件事向來被當成絕望和飢餓的標誌，但整個太平洋地區的玻里尼西亞人一般都會吃囓齒動物。庫克的部屬還注意到那些在其他島嶼上也有發現的主要作物，比如大蕉（plantains）、甘蔗、瓠瓜、芋頭、甘藷——「從沒吃過那麼好吃的。」島上也有「跟我們一樣的公雞和母雞，不過牠們很小且數量很少。」[21]這些英國佬，或許就像許多後來跟隨他們腳步的考古學家一樣被倒塌的雕像所吸引，因而懶得去石砌雞舍裡多看兩眼了。

↓ ↓ ↓

幾年前，科學家聲稱在南美西海岸找到了哥倫布抵達美洲之前（pre-Columbian）的雞骨頭，這項發現將使得人類歷史大幅改寫。除了一九七八年那根卡在伊莉莎白・泰勒（Elizabeth Taylor）的喉嚨害她被送到維吉尼亞州某間醫院的雞骨外，恐怕再也沒有單根雞骨能在報紙上佔據那麼大的篇幅了[22]。「為何雞要橫渡太平洋呢？」二〇〇七年六月五號的《紐約時報》如此問道[23]，「為了到達世界的另一端。這是怎麼辦到的？原來是藉由玻里尼西亞人的獨木舟，顯然他們至少在歐洲人殖民美洲的一百年前就已經抵達這片大陸了。」

這則廣為宣傳的新聞被當成科學證據：新舊大陸之間隔絕超過一萬年後，是由東方而非西方展開了彼此的交流；搭起橋樑跨越鴻溝的，是在智利海岸販售雞隻的玻里尼西亞人，而不是湧上巴哈馬海灘的西班牙人。

發現雞骨遺骸的地點，在瓦帕萊索（Valparaiso）這個智利城市以南四百多公里的一處小地方，名喚埃爾阿雷納（El Arenal，西班牙文的意思是「沙礫之地」），那裡位於伸入太平洋、貧瘠不毛的阿勞科半島（Arauco Peninsula）上[24]。在該處遺址工作的考古學家發現了一個不起眼的村落，人類在這村落居住了七個世紀之久，直到公元一四〇〇年。村落居民在身後留下了常見的鍋碗瓢盆，他們用這些廚具來烹煮享用貝類、藜麥、青蛙、鴨子、玉米、狐狸，以及原駝（guanaco），牠們是駱馬（又稱大羊駝，llama）的近親。此外，還有八十八根雞骨頭也在這處遺址被發現。

按照傳統的歷史觀點，雞肉大餐不可能出現在哥倫布到達之前的美洲大陸。當白令海峽因冰河期結束而形成時，新大陸和舊大陸就被完全隔開了，而此時紅原雞仍然是東南亞叢林裡易受驚嚇的一種野禽。如果前哥倫布時期的雞真的存在於美洲，那麼新大陸跟舊大陸的人類便會在冰河期結束後、哥倫布抵達美洲前的某段時間碰過面。儘管有些線索強烈暗示著當歐洲人抵達美洲時，到處都有雞隻存在，但直到二〇〇七年，還沒有哪位考古學家曾鑑識過真正的雞骨頭。

遭逢海難的日本水手以及中世紀的愛爾蘭修道士，都可能是把雞帶到美洲的人。雞在公元五百年抵達瑞典，而冰島的養雞戶則聲稱，有個至今仍受歡迎的品種是在公元十世紀時隨著維京人踏上冰島[25]。在冰島，確實是有挖到幾根十三世紀晚期的雞骨，但在維京人於紐芬蘭（Newfoundland）的大西洋岸所建立的聚落裡，並無發現雞的蹤影。此外，也沒有證據證明北美原住民在哥倫布抵達美洲之前就有養雞。新大陸上首批有記載的雞是在一四九三年抵達的，那趟航行是哥倫布第二次前往伊斯帕紐拉島（Hispaniola），即現今海地（Haiti）和多明尼加共和國（Dominican Republic）所在的島嶼，當時有兩百隻母雞跟著哥倫布從加那利群島（Canary Islands）前來，成為新大陸第一個已知的養雞活動[26]。不久之後發生饑荒，島上的雞可能都被宰來吃了，或死於獵食者和疾病。

一五一九年，西班牙征服者艾爾南．寇提斯（Hernán Cortés）及其軍隊抵達墨西哥[27]。當時阿茲特克帝國（Aztec Empire）正被這些歐洲人搞得分崩離析，寇提斯告訴西班牙國王查理五世*，當地人燒烤的雞大如孔雀，他們在市集賣這種雞，而且還會拿這些雞去餵阿茲特克國王蒙特祖瑪（Montezuma）自家動物園裡的野獸。該動物園位於今日墨西哥城的中央，是由大理石和璧玉瓦建造而成，園中還有供國王居住的豪宅[28]。鵰、隼和山貓都吃這種雞，寇提斯如此呈報。但他所指的可能是新大陸極少數被馴養的鳥禽，火雞。

寇提斯提到，在首善之都帖密希坦（Temixitan）的市集有條街，街上「販賣各式各樣的鳥禽，比如雞、鷓鴣、鵪鶉、野鴨」以及其他十來種鳥[29]。由於他並未提到火雞，但火雞毫無疑問是重要的商品，因此或許是他把火雞歸類為「雞」了。古美索不達米亞人可能把雞叫做「來自印度的黑鷓鴣」，寇提斯也可能是相似的思路，才會拿歐洲那邊最近似的禽類來指稱火雞。住在墨西哥中部、操著納瓦特語（Nahuatl）的阿茲特克人稱西班牙為「雞之地」（the land of the chickens）[30]，因為雞就是跟著西班牙人過來的，這也顯示在阿茲特克人的眼中，兩種家禽截然不同，而雞是外來者。由於在墨西哥並未發現比寇提斯的年代還要早的雞骨遺骸，故這種鳥禽很可能是跟著征服者一起來的。

南美洲在公元一千五百年之前有雞存在的證據並不明確。當年有個葡萄牙水手意外登陸南美，地點約在里約熱內盧北方八百公里處，他的報告中提到了許多當地鳥種，但就是沒有雞[31]。他讓當地人看一隻母雞，有些人竟然面露懼色。二十年後，曾跟隨麥哲倫（Ferdinand Magellan）進行首次環球航行的義大利探險家安東尼奧·皮加費塔（Antonio Pigafetta）在巴西海岸登陸，他用一個魚鉤換到半打的雞[32]。皮加費塔還從他的撲克牌中拿張方塊K附贈，「他們給了我六隻雞，還以為佔了我便宜。」

*〔譯註〕Charles V，查理五世實為神聖羅馬帝國皇帝之稱號，他同時也是西班牙國王，稱號為卡洛斯一世（Carlos I）。

一五二七年，一支西班牙遠征隊發生疫病，因而在里約南方一千一百二十公里左右的聖卡塔林那（Santa Catarina）外海下錨[33]。船長派了個人深入一兩百公里的巴西內陸，拿著魚鉤、刀子、鏡子等器物去交換養病所需的雞和其他食物。這些早期歐洲造訪者所報導的當地雞隻，是否真的就是家雞，現已難以確認。南美叢林是鳳冠雉（curassow）的原生地，鳳冠雉這一類的鳥看似較大隻的雞，而且至少有部分被馴化。生物學家華萊士（Alfred Russell Wallace）於一八四八年探索亞馬遜盆地時，看到鳳冠雉在印第安村落周遭隨意進出，因為牠們「是還在巢裡就被人養大，有時甚至還是顆蛋就被人帶回孵化，因此牠們逃回森林的風險不高。」[34]在委內瑞拉，有個繁殖鬥雞的人跟我說，他們有時會讓鳳冠雉跟雞配種，雜交出來的後代較為大隻且強悍。不過，考量這兩類鳥在演化上的距離，科學家倒是挺懷疑這在生物學上的可能性*。

有篇出自十六世紀日耳曼征服者尼可勞斯．費德曼（Nikolaus Federmann）的報告，文中提到了亞馬遜地區的雞隻[35]。他於一五三〇年在奧利諾科盆地（Orinoco basin）北部進行探險活動，該次探險的目的是為了尋找黃金，但這項活動並沒有獲得許可。在一本四分之一個世紀後才出版的書裡，他聲稱在委內瑞拉的叢林中聽到公雞啼，根據當地人的說明，那種鳥是來自南大洋（Southern Ocean）的一間大房子。歷史學者對此說法的詮釋是，這雞是從葡萄牙船隻登上大西洋岸後，一路穿越叢林而來，但也可能告知費德曼這件事的人其實是在講太平洋岸的玻里尼西亞獨木舟。

稍早兩年（一五二八年），法蘭西斯克．皮扎羅（Francisco Pizarro）†抵達南美西邊的安地斯山脈[36]。半個世紀後，一名參與攻打印加帝國的老兵回憶道，曾偶然在祕魯的「卡斯提爾（Castille）見過幾隻白色的雞」[37]。然而，經過一個世紀的挖掘，仍然沒有考古證據顯示前哥倫布時期的雞確實存在。但有些學者認為[38]，印加帝國末代皇帝的名字「阿塔瓦爾帕（Atahuallpa）」，跟奇楚瓦語‡中的雞有關連。在祕魯首都利馬（Lima），有間博物館裡有個兩千年前的紅土陶容器，看起來非常像一隻公雞，雞冠、肉垂、豎直的尾巴等一應俱全[39]。對此，藝術史家無法確定這能否代表當時存在於該地區的鳥種，抑或僅是當地陶匠依其想像力所創造出的器皿。

唯一能肯定的是，假如雞真是新來的，那麼這種鳥適應新大陸的速度倒是出乎意料地快。一五八〇年代有個耶穌會士寫道[40]，印地安人拒絕牛羊，但卻擁抱了雞犬。男人跟狗一同外出狩獵，而雞則受到無微不至地照顧。「女人把牠們背在背上，像養小孩一樣照料著，」他如此宣稱，並補充說這裡的雞比葡萄牙的「大很多」，這或許又跟鳳冠雉搞混了。由於雞很快就遍佈各地，加上體型剛好便於攜帶，因此牠們經常被當做「稅收」。有些巴西原住民被葡萄牙人要求拿雞來繳稅；而在西班牙控制的地盤，母雞和雞蛋則是常見的貢品。

到了十六世紀結束之前，在玻利維亞、祕魯和墨西哥等地的高山和高原地帶，人們已經把低地帶上來的雞蛋當成貨幣流通使用[41]。從歐亞非來的雞就這樣被送到中南美洲各地。來自非

*〔譯註〕鳳冠雉跟雞同屬雞形目（Galliformes），但前者為鳳冠雉科（Cracidae），後者屬雉科（Phasianidae）。

†〔譯註〕征服印加帝國的西班牙殖民者。

‡〔譯註〕Quechuan，南美洲原住民的一種語言，為印加帝國的通行語。

洲南部的班圖（Bantu）奴隸，最早在一五七五年就把他們養的雞從家鄉帶到巴西[42]。這樣的基因混合，對試圖解開新大陸雞隻起源之謎的遺傳學家來說是個挑戰，而這也是為何埃爾阿雷納雞骨的發現及年代測定會如此受到全球注目。

那些雞骨原本是放在挖掘主任位於智利首都聖地牙哥（Santiago）的家中積灰塵，這一放就放了兩年多，直到一位紐西蘭考古學家麗莎・馬蒂蘇－史密斯（Lisa Matisoo-Smith）到智利開會時，聽聞了這項發現[43]。二〇〇六年一月，一位智利同僚在聖地牙哥機場交給她一個塑膠封口袋，袋中裝了其中一根骨頭。馬蒂蘇－史密斯回到奧克蘭大學的研究室後，把這個樣本交給博士班學生艾莉絲・斯托里（Alice Storey），她拿到後，將這骨頭一分為三。其中一份送到紐西蘭首都威靈頓的一間研究機構進行獨立的放射性碳定年，結果顯示，那隻雞的生存年代介於公元一三〇四到一四二四年之間。第二份送到梅西大學（Massey University）奧克蘭校區萃取ＤＮＡ，至於最後一份，斯托里將之留在自家實驗室萃取ＤＮＡ。兩邊得到的ＤＮＡ，之後都在梅西大學定序。

由於當時沒人知道什麼樣的基因序列是典型太平洋地區的雞所有，因此研究團隊又從玻里尼西亞收集了三十七份年代介於公元前一千年至公元一千五百年之間的雞骨，隨後加以檢測並比較其ＤＮＡ。他們也從智利所產的阿勞卡那雞（Araucana chickens）身上拔了些羽毛來檢驗，這個品種的雞有點古怪，頭部兩側有耳羽簇，但沒有尾羽，產下的蛋殼顏色有淺藍和淺綠。有些養雞戶認為，阿勞卡那雞的獨特性顯示牠們是前哥倫布時期遺留至今的雞。在採自玻里尼西亞的古早雞骨中，約有三分之一可取得DNA序列，其中包括那些從復活節島挖掘出來的骨頭，復活節島在南美海岸以西三千兩百公里遠，可能是玻里尼西亞人跟南美接觸的跳板。

從埃爾阿雷納雞骨所得到的基因序列，竟然跟萃取自東加（Tonga）、美屬薩摩亞（American Samoa）和復活節島的古代雞骨序列非常相似，也像極了現存的阿勞卡那雞。復活節島樣本跟智利的古代雞骨之間，僅有一個鹼基對的差異，這使得兩者幾乎完全相同。上述所有的樣本似乎都能匹配。「有個古玻里尼西亞的單倍型（haplotype）依舊留存在現今智利的雞群中，」那篇二〇〇七年的文章總結道，「在歐洲家雞引入至今至少六百年來，這些序列跟其古時候的太平洋祖先相比，僅有些微偏離。」[44]

住在澳洲的南美遺傳學家海美・貢戈拉（Jaime Gongora）對上述研究結果抱持著懷疑的態度。他任教於雪梨大學，但從小是在哥倫比亞的鄉間跟著雞一塊兒長大的，他想到小時候曾經很好奇為何阿勞卡那雞會生下藍色的蛋。就在斯托里分析手上的雞骨時，貢戈拉則是利用東亞雞的基因線索來定序南美的雞，但他推斷其基因混合可能晚至一九三〇年代才發生。後來當馬蒂蘇－史密斯和斯托里與他分享初步結果時，他對「一四九二年之前」這個定年結果感到懷疑。

貢戈拉跟我約在大學附近的一間泰式餐館見面，他的身材矮壯，走在雪梨街頭可能會被誤認為是玻里尼西亞人。用餐時，他指著我們一起點的那盤蝦。在飲食過程中，我們會攝入放射性同位素碳十四，或稱放射性碳，這是由宇宙射線撞擊地球大氣層所產生的，它瀰漫於天地和水域。隨著時間推移，它會喪失電子及放射性[45]。科學家藉由測定有機物中放射性碳衰變的程度，就能得知木炭、種子或是一塊骨頭的年代。然而，海洋卻是混雜了古老的深層水以及可能相當「年輕」的表層水。要是你吃了蝦子，吃飽後再用放射性碳給自己定年，除了體重增加，你可能還會多個幾歲。科學家稱這種現象為「海洋碳庫效應」（marine reservoir effect）。貢戈拉猜想，假如埃爾阿雷納的雞是生活在海濱，那牠們可能常吃海鮮大餐，這樣一來，牠們的骨頭當然只能測定出早於哥倫布年代。他說，「要是牠們跟漁夫住，那麼雞就有可能會吃漁獲。」馬蒂蘇－史密斯和斯托里的論文並未考慮到這方面的影響。

基因分析結果也無法說服貢戈拉和其他人，包括任職於澳洲南部阿得雷德大學（University of Adelaide）的艾倫．庫珀（Alan Cooper）[46]。從四十一隻現代智利家雞身上所抽取的血液樣本中，他們發現這些雞有個單倍型也普遍存在於歐洲家雞體內。埃爾阿雷納的雞骨中有一段基因序列，是最為普遍的一型，全世界都能找到。有人懷疑那些雞骨在斯托里分析的過程中，可能已經被現代的遺傳物質所污染，這在ＤＮＡ定序時是個經常存在的威脅。出身於夏威夷的考古學者杭特曾是馬蒂蘇－史密斯的團隊成員，但他卻被貢戈拉的證據給說服了。

雞骨論戰就此展開。馬蒂蘇－史密斯、斯托里及智利同事們利用同位素分析，確定埃爾阿雷納的雞主要是吃玉米之類的陸地食物，而非海產[47]。他們否認樣本遭到污染，也不接受貢戈拉及其研究團隊的分析。馬蒂蘇－史密斯最近跟我說，「沒有人拿出任何跟我們的結果相矛盾的資料。」但她的團隊確實撤回原先把埃爾阿雷納雞跟現代阿勞卡那雞聯繫起來的主張，那看來似乎主要是二十世紀的產物，就如同貢戈拉所說的那樣。有一支分子生物學者所組成的獨立團隊因此斷言[48]，現代南美雞隻的DNA研究成果，暗示牠們在新大陸的傳布有兩個階段，這也支持牠們是被分批引進的證據，即雞先是被玻里尼西亞人從太平洋，接著是被西班牙人從大西洋所帶來的。

無論雞最早是從太平洋或大西洋而來，這項爭論都讓「玻里尼西亞人比哥倫布更早抵達新大陸」這個議題的可能性有了新的關注焦點。近年的基因研究顯示，甘藷是由安地斯山區的人們帶給玻里尼西亞人，玻里尼西亞人再往西一路傳至紐西蘭[49]。而根據盛行風及洋流的相關研究顯示，玻里尼西亞人的獨木舟離開復活節島後，能夠抵達智利海岸，之後乘著洋流往北至厄瓜多，然後再順著信風往西回轉[50]。

歷史紀錄曾提及，住在太平洋岸的南美居民懂得使用船帆，也可能會操縱架設在近岸的海上浮動交易站[51]。南美西部南半邊的部落所使用的字詞、工具、儀式器具、類似拼板獨木舟的船隻等，跟玻里尼西亞地區所使用的多有雷同之處[52]。玻里尼西亞的航海家們拓殖了全球三分之一面積的海域，在重構他們這段大膽又鮮為人知的探險歷程中，雞已然成為一種重要的理解途徑。

↓ ↓ ↓

在夏威夷群島上，雞群興旺繁衍的歷史跟島上的人類一樣悠久。島上的神話——許多是圍繞著考艾島（Kauai）而展開的——充滿各種關於「狡詐的公雞和能夠在母雞或人身之間幻化的美女」的故事[53]。在其中一則故事裡，有個善良賢慧、名喚「Lepe-a-moa」的母雞／女人，她跟一隻邪惡且強大的公雞之間有場較量，這公雞乃是茂宜島（Maui）國王所有。在鬥雞場上，茂宜國王的對手們因為輕信而受騙，輸光了他們的獨木舟、墊子、頭飾，甚至自己的骨頭。但Lepe-a-moa以歐胡島（Oahu）國王的競爭者之姿溜進戰場，並且擊敗了茂宜的公雞。「她把他撕成碎片，直到搏鬥現場陷入一大團漫天飛舞的羽毛為止，」該故事的某個版本是這麼說的。

雞在夏威夷傳統文化中，長期以來都意味著尊貴以及魔力。「夏威夷是個鬥雞場，吃飽喝足的公雞在此地鬥狠爭強，」十八世紀時慶祝卡美哈梅哈大帝（King Kamehameha）勝利的一首聖歌如此吟詠著，雞便是指島嶼的酋長。在當地研究的考古學者曾在古代菁英份子家中發現雞的遺骸，但在平民家中卻很少發現[54]。由於這些定居在太平洋的勇猛冒險家們沒有留下任何文字，也罕有文物製品傳世，因此，這些珍貴的殘破雞骨可讓我們更加了解這段令人震驚的大發現年代，而科學家現在才正要開始拼湊出這段歷程的樣貌。

在考艾島某處沙灘上方的馬考瓦希洞穴（Makauwahi Cave）裡，有著大量的古玻里尼西亞雞骨。該洞穴是個夾在皺摺之間的石灰岩滲穴（sinkhole），介於緊鄰太平洋岸的高聳懸崖以及一道深受風帆玩家青睞的綿延沙灘之間。遠處隱約可見的是豪普山（Mount Ha'upu），其尖銳的山脊是天神「庫」（Ku）和女神「希娜」（Hina）的居所。根據一則古老的創世神話，希娜生了一顆蛋，之後孵出了一隻雞[55]。

馬考瓦希洞穴像個巨大的密封罐，記錄數千年來的地質變遷、生物入侵以及人類接二連三改變地景的浪潮，並且封裝了這個島嶼的大半歷史。考古學者大衛．柏尼（David Burney）是在無意間發現了這處可能是藏有整個太平洋地區最多化石的遺址[56]。一九九二年時，他跟隨觀光客的行跡來到一面被狹窄縫隙穿透的岩壁，並發現一塊巨大的橢圓形岩石，拔地而起超過十八米。從那時起，他就持續探查洞穴底層的軟泥。在最近一部《神鬼奇航》（*Pirates of the Caribbean*）電影中，他在電影團隊開拍史傑克船長從洞穴邊緣一躍而下的那一幕之前，曾暫停探查活動並替強尼．戴普（Johnny Depp）導覽這個洞穴。

當我在微風徐徐的早晨來到這處遺址時，柏尼正在一個深坑底部，那兒覆蓋著一層鮮綠色的浮渣。他把桶子裝滿黑色軟泥，然後徒手將一個個桶子提上六公尺高的伸縮鋁梯，再交給一位志工。這些沉重的淤泥被運到洞穴的遮蔭側，慢慢倒入網箱，篩選出骨頭和貝殼。柏尼邀我爬下伸縮梯，他的灰白鬍子修得整整齊齊，本人也同樣苗條俐落。當我一邊往下爬，柏尼也一邊對我解說昔日場景：他們曾在我正經過的區域發現飛剪式帆船（clipper ship）的船員們用來交換物資的玻璃或鐵釘，接著另一區則是滿布四百年前海嘯堆積的巨大卵石。這些東西在搬移時簡直是惡夢一場，但它們卻能阻隔史前地層免於後來的干擾。下梯子下了大約三分之二時，他大聲叫我停下來。「那裡就是發現雞骨的地方，」他從坑底指著我鼻子前的暗色土層說道。「而且我們非常確定那些雞骨沒有混雜現代的東西。總之這裡絕對沒有肯德基炸雞啦。」

能夠發現未曾遭受擾動、未被污染的上千年雞骨，這實在是個不凡的成就。在多數傳統村落裡，雞骨通常放個一兩天就不復存在。即便只有一丁點雞骨，狗、老鼠和其他動物也都會迅速把它嗑掉，昆蟲和土壤則會把剩下的殘渣清除地一乾二淨。柏尼進一步說明道，要是土地太酸，雖然種子有機會形成化石，但雞骨則會降解；反之如果鹼性太強，那麼骨頭就能成為化石，但植物卻會降解。在這裡，鹼性的石灰岩跟酸性的地下水剛好互相抵消。「這是個適居帶（Goldilocks zone），完美的酸鹼值，一切都恰到好處，」他說道。「這也意味著兩種類型的遺骸都能被保存下來。基本上，這裡的每樣東西都留下來了。就像日記本裡的頁面一般。」

太陽才剛高過峭壁邊緣，我們往回爬到烈日之下，穿過陰涼處，看著一位頭戴白色網球帽的退休人士拿著四分之一英吋網目的篩網在長方形盒子中篩著泥土。「不用管那些剩下的小蝸牛，要挑我們想保留的鳥骨和種子，」柏尼告訴對方。「最大的問題是，人們總想要一次就篩出很多的東西，」他轉身對我說道，此時那位退休人士正拿著庭院水管在沖洗泥土。等她沖完後，換我們用水管沖洗覆在膝蓋以下的一層厚厚黑泥。

柏尼把他發現的雞骨寄到澳洲南部的阿得雷德。這趟旅程長達八千多公里，用最快的飛剪式帆船也得花好幾週才到得了，但現在只需十個鐘頭。這些骨頭最後來到一棟建築物，地點在中規中矩的阿得雷德植物園中央。想從一個死亡已久的樣本中萃取出脆弱的ＤＮＡ，這件事直到不久前都還像是科幻小說的情節。但現在，無論是海床撈出的三萬兩千年前藻類、八萬年前的原始人、還是七十萬年前的馬匹，研究人員都可以從中取得ＤＮＡ[57]。這種技術使得雞這類伴侶動物成為了解人類在地球各地移動的重要指標。

為了親眼見證如何萃取ＤＮＡ，我走訪了「澳洲古代ＤＮＡ研究中心」（Australian Centre for

Ancient DNA）。在入口迎接我的女士有著圓圓的臉蛋，一頭白色的短髮配上黑色衣裳，她是年輕有活力的佩姬．瑪昆（Peggy Macqueen）。在我到達之前，她已經告知我得先洗個澡並換上乾淨的衣服。門廳裡有個小衣帽間，可以暫放我的相機、手機、筆記本和筆。種種嚴格的規範，是為了保護樣本免於遭受無數遺傳密碼（genetic codes）的汙染，這些遺傳密碼（不只是我的）會隨著我的雙手、毛髮以及呼吸而夾帶進去。隨便一個雞蛋三明治的細小殘渣，都可能會搞亂柏尼的雞骨分析作業。

瑪昆帶我到大廳，爬一段樓梯後進入一間更衣室，我們在那兒穿戴好白色連身服、面罩以及手套。有張膝蓋高的長凳將更衣室一分為二，我們坐在上面，再把雙腳跨擺過去。接著，她指引我在最後的預備區戴上第二層乳膠手套。然後，她要我戴上第三副手套。

至此，我們總算搞定一切，準備通過氣閘進入實驗室。走進去時，我臉上少數沒被遮蓋的皮膚感到一陣微風襲來，因為實驗室裡的氣壓高於外面的氣壓，這有助於減少污染物進到裡面。我們走進一處沒什麼裝飾的房間，牆壁刷成白色，裡頭只有一個操作檯和兩台電腦終端機，看不到一般實驗室裡常見的半滿咖啡杯、板夾、拉鍊沒關的背包等雜七雜八的東西。

瑪昆引領我前往實驗室後方走廊的一扇金屬門，門後空間的大小、形狀和溫度就像餐廳的冷凍庫一樣。裡頭有一整面置物櫃，裝滿了放在小封口袋以及箱子裡的樣本，看起來活像是一份耐心等待著「《侏羅紀公園》式復活」的清單，其中包括：西伯利亞野牛，巴塔哥尼亞劍齒虎，還有世上最大的食肉目——體重可達一千六百公斤、巡行於美洲林地內的巨型短面熊（giant short-faced bear）。這些動物都在一萬兩千年前絕種，可能是人類幹的好事。冷凍庫的另一邊，有一整區都是鳥類，而且有個角落收藏了幾十根雞骨樣本，這些樣本全來自太平洋地區，包括萬那杜（Vanuatu）和復活節島，其中有四根來自馬考瓦希洞穴，也就是比我還早從夏威夷飛來的雞骨。在這裡，雞並未被當成一般鳥類看待。

沿著大廳走，我們進入一間鼓風機室，那裡就像在自動洗車機的尾端一樣。再過去的寬敞空間，是瑪昆清理雞骨、除去表面所有化學物質的地方。清理完畢後，她會把樣本切下一部分，放進「微破碎機」（Mikro-Dismembrator）中，那是個跟影印機差不多大小的箱型裝置，不到十秒便能將一小塊雞骨碎成粉末。她將這些粉末加上酵素溶液，分解其中的有機物質，並將ＤＮＡ長鏈轉變成較小、較容易處理的長度，然後將之放在保溫箱中，以華氏一百三十度（約攝氏五十四．四度）烘一整晚，再把剩下的那坨黏糊玩意兒放進離心機，以每分鐘一萬轉的速度運轉五分鐘，藉此分離出不同的成份。之後，她加入分子生物等級用水（molecular-grade water），將樣本再離心一次，接著把最終產物烘一個小時左右。「你最後就能在微小的降解片段中得到乾淨的ＤＮＡ，」瑪昆說道，不過她的聲音有點被面具蓋住了，「然後你再把它放大擴增。」[58]

我們走進實驗室的第三個部分，也是管制最嚴格的地區，這裡有好幾個用玻璃牆隔出的房間，裡頭有窗戶可以往外看到植物園的玫瑰。有個上了黃漆的房間，大小僅能擺下一張桌椅和一面窄長的操作檯，此處只用來分析動物的ＤＮＡ物質。瑪昆在這裡利用一種稱為「聚合酶連鎖反應」（ＰＣＲ）的技術，把這些漂亮的微小降解片段複製出成千上萬，甚至上百萬個片段來。

即便是在嚴重分解的骨頭裡所發現的少量殘存ＤＮＡ，利用此技術處理後也比較容易分析。這項複雜難懂的技術發展於一九八〇年代初期，其發明者後來得到諾貝爾化學獎，因為他打開了一扇大門，使得內嵌在所有生物體內的遺傳密碼得以被解讀。「最後一道手續就是把這些ＤＮＡ放入試管中，弄乾淨，然後放進機器裡，」她告訴我，「關上門後，就能得到放大增幅的ＤＮＡ。」

再來的工作是清潔，不厭其煩地反覆清潔。桌子、櫃檯、椅子，所有東西都要用消毒劑擦過，以確保這個空間內的ＤＮＡ殘留近乎於零。來自某樣本、看不見的ＤＮＡ可能會污染入門而過的下一批樣本，因此這類預防措施至關緊要。她花在清潔的時間比實際操作的時間還多，而且她必須在隔離的狀態下高效率地完成作業。若想離開實驗室到洗手間解手，就得把前面整套準備程序重頭來過一遍，此外，你一天可以重複進入的次數也有嚴格限制。所有的食物和飲料，包括她最愛的咖啡跟巧克力，全都禁止帶進去。就連這棟建築物本身都是蓋在植物園中央，跟園區的其他建物隔開，目的也是為了增加另一道屏障以減少污染。

一旦ＤＮＡ安全複製完畢，她會在冰箱存放一些，然後將其他的裝在管子裡，帶到十分鐘步程外的生物學大樓。以前，她在天氣熱時還得匆忙趕過去，因為高溫可能會使樣本降解，但現在，新的化學藥品可使這些珍貴的物質保持穩定，因此她可以漫步穿過花園走到校區建物去。儘管如此，這項工作的要求仍然很高，而且結果經常使人沮喪。「要從這些古老的骨頭裡弄出粒線體ＤＮＡ，這是相當費勁的事，」她一邊說著，一邊反射性地再擦了一次櫃檯。「你得決定哪些樣本值得一試。」

脫掉身上的防護裝束後，瑪昆抓起她的外套和皮革背包，帶我穿過校區前往實驗室的辦公室去。在花園的咖啡館裡，她跟我說她是在澳洲北部的一座農場裡跟牛群雞隻一起長大的。之後她在東南亞工作，執行一項發展計畫，幫助鄉下的窮人改善養雞業，他們在那裡引進了西方人喜愛的品種，體型大、胸肉多，這是上個世紀由歐洲跟亞洲的品種育種而來。但寮國和柬埔寨的居民則偏愛他們原有較瘦小、生較少顆蛋的品種。她說，「他們認為自己村裡的雞好吃多了，這倒是真的。」該計畫以失敗告終，她也就此離開。

在東南亞時，讓她印象深刻的是，雞在當地並非只是食物，而是具有多種用途的動物，包括娛樂消遣、宗教儀式、博奕等等。在古玻里尼西亞，雞肉和雞蛋當然是長途航程中的新鮮肉類來源，儘管如此，就跟許多東南亞的部落居民一樣，玻里尼西亞人似乎從未食用大量的雞蛋。取而代之的是，他們把雞骨拿來縫紉和紋身，羽毛用以裝飾，而公雞則是賭博的好理由。鬥雞是跟宗教儀式以及娛樂表演互相結合的活動[59]。「Ruaifaatoa」是大溪地的鬥雞之神，當地傳統上認為雞跟人是同一時間被創造出來的。

瑪昆把我帶到艾倫．庫珀的辦公室，他是該研究中心的主任，曾在十幾年前古代ＤＮＡ研究剛起步時，協助制訂那些嚴謹的規範。這位紐西蘭人有著男孩似的臉龐和飛散的頭髮，他說話速度飛快，好像總是趕不上下次開會一樣。「太平洋地區很難搞，」他說道。對考古學家而言，這片遼闊的區域絕非樂園。「人骨不夠多、保存狀況也不好，而且很難進行研究作業。」

[60]動物遺骸成為描繪人類移動的替代選項，因為牠們比人類遺骨普遍，而且不會因為讓當地人擔心其祖墳會被褻瀆而不高興。只是，並非所有玻里尼西亞的拓殖者都攜帶同樣的動植物到各地，比方說，復活節島上就不會發現史前時代的豬骨或犬骨。「還有老鼠，」庫珀說道，「超討厭，很煩。」牠們會在各個島嶼之間搭便船偷渡，無止盡地來來往往，使得牠們的遺傳標誌（genetic signature）甚至比雞還要雜亂。

若想重建人類拓殖太平洋的歷程，他補充道，雞已被證實是最佳的途徑。由於紅原雞的原分布區最東只到峇里島，因此峇里島以東的島嶼所發現的任何雞隻遺骸，都意味著人類帶著雞隻上船到過該地。藉由標定DNA序列的組合，再把各單倍型指定到A、B、C、D等字母，分子生物學家就能由西向東把這些橫跨太平洋移動的點給連結起來。像柏尼發現的那種古老雞骨非常罕見，因此調查過程中也會包含現代家雞的DNA樣本，因為牠們身上可能還帶著歐洲人抵達之前的基因。庫珀的團隊從整個太平洋地區的一百二十二隻現代雞和二十二份古代雞骨樣本中萃取出DNA，分析後發現，不管是現代還古代的雞，絕大多數都有個共同的單倍型——指定為「D」的那個[61]。

那些沒有D的樣本——幾乎都屬於單倍型E——是來自人口較多的地區，這些地區在近代跟外在世界有較長的接觸史。瑪昆從萬那杜偏僻村落所獲得的樣本就屬於D型，其所在地位於索羅門群島東南邊將近一千公里遠，還有像柏尼在馬考瓦希所發現的四根古代雞骨，以及從復活節島的史前遺址出土的六個樣本等都是D型。這個單倍型結合了四個特定的基因序列，研究人員可藉此由西向東模擬出不同的家雞遷移路徑，故而得知人類的播遷路線。「在一個馴化的物種裡，玻里尼西亞的雞或許是極少數還能觀察到祖先型基因模式（ancestral genetic patterns）的例子，」庫珀和同儕在一篇二〇一四年發表的文章中如此陳述著。此外，這些雞還可能保有世上僅存、從淪為殖民地之前就遺留至今而未受干擾的遺傳物質。

庫珀的團隊發現，人們選擇兩條基本路線。第一條路線走的是「玻里尼西亞大擴張」（Polynesian expansion）的北端，即從新幾內亞延伸至密克羅尼西亞（Micronesia）。當他們抵達密克羅尼西亞這片分散的小島群時，便留在原地。在菲律賓正東方兩千四百公里，一個孤立的密克羅尼西亞島嶼——關島上，部分現代家雞具有一種獨特型式的單倍型D，在其他太平洋島嶼上都未曾發現，而其他的關島雞隻則跟菲律賓、日本、印尼所發現的一個亞群有關連。然而，密克羅尼西亞並非玻里尼西亞大擴張的主要路徑。相較之下，復活節島和夏威夷的古代雞隻似乎曾走過另一條南邊的路線，即穿越新幾內亞和索羅門群島後，再繼續往東。那些被柏尼所發現的古代雞隻，即是經由美拉尼西亞（Melanesia）而來，這片廣大的島群包括了索羅門群島，並且向東邊延伸至斐濟（Fiji）。

這些發現，加上來自太平洋各個考古遺址的骨頭、陶器、手工藝品等古物的最新定年，顯示人類跨足了一大步之後卻停頓下來了。第一次同時也是最久的一次暫停，是在新幾內亞東邊的索羅門群島，該地跟下一組島群之間相距超過三百二十公里。到了公元前一千二百年，正當埃及的拉美西斯大帝（Ramses the Great）在位、埃及的第一批雞隻也在咯咯叫時，早期玻里尼西亞人則在開闊的大洋上奮力前行，最遠來到斐濟[62]。他們在那兒一直待到前往薩摩亞（Samoa）和東加定居為止，時間約在公元前九百年[63]。在這勢如破竹的東向航程中，出現了另一次長期停滯，那是因為當時的探險家們正處於世界最大海洋的中央，眼前一望無際，令人卻步，這情況要到兩千年後、大約在公元十一世紀時，這批拓殖者才踏上位於南太平洋中心的社會群島（Society Islands）。最後一波移動，至晚在十三世紀出現，比之前認為的要晚好幾個世紀，也就是玻里尼西亞人終於登陸了夏威夷群島和復活節島[64]。

孕育出玻里尼西亞大擴張的文化起源至今依舊混沌不清。考古學者稱之為「拉皮塔文化」（Lapita），這名稱來自於一九五〇年代所挖掘的一處遺址，該遺址位於新幾內亞和紐西蘭中間的新喀里多尼亞（New Caledonia）島上[65]。在那之後，考古學家已經發現數以百計擁有類似遺跡殘骸的地點，四散分布於整個地區。這些殘留物包括石斧、甘藷、甘蔗、瓠瓜、芋頭、香蕉、竹子、薑黃、豬、鼠、狗，還有雞。此外，還有諸如蝸牛之類的偷渡者。其居民住在高腳屋，以坑窯烘烤食物，且會捕魚。但這些物品、動植物和各文化傳統是如何聚在一塊兒？這些人打哪兒來？他們是如何以及何時散布到每個主要的島嶼上？人們仍然激烈地討論著這些問題的答案。

有個觀點認為，拉皮塔人原為在中國種植水稻的移民，他們渡海到台灣，再往南至菲律賓和印尼，繞過新幾內亞等大型島嶼上的內陸農耕居民，然後就航向汪洋大海了[66]。也有人主張，他們是來自印尼和菲律賓之間的眾多島嶼，往東擴散至美拉尼西亞，然後進入太平洋。第三種意見則表示，玻里尼西亞人其實並未涉足美拉尼西亞，他們原本就是該地區的原住民。這些不同的意見經常取決於晦澀難解的語言學理論，正好也顯示出考古資料是多麼匱乏。

庫珀的研究團隊有個有趣的線索[67]：馴化的雞首次出現在拉皮塔人的家當裡，是在早期階段——還待在菲律賓時。他們在一隻現代家雞體內，發現單倍型D中所有四種獨特的基因亞群，而這隻雞是來自菲律賓南部的一個小島，卡米金（Camiguin）。有位菲律賓研究生，他從該群島周遭蒐集了五百份現代雞樣本和十個古代雞樣本，他希望能夠將牠們連結到東南亞大陸或印尼的雞隻。這或許有助於查明神祕的早期玻里尼西亞人源出何處。

由於單倍型D跟來自日本到菲律賓再到印度這區域的鬥雞品種有關，因此，「鬥雞」這活動或許是雞隻散布到老家以外地區的主要因素。有種可能性讓科學界頗感興趣：在古代，雞的鬥性要比牠們生產肉和蛋的能力更為重要。這世上沒有其他人比菲律賓人更熱衷於培育鬥雞了，打從十六世紀起，菲律賓群島就因出產某些世上最棒的鬥雞品種而著稱。即便到了現在，鬥雞仍是菲律賓傳統生活的重心，就像西班牙的鬥牛一樣。儘管鬥雞已被世上絕大多數工業化地區所遺忘或鄙視，但這項競技活動卻可能是雞隻遍布全球的催化劑。

CHAPTER

5

馬尼拉震顫

受過良好訓練的公雞是誠然英勇的象徵，他是如此生氣勃勃，其他各種動物都無法與之相提並論。職是之故，創造萬物的明智造物主樂於讓人類成為雞之主人。

——羅勃·哈立特（Robert Howlett），《皇室休閒娛樂之鬥雞篇》（*The Royal Pastime of Cock-fighting*）

奎松市（Quezon City）位於馬尼拉大都會區，在市中心大體育館所舉辦的「世界血腥鬥雞大賽」（World Slasher Cup）可說是鬥雞界的超級盃，五天的賽期共有六百四十八場對戰[1]。鍍鉻的體育館入口設計相當有型，外頭有隻超過九米高的充氣公雞在炎熱的微風中搖擺，那是某家配方飼料的廣告。賽事活動的海報畫面是一對打鬥的公雞，海報旁有一張第五十屆菲律賓小姐選拔公告，公告上展示著一位穿藍綠色低胸裝的佳麗。白雪溜冰團（Ice Capades）剛結束巡迴演出，而美國傳奇節奏藍調黑人歌后狄昂·華薇克（Dionne Warwick）也即將到此開唱。但此時此刻，這座擁有兩萬席座位的體育館只為鬥雞這種菲律賓人最喜愛的傳統娛樂而存在，那也是除了拳擊之外人類最古老的觀賞性運動。

一九七五年，著名的「馬尼拉震顫」（Thrilla in Manila）就在這裡舉行，那是拳王阿里（Muhammad Ali）和喬．佛雷澤（Joe Frazier）爭奪重量級世界拳王寶座的經典戰役。而在一年一度的血腥鬥雞大賽中，參戰的鬥雞各自被繫上長而彎的鋼距，牠們的對決可是至死方休。透過大螢幕的實況播放，即便坐在上層座位也能輕鬆地觀看每場戰鬥。我到達現場時，看到四名男子在鬥雞擂台上，其中兩人平靜蹲伏，嘴裡叼著菸，手抓著雞擺在雙腿之間。另外兩個人則是裁判。廣闊的空間裡，成千上萬的觀眾都是男性，他們站著高聲吶喊，彼此做出獨特的手勢，噪音震耳欲聾。

霎時，蹲著抽菸的雙方將手一放，兩隻公雞便以謹慎提防的角度靠近對方，頸子的羽毛如爬蟲類鱗片般豎起，宛如一把七彩傘。當牠們以熱追蹤飛彈的速度和準頭向前衝出時，場邊的喧囂嘎然而止。螢幕上，羽毛和雞腳飛舞，腳上鋼距迸出刀光劍影。此刻，僅有使勁撲動的雙翼衝擊空氣所產生的振動聲迴盪四周。不消一分鐘，勝負已決。只見身著白羽的勝利者得意啼鳴，旁邊一動也不動的，是牠已死對手的身軀。隨著喇叭狂聲放送著流行樂曲「虎之眼」（Eye of the Tiger），一疊疊菲律賓披索如雨拋下，那是輸家們所支付的賭金。

「在普通區的觀眾，一場比賽就賭個十到一百美元，」我的鬥雞嚮導羅蘭多．盧宗（Rolando Luzong）如此說道。我們坐在中層，這裡的人潮較少。「但在『優先席』（*preferencia*），」他指著緊鄰鬥雞擂台的ＶＩＰ看臺，「他們的賭注少則一千，多則一萬美元。」六百四十八場比賽，每一場經手的賭注都是幾十萬美元。在這場競賽大會結束時，得最多分的鬥雞主將拿到一張三萬五千美元的支票，馬尼拉各家報紙的體育版也會發文表揚並刊登照片。至於那些真金白銀，盧宗告訴我，部分流向鬥雞養殖戶那兒去了，他們將獲勝的公雞個別賣給想要繁殖新一代冠軍雞的人，其他則流向販售鋼刀片、營養補給品、洗髮精、專用飼料的公司，數以萬計遍布全國及其他地區的鬥雞都會用到這些產品。

盧宗是靠鬥雞業謀生，不過他並非賭客或養殖戶，而是一名記者、網站開發工程師、公關專家，以及產業顧問。鬥雞這項運動在全球半數地區都屬違法，並且備受抨擊，但穿著帶有「雷鳥牌飼料」廣告鮮紅襯衫的盧宗，卻是一名絲毫不覺羞愧與困窘的推廣者。這位髮色烏黑的中年人，肚子跟臉一樣圓滾滾，整個人看起來懨懨縮縮的。他算晚入行，年近三十找到了一份工作，內容是替鬥雞雜誌撰寫文章，這才發現相較於賭博，他對鬥雞奇奇怪怪的品種名稱更感興趣——圓頭（Roundhead）、屠夫（Butcher）、毛衣（Sweater）等。後來盧宗花了十年的時間在馬尼拉的羅里宮大鬥雞場（Roligon Mega Cockpit）擔任公關主任，之後升任總經理。這個鬥雞場是一座離機場不遠的巨大賽場，也是全世界最大的鬥雞場。

當我們坐著觀看另一場比賽時，他向我說明競賽規則。首先，參賽雙方的鬥雞要先比較一番並秤重，以確保公平對戰。接著，跟拳擊手的拳擊手套一樣，把人工足距調整好之後就緊緊在雞的左腳——與生俱來的骨質足距在牠們還小的時候就截掉了——並用保護層仔細包起來。擂台管理者和兩邊的鬥雞主就贏家可拿的注數達成一致後，參賽雙方就被分配到擂台兩側。這是內部押注（inside bets）。最被看好的雞會分到稱為「美隆」（Meron，意為戴帽）的那側，對方就到「瓦拉」（Wala，不戴帽）那側。其由來是因為傳統上兩名鬥雞主的一方會戴帽，另一方不戴帽，如此方能確保觀眾明瞭他們押注的是誰的雞。在二十一世紀的阿拉內塔體育館（Smart Araneta Coliseum）裡，這些詞是用大型電子看板拼出來，高掛在等同拳擊賽規模的鬥雞擂台上方。

同一時間只會有四個人在擂台上——兩名操作者，一位裁判，以及一名助理裁判。整個菲律賓大約有兩千個鄉村鬥雞場，操作者通常就是鬥雞主；不過，在一擲千金的高端鬥雞圈中，卻會聘請專家來操作。等到進了擂台，他們通常會利用其他公雞把準備上場的鬥雞惹得激動狂暴，那些公雞是為此目的而特地帶來的。然後觀眾就有機會判斷該向哪邊下注。內部押注完成後，擂台旁的投注經理會張開雙臂——由於這個十字架般的姿勢，他們在這個以天主教為主要信仰的國家被稱作「庫利司托」（Kristo，意為十字架）——並向人群邀集下注。

此時我再度聽到我在第一場比賽前所聽到的那種喧囂。當個別觀眾向庫利司托們下注時，或是觀眾彼此之間以眾所週知的手勢比出要下注的披索數目時，就會產生這些噪音。與此同時，在擂台上，鋼距的保護層拿掉後，雞就被放開。雙方一旦交戰，便即刻停止下注。「我見過最快分出勝負的一場是八秒，」盧宗說道，此時遠處下方擂台上的一隻鬥雞正撲向對手。要是對戰歷時十分鐘，就會當成平手，但大部分都在幾分鐘內分出高下。要是有一隻鬥雞被擊倒，裁判會把兩隻雞都抓起；要是只有一方攻擊，則算攻擊方獲勝；要是雙雙陣亡，死前攻擊次數較多的一方獲勝。

幾乎無一例外，只有一隻雞能活著離開擂台。即便大螢幕出現近距離的動作畫面，場上也不會看到太多鮮血。偶爾，清潔人員會把場上的幾抹深紅給擦掉。落敗的鬥雞被人草率拎走，負傷的勝利者則是帶到露天看臺後方一間房內的臨時診療站，由獸醫師給予止痛藥並縫合傷口，牠們或許有朝一日會再踏進擂台。不過，能夠進場打鬥超過兩次的雞是少之又少。連戰皆捷者可當種公繁殖新一代鬥雞，因此行情極高，擁有這隻雞的鬥雞主當可期待名利雙收。盧宗告訴我，「要是你能贏三回，想要多少女人都不成問題。」

然而，一隻鬥雞並沒有自己的名字除非牠能連戰皆捷。如果你的雞贏了，你就得一分，平手得半分，輸了沒分。這其實是人的競賽，而非動物。就像在十年前流行的機械競技電視節目，比如《機器人大擂台》（*BattleBots*）或《超暴力激鬥》（*Robot Wars*）一樣，出賽的雞只不過是其擁有者的延伸罷了。

當晚，在數千名觀眾之中，我只看到一位女性。她靠近前排，戴著設計師眼鏡，身穿緊身T恤和時髦牛仔褲，顯然是個充滿自信且經驗豐富的賭客。露天看臺上，十多個夏威夷人坐一起，身上都穿著印有「Summit Farms」（峰頂農場）字樣的黃襯衫。在優先席，有幾個美國白人穿Dockers牌的休閒褲和polo衫，四散坐在身穿扣領襯衫和名貴鞋子的菲律賓人之間。盧宗看到我在觀察他們，便說道：「那些人是參議員、眾議員、公司總裁和大企業家。他們坐在那兒可不僅僅是賭博而已，商業交易和政治決策也都在進行中。有權勢的人在搏感情，來這裡看比賽對自己的政治生涯絕對大有助益。」

血腥鬥雞大賽是全球鬥雞界最高層級的賽事。要把一隻鬥雞弄進這場競賽，得花費一千七百五十美金，比一般菲律賓人的半年收入還多。有錢的鬥雞主所擁有的往往不僅是錢而已，他們有專業農場和全職訓練師照料上百隻鬥雞，每隻鬥雞可以賣超過一千美元。最重要的是，他們會花大錢買昂貴的飼料跟營養補給品。「我們去年的銷售額是八千萬元，」盧宗說的是雷鳥牌，「然後我們才剛開始推銷相關用藥。」疫苗、抗生素、維生素、營養補給品等，全是現代鬥雞日常生活的一部分。那些讓鬥雞上場比賽時更加帶勁的老法子，比如把辣椒塞到鬥雞屁眼之類的，都已經讓位給昂貴的類固醇和其他強效藥劑了。

現代的菲律賓鬥雞就好比環法自由車大賽或美國的棒球，無所不在的贊助商和增強表現的藥物使人如墜五里霧。燈火通明的特許攤位、震耳欲聾的罐頭音樂、洗手間裡一排一排乾淨的廁所，全都讓整場活動充滿抑鬱的現代氛圍。在便宜座位區的人是勞工兄弟，你在加拿大冰球賽、英國橄欖球賽、巴西足球賽一樣會看到這個階級的觀眾。儘管如此，真正的吸引力似乎是在場外的賭博，而非場內的打鬥。

盧宗強調，相較於待在馬尼拉雨後春筍般冒出的俗麗賭場裡賭博，鬥雞並沒有那麼敗壞人心。「在這地方，你就是兩隻雞選一隻來下注，輸贏機率各半，」在另一場比賽終了，披索鈔票再次灑下時，盧宗如此說道。「鬥雞離手之前，你都能取消賭注；一旦雞放出去，就沒有人能夠加以干預。而且，你隨時都能離開。」

當然了，我也聽過其他的故事。像是村裡有個年輕人，賭鬥雞賭到失心瘋，把他在海外工作所存下的辛苦錢全賠了進去。還有一家人，因為壓錯注，把自家的那一小塊地都輸掉了。老爸如果有養寶貝鬥雞的，自家小孩所得到的待遇可能只有雞的一半好，寶貝雞有悉心調配的飲食、無微不至的照顧，甚至還能聽音樂、吹冷氣。對於數百萬擠在馬尼拉四處蔓生的貧民窟裡的窮人來說，鬥雞提供了一道快速向上攀升社會經濟地位的階梯，但同時也是一處能讓你墜入萬劫不復的深淵。

↓ ↓ ↓

風險如此之高的活動，有其極為悠久的歷史。菲律賓人飼養「體型碩大的公雞，然出於迷信之故，他們並不吃雞，只是養著做為打鬥之用，」安東尼奧．皮加費塔在五個世紀之前如此寫道。「大量賭金壓注在比賽的結果上，這些錢會付給擁有獲勝公雞的人。」[2]

皮加費塔是麥哲倫的船員，他們是第一批橫越太平洋並踏上菲律賓海岸的西方人。鬥雞流行於十六世紀的西班牙，但在西方人到達之前菲律賓人就已經為鬥雞痴迷了。當又餓又累的船員們於一五二一年抵達菲律賓時，當地人操舟前來，「給我們甜橙、一瓶棕櫚酒和一隻公雞，讓我們明白在他們國家是有養雞的，」皮加費塔回憶道[3]。那隻雞可能是被養來打鬥，而非拿來祭五臟廟。

但由於探險隊捲入一場當地的衝突，因此麥哲倫很快就不再受到菲律賓人的殷切款待。之後，他被矛刺身亡。當探險隊困頓地駛著僅存的船隻維多利亞號回到西班牙時，船上只剩十八個人，皮加費塔是倖存者之一[4]。這個結局對那些西班牙人*來說或許不光彩，但是當皮加費塔一行人的船隻通過印度洋然後沿著西非海岸北上之際，艾爾南．寇提斯正在墨西哥摧毀偉大的阿茲特克帝國。西班牙迅速掌控了來自新大陸的豐沛金銀儲量，在美洲原住民們以可怕的人力耗損努力開採下，無數的礦坑生產出了驚人的財富。

西班牙需要一個鄰近中國市場及蘇門達臘等東南亞島嶼的大本營，那些地方有香料、絲綢，以及逐漸富裕的西方消費者所渴求的其他奢侈品。當時的中國並不對外國人開放，然而中國商人卻想要新大陸的金銀。位於西太平洋主要航線要衝的菲律賓，就成為這個最富有歐洲國家西班牙的軍事戰略及經濟基地，西班牙人選擇立足於此以鞏固其在東方的地位。前三次的殖民嘗試，結局都很悲慘，其中有一次是由寇提斯本人親自規劃的。但第四次成功了，而且到了十六世紀末，西班牙還跟中國訂定了商約，在馬尼拉也有一處固若金湯的港口[5]。西班牙大型帆船裝滿由美洲原住民挖出來的新大陸白銀，從墨西哥的港都阿卡普科（Acapulco）航向馬尼拉。他們在那兒能跟中國商人做生意。這種利潤豐厚的貿易能夠持續近三個世紀，實乃嚴重仰賴西班牙對菲律賓的控制[6]。

要殖民一個距離首都馬德里有半個地球遠，而且由數千個島嶼以及幾十個不同族群所組成的地區，這對西班牙統治者來說是個莫大的挑戰。修士和行政人員把他們在新大陸的那套作法搬過來，於十七世紀在整個殖民地建立起歐洲封建式的體系（feudal-style system）。原本四散居住的當地人被集中到城鎮，以便加以監控並徵稅，還能驅使他們做牛做馬[7]。菲律賓人對鬥雞根深蒂固的熱愛，不僅提供政府重要的稅收來源，也成了西班牙統治當局控制民眾的手段。透過基督宗教所得到的心靈財富以及透過鬥雞所得到的世俗財富，是吸引分散各島的菲律賓人進入城鎮以及產生稅收的要訣，進而使得這個亞洲的灘頭堡能夠承擔自身的開支。即便在今天，幾乎每個菲律賓的村鎮都有三座主要建築物——教堂，集會所，以及鬥雞場。

當地人為這項運動所投注的熱情，總讓來訪的外國人感到震驚。「這樣的場景對歐洲人來說，實在非常令人厭惡，」一名十九世紀的德國旅客對此嗤之以鼻[8]。「鬥雞場的擂台邊擠滿當地人，他們全身的毛孔都在出汗，面容堆滿醜陋至極的激情。」他被「難以置信的大量」賭金嚇到，並且把這個國家猖獗的盜竊、公路搶劫、海盜以及其他諸多弊病等全都怪到「墮落的賭徒」身上。

對鬥雞活動的熱愛，隨著與阿卡普科之間的貿易而傳到了拉丁美洲的西班牙帝國。雖說打從羅馬時代開始，鬥雞就已在西班牙風行，但卻是菲律賓讓這股狂熱橫掃現今的墨西哥、哥倫比亞和委內瑞拉。菲律賓出產的鬥雞還被外銷到全世界。根據一些歷史學者的看法，在佛羅里達基韋斯特（Key West）的野雞是來自古巴，但最早是從西班牙經由馬尼拉和鬥雞貿易抵達古巴的。[9]

早在十八世紀時，西班牙殖民政府就會定期將菲律賓的鬥雞場經營許可賣給出價最高的人[10]。在十九世紀的菲律賓，鬥雞場執照連同鬥雞買賣所產生的金額，可能比菸草這個殖民地

*〔譯註〕麥哲倫自己是葡萄牙人。

最重要的單一出口貨物所賣的錢還多[11]。一八六一年，馬德里當局從這些許可證所得到的年收超過十萬美元[12]。同年，馬德里發布一項特殊條例，允許在禮拜日和守齋日的大禮彌撒（high mass）結束之後以及日落之前舉辦鬥雞賽。「這法規只允許在星期日跟節日賽鬥雞，這是陋習！」後來有個憤怒的美國福音派基督徒抱怨道[13]。「這是沿襲自西班牙時代的狀況，那時托缽修士（friars）和司鐸（priests）擁有許多鬥雞場以及所有改良地*的一成，」他如此指控。「他們希望其子民在平常日工作，然後禮拜日早上進入『*poblacion*』（菲律賓的城鎮中心）做晨間彌撒，結束後其餘時間都耗在鬥雞場上，把所有的錢都拿來賭博，使其深陷積欠西班牙主子的債務之中。」

這項政策最終產生事與願違的結果。何塞・黎剎（José Rizal）是菲律賓人反抗西班牙的精神領袖，他對鬥雞活動並不感興趣。在一八八七年的動人著作《不許犯我》（*Touch Me Not*）中，他將鬥雞和抽鴉片相提並論。黎剎是個受過歐洲教育的詩人、雕刻家、醫生，通曉多國語言，認為鬥雞是落後的傳統習俗而甚為鄙視。「窮人為了不勞而獲，甘心冒著輸光身上僅有那點錢的風險而去鬥雞場，」黎剎寫道，「富人呢，則是拿著聚會和感恩節彌撒後剩下的錢去找樂子。」[14]

然而他也意識到，這些實際上在殖民地數百島嶼中的每個城鎮都會舉辦的定期競賽，可鼓舞革命行動並為之提供掩護。鬥雞賽讓成群的菲律賓男性有一個自由且定期聚會的處所，而參賽的鬥雞也能成為榜樣，激發出挑戰西班牙這頭巨獸所需的勇氣。黎剎想起某次，有隻人氣旺盛的公雞在一場比賽中輸給一隻骨瘦如柴的弱雞，隨後從人群中爆發出一陣狂吼。「各國之間也是如此，」他寫道，「一個能夠取勝大國的小國，世世代代都將傳頌不已。」

西班牙當局於一八九六年槍決黎剎，此後他成了菲律賓獨立運動的烈士。為了紀念他的犧牲，在他逝世紀念日當天已明文規定禁辦鬥雞賽以示敬意[15]。他死後三年，在西班牙帝國轄下尋求自由的菲律賓發現自己又捲入了對抗另一頭龐然巨獸的血腥游擊戰中。這個新生國家還來不及宣告獨立，就被美國併吞了。鬥雞被新來的征服者視為拒絕菲律賓自決的另一項理由。「這群人竟允許自己從事鬥雞活動，讓其他人藉由鬥雞這種野蠻運動去認識他們，我們怎能同意他們管理自己呢？」菲律賓道德進步聯盟的主席金凱德（W. A. Kincaid）問道[16]。

金凱德是名美國律師，根據一份一九〇〇年向美國戰爭部長所提交的報告記載[17]，他在菲律賓各省召開會議，「目的是向人們灌輸對於這種惡習的憎恨。」雖然在那個年代，這項活動在美國本土依舊相當普遍、盛行，而且多半是合法的，但菲律賓的政客為了討好新主子，也順著風向回應。「鬥雞賽氾濫至此，已不再僅僅是老百姓的一項運動或消遣，現已成了名副其實的惡習，伴隨而來的是……犯罪、家庭崩毀，以及無窮盡的剝削，」在同一份報告裡，美國官派的邦阿西楠（Pangasinan）省省長伊薩貝羅．阿塔裘（Isabelo Artacho）如此寫道[18]。「應該即刻制定頒佈法案，盡可能限制這種形式的賭博。」

鬥雞場很快就像磁鐵一般，吸引美國的新教傳教士前去尋找人群以及皈依者。值此同時，美國政府所發行的英文版教科書則大肆批評這項傳統是種粗魯、落伍、危險的活動。這場反對

*〔譯註〕improved land，指其上有鋪設或建造公用設施因而增殖的土地。

鬥雞的終極武器，是美國人最喜愛的消遣。一九一六年時，有個慈善機構寫道，「在培訓精力旺盛的菲律賓小伙子時，棒球是一項關鍵要素，因為在球賽中他們自然會有所渴望，而且為了團隊合作，他們得根除往昔文化中某些讓人不悅的特點。」[19]最讓人不悅的，當然就是鬥雞了。一九四一年日本入侵菲律賓後亦將鬥雞視為粗俗野蠻之舉，故而同樣試圖撲滅該項活動。但這些道德改進的種種努力皆收效甚微。

隨著時間過去，當其他國家紛紛宣告鬥雞活動不合法之際，菲律賓人堅決認定這是他們的國民娛樂。美國作家華勒斯．史達格納（Wallace Stegner）於一九五一年造訪菲律賓時，棒球還沒「治癒」這個國家的悠久傳統[20]。「要是你沒見識過菲律賓小兄弟如何把一隻雞訓練好幾個月然後丟進場中跟另一隻公雞打鬥，不要說你了解菲律賓人，」他寫道。「他會賭上自身所有的一切，偷拿老婆的積蓄，賣掉小孩的襯衫換現金。贏了，光耀門楣；但如果他的雞在競賽中被幹掉，那你就能知道一個哲學家是如何應對一場災難。」堅忍剛毅、坦然淡定仍是鬥雞頑強文化的一部分，在世界血腥鬥雞大賽中，我沒有看到任何輸家（那裡每隔幾分鐘就有幾千個輸家）表現出憤怒、受挫或懊悔的神態。

這項傳統甚至撐得比獨裁者費迪南．馬可仕（Ferdinand Marcos）還久，他從一九六五年開始掠奪這個國家長達二十年，其間不僅施行戒嚴令，並且逮捕異議份子下獄。一九七〇年代中葉，馬可仕擔心會有大批群眾聚集密謀反抗其統治，因而試圖限制鬥雞運動，但他的顧問對其施壓，馬可仕只得讓步[21]。據說他的夫人伊美黛（Imelda）曾贊助過一場鬥雞賽，該場比賽的贏家是開著一輛全新賓士轎車離開的[22]。對這項活動唯一成功的禁令，是大選投票日以及黎剎殉難紀念日當天禁止比賽鬥雞及販賣酒類的法令。

到了一九九〇年代，隨著馬尼拉這類的城市發展，以及衛星電視和購物中心等事物分散了大眾的注意力，鬥雞活動連同其在鄉村地區的發展根源都面臨走下坡的局面。之後，中央政府於一九九七年將鬥雞場執照的管控權移交給地方主管機關[23]。「這如同開了一扇大門給更多鬥雞場及鬥雞賽，」盧宗說道。「不僅稅金豐厚，檯面下的金錢往來也很可觀。」雖說民選官員不能擁有鬥雞場執照，但其親朋好友可沒有這樣的限制。當地方政府有利可圖的時候，這項走下坡的運動便開始止跌回升。盧宗說，有兩百萬菲律賓人透過擂台、旅館、餐廳、航運公司等直接從鬥雞活動受益。「要是禁止鬥雞，經濟會出大問題，」他補充道。「這一行所雇用的員工人數可能比政府雇員還多。」

這毫無疑問是過於誇大了，但是看到阿拉內塔體育館中成千上萬飢渴的賭徒，卻也不致於讓人感到荒謬。而且，這行業也是吸引有錢外國人前來菲國的原因之一。跟過去任何時刻相比，瘋博奕的亞洲現在可是富裕多了。毗鄰泰國的濕熱柬埔寨城鎮裡，賭場擠滿了中國遊客；澳門則是把自己包裝成「東方蒙地卡羅」來對外行銷；即便是信奉伊斯蘭的馬來西亞，也在山頂上擁有宏偉的博弈複合娛樂設施，其酒店的房間數竟超過六千[24]。然而，鬥雞愛好者的政經實力比不過那些奢華渡假村的開發業者。

不管是什麼競賽，只要該項目無需餐廳、酒店、購物城就能開賽進行者，當代博奕產業便將之視為威脅。對政府而言，要從偏遠鄉鎮的鬥雞場徵到稅並不見得是件容易的事。把鬥雞看成野蠻行徑的當代西方觀點，讓人難以替這個行業辯護，而亞洲南部的動物權團體也慢慢取得影響力。結果呢，在這個雞隻首先被馴化的地區，鬥雞活動只能處於一種防禦性的姿態來進行。

到了今天，菲律賓之於鬥雞就好比瑞士之於秘密銀行帳戶，都是不受政府干涉而可經營操作的避風港。有錢的馬來西亞人和印尼人到這兒試手氣，美國人則是前來銷售鬥雞。美國各州的法律都禁止鬥雞賽，但美國出口的鬥雞數量甚至比菲律賓還多。「那些老美大部分是養殖戶，他們來這兒推銷自家的鬥雞，」盧宗一邊解釋，一邊向VIP看臺那邊點頭示意。「那裡疫病較少，雞也較強壯。」某些訊息來源顯示[25]，美國的鬥雞最早在一九二〇年代就在菲律賓亮相了，帶鬥雞來的是美國大兵，當時美方正試圖杜絕這項運動。菲律賓的鬥雞很好認，因為牠們跟紅原雞很像，但美國的品種基本上體型較大，羽色也單一。

位於美國的「鬥雞養殖戶聯合協會」說他們的會員有數千名，飼育的鬥雞達幾十萬。由於一隻雞能賣到一千甚至兩千五百美元，因此這是個數百萬美元的產業。動物權人士宣稱該組織募集資金以阻止反鬥雞法案過關，而組織代表則對這一指控予以否認[26]。盧宗說大約有一百個美國人為了參與世界血腥鬥雞大賽而待在市區，其中養殖戶比賭客多得多。我希望就此寫篇介紹，但他迴避了我的請求，少數我所接近的人也對我敬而遠之。他們確實有充分的理由感到害怕。幾年前，警方逮捕了鬥雞繁殖業者沃利·克雷門斯（Wally Clemons），並從他位於印第安納州的農場裡查扣兩百隻公雞，在那之前，他曾接受《鬥雞天地》（*Pit Games*）這本菲律賓雜誌的專訪[27]。所以美國鬥雞養殖戶想要保持低調，這是可以理解的。

相較之下，在菲律賓境內幾乎沒什麼有組織性的反鬥雞行動。菲律賓動物福利學會（Animal Welfare Society）迴避了這個議題。若有立法者想把雞隻納入防止虐待動物法的保護，都會馬上受到反彈。二〇〇八年時，有一小批民眾聚集在體育館外示威遊行，抗議世界血腥鬥雞大賽虐待動物，抗議群眾裡還有一名男子裝扮成雞的模樣。雖然他們很快就被驅離，但盧宗對此頗為震驚，於是他身先士卒，透過平面媒體、電視以及網路媒體等管道宣傳，立鬥雞活動於不敗之地。

他越講越起勁，認為西方動物權份子不過是一個世紀前自以為道德優越的帝國主義者之最新版本。就像鬥牛之於西班牙一樣，他主張鬥雞是菲律賓國族認同不可或缺的一部分。鬥雞經歷了貪婪的西班牙行政官僚、偽善的美國入侵者、殘忍的日本軍隊、以及菲國自家的竊國獨裁政客，卻依舊存續至今。西方世界那些工業化農場裡的雞是被硬灌飼料，不到兩個月大就被送去宰了；但鬥雞完全不同，人們十分珍惜並且善待有加，而且起碼活了兩年才會上擂台比賽。「屆時牠們是吹著冷氣搭乘大型休旅車移動，然後在有空調的體育館內比試，」他補充道，順手拍了拍我們前面的座椅。「牠們大概是全世界最幸運的鳥了。」

每年約莫有一千五百萬隻鬥雞死在菲律賓的鬥雞擂台上，鬥贏的一方通常會把陣亡的雞帶回家加菜，而在世界血腥鬥雞大賽期間死亡的雞，則是全部埋在一個大墳場裡[28]。對盧宗而言，鬥雞賽跟狗狗秀沒啥不同。「狗狗被訓練做動作耍花招，公雞被訓練打鬥，牠們的訓練目標都一樣，就是要贏。」你要知道，公雞是帶有廝殺本能的，他說道，牠們跟人類一樣，是天生就喜歡競爭取勝的戰士。當我提到好殺的特性是被人類汰選出來的時候——別忘了，比起打鬥，紅原雞更常逃離——他換了個說法。比起戰爭，鬥雞所展現出的侵略行為較不具破壞性，他平靜地說著。「你可以看到我們是多麼熱愛人群。」他對著現場張開雙臂。「或許是鬥雞賽才使得我們較為溫和，因為我們可以讓雞代替我們去幹壞事。」

盧宗看了看錶，已經晚上十點多了，我感覺到他急著回家陪伴家人。他們對鬥雞不感興趣。「我的小孩他們只能看已經煮熟的雞，」他一邊嘆息著，一邊把他的大塊頭從這小塑膠座椅裡拉出來。「有次我宰了一隻雞，他們完全不能接受。」我們奮力擠過人群，來到空蕩的大廳。方法、傳統、儀式以及特定信念皆迴然，地域、朝代、語言也不同，但結果卻是殊途同歸。雞隻替我們為非作歹；犧牲自己使人類免於自相殘殺。

↓ ↓ ↓

公雞頭上的冠，是鳥類最出色的特徵。它可以幫助散熱，向潛在競爭對手提出警告，也是引誘母雞的信號。在公的紅原雞身上，雞冠就是紅色鋸齒狀，稱作單冠。然而家雞的冠就不是那麼簡單了，其種類多如繁星，包括玫瑰冠、軟墊冠、花型冠、豌豆冠、胡桃冠、V型冠以及希爾基斯冠（silkis）等等，每一種都有自己的來歷。比如花型冠這種華麗的變異，可追溯到中古世紀時，統治西西里島和諾曼第的歐洲皇室所培育出來的品種[29]。而較小的豌豆冠在寒帶地區有其實用性，因為它可以減少體熱散逸。此外，雞冠也有灰色和鮮藍色的。

任職於瑞典烏普薩拉大學的雷夫．安德匈明白，這種由於人為選擇所改變的生理特徵有助於我們探索家雞早年馴化的歷程。舉個例子，比起單冠公雞，有玫瑰冠的公雞較難讓母雞受精。安德匈想知道，為何人們甘願花大錢，只為了把雞冠改造得看起來像個小型法式貝雷帽。他和其他十九名研究者所組成的團隊，利用新近發展的遺傳工具找到了參與製造雞冠的等位基因（對偶基因）。等位基因是位於染色體特定位置上的那些基因，而染色體是由盤繞成螺旋狀的DNA所形成。安德匈及其研究團隊發現，長出玫瑰冠時，有個基因會「跳躍」到其他位置，但這會破壞讓精子得以健康游動的機制。可想而知，該研究將有助於研究人員了解人類男性低生育率的原因。

玫瑰冠的優勢，在於較難被鬥雞擂台上的對手給抓住。安德匈也知道，懸掛在鬥雞兩頰的肉垂往往小於紅原雞或其他家雞品種的肉垂。該研究提供了遺傳上的直接證據，證明人類長期以來就一直在改造家雞，使之在打鬥時更佔上風——即便是以低繁殖率為代價[30]。

紅原雞在面對體型較大的對手時，會拼命守護母雞和小雞，但是當自己面臨危險時，牠們也可能逃跑。因此，要繁殖鬥雞，就得選擇那些會留下來與對手搏鬥，並且具有體型優勢的個體。有些學者推測，源自亞洲南部的鬥雞活動，最開始是種宗教活動。一個氏族或村落，也許會將其神聖的公雞拿來跟其他群體的公雞一較高下。舉例來說，在泰國北部有一崇敬祖靈的儀式稱為「*faun phi*」，該儀式包含了一種宗教性質的鬥雞，這可能是古老習俗的展現[31]。

如果比拼鬥雞是馴化過程的主要驅動力，那麼家雞之所以能夠傳遍整個亞洲南部，然後再到世界上其他地區，這或許都跟鬥雞活動密切相關。今天的美國鬥雞養殖戶在古代可能有些同行，他們帶著自己所養的貴重雞隻長途旅行，而且不只帶著雞，連怎麼拿雞來賭博也都帶到其他社群裡去了。

史上最早的鬥雞紀錄之一，發生於公元前五一七年的中國，該次鬥雞的地點在孔子故鄉魯國境內，彼時孔子仍在世[32]。那時，鬥雞已是具有繁複禮法規範的貴族運動，而家雞出現在華中及華北地區至少有九百年了。雙方的雞都配有金屬距，有一隻雞還被灑上芥末，好讓牠更加光滑而難以被抓住。兩個敵對氏族之間的鬥雞賽，最終竟開啟戰端。「故禍之所從生者，始於雞足，」一份古籍如此述道[33]。

而西方最早關於鬥雞的確切證據，也來自相同時期。考古挖掘者在耶路撒冷城外的一座墳墓裡發現過一顆小圖章，上頭有隻呈現打鬥姿態的公雞圖像，該圖章的擁有者是耶撒尼亞（Jaazaniah），他被稱作「國王之僕」（the servant of the king）[34]。有個同名的男子——瑪迦人（Maakathite）之子耶撒尼亞——在聖經《列王記》和《耶利米書》都有提到，他是巴比倫人於公元前五八六年攻擊耶路撒冷之後的一名軍官。戰爭結束時，所羅門聖殿被夷為平地，城內菁英則被囚禁於巴比倫。那顆圖章或許可以追溯到這個時期。另一顆有打鬥公雞像的圖章，則為號稱「國王之子」（the son of the king）的約哈斯（Jehoahaz）所有，這顆圖章可能也是同一時期的產物，但出處不詳[35]。

當時，耶路撒冷不遠處有個地中海岸的港市亞實基倫（Ashkelon），那裡的菲立斯人（Philistines）可能有養鬥雞，因為挖掘人員曾在該地發現許多足距發育良好的公雞遺骸[36]。他們在那個時期也會利用母雞，因為這些母雞的骨頭顯示牠們為了生產大批雞蛋，正在消耗大量的鈣質。

耶穌誕生前的幾個世紀裡，鬥雞在中國和西方都扮演著一種準宗教性的角色。中國有篇大約出自公元前四世紀的道家著作[37]，裡頭的故事講述了為國君飼養鬥雞所耗費的時間和精力，這是則關於培養泰然自若所需之耐心的寓言*。而同一時期的古希臘，雅典人會聚集在獻給戴歐尼修斯（Dionysus）的劇場裡觀看鬥雞賽來提醒自己，曾有兩隻爭鬥的公雞激發出希臘軍隊的鬥志，隨後他們打敗了比自身還強大的波斯軍隊[38]。在那座獻給酒神及歌謠之神戴歐尼修斯的莊嚴劇場裡，鬥雞則被安置在大祭司的座椅上以為裝飾[39]。

時序推移，心靈的搏鬥轉型成一種較為世俗的活動，也許就如鬥牛一般，最初是種儀式，隨後逐漸變成世俗娛樂。公元初的幾個世紀，在西方的羅馬帝國和東方的漢朝這兩大舊世界帝國境內，鬥雞已是許多村民、士兵、貴族的尋常消遣。這種活動成了許多不同階級的男子相會面、搞投資，還有坐觀雄性動物逞威風的去處。

到十九世紀初，這種把兩隻公雞丟在一起打到至死方休的活動幾乎在全球各地都能看到，不過非洲西部及南部是個例外，鬥雞在這地區反常地從未落地生根。在印度，英國官員曾把他

*〔譯註〕即成語「呆若木雞」的故事，出自《莊子．達生》。莊子在這裡原本是以木雞形容訓練有素的鬥雞臨危不亂、沉著穩定，後來該成語演變成形容受驚嚇而呆滯的樣子。

們的雞抓去跟穆斯林王子的雞比賽[40]。一名造訪中國的英國人在一八〇六年寫道，自唐代以來的千年裡，「鬥雞是中國人極為熱衷的運動，」他還補充說鬥雞在中國盛行於上層階級，就跟在歐洲一樣[41]。鬥雞在不同地區有不同的玩法，有些玩家是給雞繫上長的金屬距，有些用短距，其他則是讓鬥雞留著天生的足距去打鬥。但鬥雞一般來說是男人們——幾乎總是只有男人——拋下種族跨越階級彼此廝混聚首之處。十九世紀初時，有位造訪維吉尼亞州的歐洲人非常驚訝地發現，黑人奴隸在鬥雞賽場下注的狠勁跟他們的白人主子沒有兩樣[42]。

沒有人比英國人更樂於鬥雞，他們或許在羅馬人到達之前就已經在玩了，而且可能是從腓尼基商人那兒學來的。鬥雞場在英國農村的普遍程度曾經就像在今天的菲律賓那樣。十六世紀時，英王亨利八世在他位於倫敦的主要居所白廳宮（Whitehall Palace）內蓋了「皇家鬥雞場」（Cockpit-in-Court）[43]；在那個年代，絕大多數的莊園宅第都有數百甚至數千隻雞，為此還有自家鬥雞場、訓練師，以及飼養及打鬥的獨門秘訣。詹姆士一世也是個鬥雞的狂熱愛好者[44]。環球劇場（Globe Theatre）最開始是作為鬥雞場之用，而非演員的舞台，這點莎士比亞完全明白，他在歷史劇《亨利五世》（*Henry V*）序幕的合唱中問道，「這座鬥雞場豈能容納法蘭西遼闊的疆土？」[45]環球劇場中的廉價座位區被稱作「pit」（跟鬥雞擂台同一個英文字），便是鬥雞較量之處[46]。人們偶爾會把一群雞給放進去，讓牠們打到只剩一隻活存，這便是片語「battle royal」（混戰）一詞之由來。日記作家塞繆爾・皮普斯（Samuel Pepys）曾在一六六三年前往倫敦看一場比賽，目睹一名國會議員跟麵包師傅和啤酒師傅對賭，「這群人全在一起互相咒罵、辱罵、打賭。」[47]

皮普斯替這些公雞感到難過，並且驚駭於窮人蒙受的損失，但是其他人卻深受鼓舞。有本十七世紀初的書籍，聲稱鬥雞能使男子更勇敢、更有愛心、更為勤奮。《魯賓遜漂流記》的作者丹尼爾・狄福（Daniel Defoe）於一七二四年寫道，「看到這些小動物的勇氣實在令人欣喜，牠們總是堅持戰鬥，直到其中一方倒下，當場死亡。」[48]那個時期的一名蘇格蘭作家建議應舉辦「鬥雞大戰」，以宮廷之間的鬥雞賽來取代人群的衝突，從而結束歐洲的血腥鬥爭[49]。在一七八〇年代，光是泰恩河畔的新堡（Newcastle upon Tyne）一地，在為期一週的鬥雞賽中，掛掉的公雞就有上千隻之譜[50]。

威廉・賀加斯（William Hogarth）在一七五九年的版畫是以相當諷刺的《皇家運動》（*Royal Sport*）為題[51]，作品描繪一個混亂的倫敦鬥雞場，裡頭有個失明的貴族、幾個扒手和一票地痞流氓，全都看著兩隻公雞互相繞圈子，而一名震驚不已的法國紳士正審視著眼前這一野蠻場景。時至今日，鬥雞在美國、歐洲及其他工業國家皆被禁止，這主要是著眼於強迫動物打鬥至死的殘酷行徑。賀加斯創作的場景則顯現了其他關注點，其畫作所透漏的問題並非虐待動物，而是人類的愚蠢、糜爛及貪婪。當英國國會於一八三三年禁止在倫敦鬥雞時，其理由並不是為了保護鳥類，而是要終止犯罪以及失序行為[52]。

跟二十世紀初在菲律賓的美國傳教士以及今日的印尼立法者一樣，那些英國國會議員對於來自不同社會群體的大批男子聚在一起連續喝酒賭博數小時的行為深感擔憂。這些行為在鄉下地區或許無人聞問，但在快速工業化的經濟體制下，會被視為沒有生產力而且具備潛在的顛覆性。在新興都市裡——十九世紀的倫敦、二十世紀的馬尼拉、二十一世紀的雅加達——窮人與富人隔離，工廠生活要求迅捷，而賭博是道德薄弱的標誌。

羅伯特·布狄斯（Robert Boddice）表示，「傳統上，關於動物權興起的說法是種英雄式、直覺式的敘事，內容大致是說維多利亞時代的英國人在經歷了數千年的奴役和虐待動物後，終於醒悟了過來。」[53]他是位年輕的英國歷史學者，曾研究過動物權運動。他認為，這並非鬥雞者對動物殘酷，而是這群人的舉止本就粗俗。在工業時代，紳士們不會去跟下層階級混在一起，而工人理論上就是要去做工。在十九世紀的英國和美國，上層及中產階級的婦女經常站在鬥雞禁令的最前線，因為正是她們要求禁止鬥雞的。賭博及飲酒對留在家中的女人來說，通常意味著貧窮跟家暴，而且有礙在新社會階梯往上爬。

英國國會在一八三五年禁止英格蘭及威爾斯境內的鬥雞活動，再過兩年，維多利亞公主（Princess Victoria）成為防止虐待動物協會（Society for the Prevention of Cruelty to Animals）的贊助者[54]。繼任為女王後，她在一八四〇年將「皇家」一詞加諸於該組織的名稱之上。鬥雞仍繼續進行，但他們轉移陣地，到勞工階級愛好者出入頻繁的不起眼處，而多數貴族都放棄參與這項運動了。雖然鬥雞早已失去其地位及合法性，但獵狐活動倒是延續到二〇〇五年才被禁止[55]。

美國人放棄合法鬥雞的年代比英國人晚，鬥雞受歡迎的程度堪比賽馬，尤其在南方。一七五二年，喬治·華盛頓在威廉斯堡（Williamsburg）跟維吉尼亞皇家總督一起用餐並討論軍務後，在鄰近的約克鎮觀看了一場他稱為「精采的公雞大戰」[56]。同一年，位於當時維吉尼亞首府的威廉與瑪麗學院（College of William & Mary）禁止學生參與鬥雞這類活動，說明了鬥雞的吸引力[57]。為了彰顯這項運動受歡迎的程度，現今的歷史保護區「殖民地威廉斯堡」*仍然養了兩隻鬥雞——漢奇院長（Hankie Dean）及路西法（Lucifer）——只是維吉尼亞州法律禁止牠們打鬥。

維吉尼亞州議會曾於一七四〇年宣告鬥雞違法，但玩家還是繼續從海外進口鬥雞[58]。喬治亞州於一七七五年跟進；美國國會的前身大陸議會（Continental Congress）則是猛烈抨擊這項運動。美國獨立後，鬥雞開始被視為英式野蠻的遺毒，但其盛行程度卻未衰減。曾有那麼一段短暫的時間，鬥雞有機會在這個新國家的國徽上佔有一席之地。一七八二年，一位二十八歲、名叫威廉·巴頓（William Barton）的藝術家把一隻鬥雞放進他所提議的國徽設計上。然而，美國國會最終選了以海鵰為設計的國徽[59]。

根據湯瑪斯·傑佛遜的奴僕所述，這位美國第三任總統對於鬥雞跟賽馬都是避之唯恐不及[60]。然而安德魯·傑克森這位戰爭英雄、發跡於田納西州的政治人物，卻熱衷於賭博與鬥雞，他參選總統時的對手就曾拿過這點來反對他。「他對鬥雞的激情讓人害怕，」傑佛遜在一八二四年時對丹尼爾·韋伯斯特說道，當時傑克森正在爭取總統大位[61]。傑克森在競選期間堅持自己已經洗心革面，已有十三年沒賭過鬥雞了。亞伯拉罕·林肯則是不願反對這項運動。有人引用他的話說，「只要全能的上帝允許依其形象所造出來的聰明人公然鬥毆並互相殘殺，而全世

*〔譯註〕Colonial Williamsburg，後人為保存具歷史價值的殖民地時代建築而重整並修復的文史保留區。

界看起來也對此大為讚賞，那麼我就不能從雞隻身上剝奪掉相同的特權。」[62]

在十九世紀這段期間，美國人對鬥雞的狂熱持續減弱。馬克・吐溫（Mark Twain）曾觀看一場鬥雞賽，他對觀眾們「沉浸於歡樂的狂暴中」感到相當驚訝。他稱之為「一種不人道的娛樂，」但又補充說，「比起獵狐，鬥雞似乎是種更值得尊重且較不殘酷的運動——因為公雞樂在其中，牠們不僅體驗樂趣，也給予樂趣，獵狐則全然不是這麼一回事。」[63]婦女團體則是針對鬥雞連同烈酒和其他形式的賭博一起攻擊，各州開始立法禁止鬥雞。到了一九二〇年代，鬥雞跟黑幫和酒類走私販子之間都有關聯，不過在奧克拉荷馬州等農業州仍然普遍存在。在首創報紙體育版的媒體大亨威廉・藍道夫・赫斯特（William Randolph Hearst）運作之下，加州成功禁絕了鬥雞活動[64]。

直到二〇〇八年，路易斯安那州立法禁止鬥雞之後，整個美國的合法鬥雞賽才完全絕跡[65]。雖然鬥雞在當前美國多數州都屬重罪，但依舊風行於阿帕拉契地區和西班牙裔社區內。比方說，在翻過阿帕拉契山稜線就進入北卡羅萊納州的田納西州寇克郡，鬥雞在檯面下還是挺常見的活動。近年破獲了兩處營運中的大型鬥雞場，這是田納西州大規模進行貪腐調查行動的部分成果[66]。相關單位設局誘捕，托馬斯・法羅（Thomas Farrow）指揮了其中一場關鍵行動，他告訴記者，「這就像冷戰期間在蘇聯中樞建立反情報行動一樣。那兒可沒有啥友誼賽，都來真的。」他還說，「行動當天，大家紛紛去上教堂或去工作，就像諾曼・洛克威爾（Norman Rockwell）筆下的恬靜社區一樣。但日落之後，他們全變身成吸血鬼了。」[67]

二〇一三年時，一名田納西州的共和黨籍議員瓊・倫堡（Jon Lundberg）打算提高該州鬥雞相關法規的刑責，現行法律為可處五十美元罰款的輕罪[68]。他希望把鬥雞等同於鬥狗這種可處罰款及徒刑的重罪，但最終事與願違。修法失敗後沒多久，我去他的辦公室找他，就在位於納許維爾的州議會大廈不遠處，他對於反對者頗為不滿，反對者認為鬥雞是田納西州的一項傳統，連安德魯・傑克森都愛這一味，豈可將之妖魔化？「蓄奴也是傑克森支持的田納西傳統呢，」他酸了一句。這位議員擔心，寬鬆的法令會讓田納西州成為組織犯罪的溫床。「我們已經準備好要讓人進來拼經濟，但我不認為這是我們想吸引人家來田納西打拼的東西。」[69]

傑克森對鬥雞的「激情」被人批評超過一個半世紀之後，在二〇一四年慘烈的國會初選階段，鬥雞一度成為密奇・麥康諾（Mitch McConnell）及其政敵馬特・貝文（Matt Bevin）之間的選戰焦點，前者是肯塔基州參議員，也是美國參議院共和黨領袖，後者則是茶黨（Tea Party）力挺的對象[70]。麥康諾支持一項農業法案，該法案提高了參與鬥雞活動的罰款，鬥雞養殖戶聯合協會的主席預言道，這項舉動將會「摧毀」麥康諾的政治前途。幾個月後，貝文參加了一場鬥雞支持者的大會師，他表示，「如果某項行為是這個州的傳統之一，我認為將之入罪並非好主意，我是不會支持的。」[71]他的出席及意見引發了全國輿論譁然，後來當一段競選談話的錄影畫面公諸於世後，抗議聲浪更是有增無減，他在錄影中敘述小時候是如何把雞腳綁住，然後抓著在頭上甩來甩去，最後再把雞頭砍下。「有時候雞腳會突然扯斷，」他用搞笑的口吻對著群眾的不安笑聲加了這一句[72]。

當我在馬尼拉向盧宗問到美洲的鬥雞活動時，他悲觀地搖搖頭，也證實鬥雞在墨西哥、哥倫比亞和美國都跟毒品交易和犯罪集團日益緊密結合，進一步敗壞了原本在全球各地都已經很差的名聲。跟任何血腥的運動一樣，鬥雞長期以來總是跟喜愛喝酒賭博的男人扯在一起，而且只要哪裡有在玩鬥雞，哪裡就有下毒、咒術，以及任何可以拿來擊敗對手的奧步。但現今這個年代，高科技藥物和大把鈔票才是王道[73]。

委內瑞拉首都卡拉卡斯貧民窟的邊界，一名叫做羅連佐・弗拉濟歐（Lorenzo Fragiel）的鬥雞養殖戶告訴我，在這擁有十幾座鬥雞場的都市裡，發生著令人不安的變化[74]。「養殖戶之間不再稱兄道弟，」弗拉濟歐說道，他是個留著粗硬黑鬍子的削瘦技工。「以往人們都會關注彼此——過去一向是很友好的。」如今，鬥雞場外的比拼往往更為暴力，「場外不時有人拳打腳踢，一地碎玻璃，」他搖頭補充道，「超多人在喝酒。」鬥雞場的老闆會收入場費，而鬥雞主在每場比賽要繳出賽費和裁判費，但真正的金流是賣啤酒的收入。

弗拉濟歐在他小農場的一端有個大雞舍，裡頭養了三十五隻鬥雞，每一隻的籠子都很寬敞。裡頭通風良好，地面鋪著乾淨的鋸木屑，也沒有多數集中式養雞場經常會有的刺鼻阿摩尼亞味。有些雞的羽色看起來像紅原雞。有個名叫「博洛斯」（Bolos）的品種是沒有尾巴的，而帕蒲侯斯（Papujos）則是在臉頰上長著小簇羽毛的品種。這些特徵都能夠在打鬥之中保護雞隻。打從他的教父在他十二歲那年送他人生中的第一隻雞，弗拉濟歐就開始飼養並參與鬥雞比賽，迄今已三十年。「這不是因為有利可圖，」他微笑道，「而是熱情。」

一旦他看中了某隻有潛力的新鬥雞，他會花幾個月的時間讓那隻雞適應周遭環境。他會把牠的雞冠切除，這樣在場上對手就不能抓住牠；修剪羽毛，使其不致於被熱帶地區的酷熱所影響；並且將尖銳的足距給截斷。等到傷口癒合，雞大約一歲大時，就會在庭院裡的一個臨時鬥雞場內進行訓練。他在飼料裡只添加了維生素，那些飼料是他的母親根據他的配方每個星期自製的。他說，「每個養殖戶都有自家的配方。」針對某些看起來無精打采或狀況不佳的雞，他也經常調配特定的飼料給牠們。

弗拉濟歐會先拿「鬥雞偶」來測試鬥雞的戰鬥力。之後他會把牠跟另一隻雞一起放進場內，不過在一開始他會謹慎地將雙方的嘴喙包起來，然後在牠們雙腳銳利的人工距上面再套上小「塞子」，以避免受傷。大多數的公雞要滿十四個月大才能進行比賽。傳統上，委內瑞拉是使用玳瑁殼製的短距，跟其他國家所使用的缺德鋼刀形成強烈對比。由於海龜目前是保育類動物，所以他們改用塑膠製的人工距。他從架上拿了一個給我看，我看了嚇一跳，跟我在馬尼拉看過的致命金屬長距相比，眼前這個是如此輕薄，看起來也鈍鈍的。弗拉濟歐歎道，「這裡現在有很多哥倫比亞來的養殖戶，所以越來越多人使用長距。」那些比賽就很暴力血腥，他補充道。當然，使用長距的鬥雞賽通常都是速戰速決，幾分鐘就定出勝負。而委內瑞拉的鬥雞賽則可持續十五到二十分鐘，因為得要花比較久的時間才能幹掉對手。

他把我拉到角落的一個籠子邊，裡頭有隻黑白相間的公雞，因為打鬥受傷而正在調養。「鬥雞的職業生涯只有一個終點，」他說道，「死亡。」弗拉濟歐的兒子走進雞舍，這十二歲男孩顯然是待在家中跟雞群一起長大的。「要是他有興趣，那也不錯，」弗拉濟歐邊說邊看了他兒子一眼。「但我不會強迫任何人參與——自己得要有心才行。」

鬥雞熱潮的衰退始於十九世紀的英國，因為雞開始在都市居民的餐桌上有了新任務。不過鬥雞就算到下個世紀依然不會消失，在菲律賓、委內瑞拉以及肯塔基和田納西的偏僻林間，這活動肯定照樣蓬勃。隨著都市興起、替代性娛樂像是電玩的發展、越來越多人意識到虐待動物的情況且對此現象難以忍受等等，導致鬥雞在絕大多數的國家面臨長期而緩慢的衰退。還有一點，在我們這個都市化的世界裡，幾乎看不到活生生的雞，也摸不著牠們。讓機器去互毆，更乾淨也更單純。

然而，這個古老運動的幽靈依舊飄蕩在我們日常的英語詞彙和片語中。我們或許不適合（cut out for）一項工作——這片語是引自一隻鬥雞的羽毛正被修剪——但我們仍然可以打一場混戰（battle royal）、展現勇氣（pluck）、保持自大或自信（cocky or cocksure），有時還能鬥上一鬥（have a set-to）。無論鬥雞的道德位階或法律地位如何，我們還是會繼續從駕駛艙（cockpit）裡駕駛我們的船舶和飛機。

CHAPTER 6 巨鳥現身

在這幸福的日子，我將去尋找「上海雞」並買下牠，縱使為此而再次抵押我的土地也無妨。[1]

——赫曼．梅爾維爾（Herman Melville），〈喔喔啼叫〉（"Cock-a-Doodle-Doo!"）

看是要純白，還是要素黑，或者近乎各種顏色的組合，你在訂購雞隻時都能予以指定。體型大小任君挑選：個頭矮小的玲瓏雞（Serama）可能只有二十公分高，體重不到三百四十克；澤西巨雞（Jersey Giant）最重超過九公斤；馬來雞（Malay）如果站在你家餐廳地板，可以直接啄食餐桌上的菜。你也能選擇具備不同性情的品種，無論是暴躁的鬥雞，還是沉穩的淺黃奧平頓雞（Buff Orpington）。如果要很會生蛋的，挑白來亨雞（White Leghorn）；要豐腴肉雞的話，指定康沃爾雞（Cornish Cross）；想要一般通用品種，選蘆花雞（Barred Rock）就對了。

如此繁多的品種，是未曾有過的新現象。根據馬可波羅所言，在十三世紀的中國，有雞披羽如貓毛，所產之卵碩大美味，不過沒幾個西方人把他的說法當一回事[2]。到一八〇〇年時，英國鳥類學家在整個不列顛島上也只能找到五個不同品種的雞而已，而且大都又瘦又小，性子也不好。在那時，雞已經從亞洲南部的原鄉擴散到世界各個角落，從非洲的好望角到阿拉斯加的白令海峽沿岸都有其蹤跡。不過，家雞仍舊算是地區性的禽類，東西方的家雞還沒碰上面，因此新一代的品種仍未問世。

時間來到一八四二年，愛德華・卑路乍船長（Captain Edward Belcher）這位技藝精湛的探險家、博物學者、航海家、戰爭英雄，同時也是英國皇家海軍最厭惡的人之一，在航行全球一周之後，於該年回到了英格蘭。

在《牛津國家人物傳記大辭典》這份中規中矩的資料裡，是這麼論斷的：「其他具備同等能力的軍官，或許沒人像他一樣那麼成功地激起如此多人的反感。」[3]而同樣屬於穩定可靠的參考文獻，《加拿大人物傳記辭典》（*Dictionary of Canadian Biography*）則說卑路乍這個人「暴躁、好逞口舌、吹毛求疵，如此性情使其難與上級和下屬建立關係。」[4]水手們再三指控他馭下嚴酷，軍官們則極力避免與他共事，他年輕的妻子更是公然控訴他在新婚之夜故意害她染上性病。

卑路乍出身於波士頓的一個古老家族，該家族在美國革命期間逃到了加拿大[5]。他的曾祖父曾任麻州殖民地總督，也被人認為是個難搞、睚眥必報的傢伙。有一件歷史奇談是說，卑路乍紋章（the Belcher coat of arms）可能是美國國徽的樣板，該紋章比那以雞為國徽主體的版本更受青睞。當拿破崙戰爭肆虐之際，年方十三的卑路乍加入英國皇家海軍。二十多歲時，他就在海上度過四年，繪製出從阿拉斯加到非洲的海圖，成為軍官團的後起之秀。一八三一年，他遭海軍法庭審訊，罪狀包括派員出海巡邏偵查卻沒給水，以及威脅要開槍打爆一名准少尉的頭，因為該名見習官不遵守信號。最終，他被宣告無罪釋放。

不久之後，黛安娜．卑路乍（Diana Belcher）把她老公告上了民事法庭[6]。一名同僚堅稱，卑路乍在結婚時就已經知道自己染病，而驗傷醫師還發現黛安娜身上有被毆打的痕跡。法官駁回了這位妻子的分居訴求，但她拒絕再跟他生活在一塊兒。最終，黛安娜在其暢銷書《邦蒂號的叛變者及其居留於皮特凱恩和諾福克島的後人們》裡頭，以她那被人鄙視的丈夫為原型，創造出邪惡的布萊船長（Captain Bligh），藉此加以報復[7]。

雖然卑路乍排除了所有法律層面的指控，他卻發現自己在海軍的小圈子裡幾乎沒有朋友或同掛弟兄。他被派往勘查愛爾蘭海（Irish Sea），這在大英帝國迅速擴張的當下，根本是前途無「亮」的任務。但他在一八三六年時轉了運，當時有艘炮艦硫磺號（HMS *Sulphur*）正在進行探勘太平洋這項延伸任務，船長卻在智利不幸染病[8]。卑路乍動用他僅存的人脈，拿到了這項職位。該年十月，正當年輕的達爾文經過五年的小獵犬號環球航行回到英格蘭之際，卑路乍橫渡大西洋，接掌了這艘三百八十噸重、一百零九名船員的硫磺號。

在穿越巴拿馬地峽跟硫磺號會合的途中，他不時停下腳步採集動植物和礦物，包括一隻超過三米半的鱷魚。後來有名軍官回憶道，「他對自然史的某些領域極為熱愛。」[9]他的艙房跟個博物館沒啥兩樣。卑路乍比達爾文晚三年登上加拉巴哥群島，上島後大為驚嘆當地的生態多樣性。他最終貢獻了五十多件標本給世界上第一個國立公共博物館，大英博物館。有位英國動物學者以卑路乍之名命名了這位船長在航程中所辨識出的一種有毒海蛇[10]——這也許是圈內人才懂的笑話。那可是世上最致命的爬蟲類[11]。達爾文後來宣稱自己是第一個發現這種動物的人，但他看了一份卑路乍所撰寫的硫磺號航程報告後，便撤回了原先的主張。在卑路乍捐給大英博物館的標本裡，其中有一件是隻紅原雞公鳥。

卑路乍在執行探勘太平洋這項任務時，正巧碰上鴉片戰爭開打，跟英國敵對的是當時世上最強大富裕、人口最稠密的國家，中國。西方人渴求購買大清帝國的優質產製品，比如絲帛、瓷器、茶葉等，但清廷卻限制洋人只能在南方的廣州進行季節性的貿易通商。中國當局堅持洋商需以白銀付款，但英國商人卻開始以他們在印度領土上所種植的鴉片來代替[12]。為了不讓英國的競爭對手超越，美國商人也開始從土耳其運來更便宜的鴉片賣到中國。在一八三〇年代晚期，這種深具危險性的成癮毒品價格直落，誘使數百萬中國人染上吸食惡習。

當硫磺號於一八三九年在太平洋上測繪海圖時，大清皇帝自北京諭令關閉廣州，並且查扣銷燬了成千上萬箱的鴉片。不出數月，英國艦隊便已踏上中國領土，卑路乍也在戰爭期間抵達戰區。一八四一年一月，由他指揮的兩艘軍艦於廣州外的珠江三角洲擊沉一支中國艦隊[13]。兩週後，香港這個寂靜的小漁村已屬於不久前才被加冕的維多利亞女王所有，而這個受防護的深水港很快就成為交戰中至關重要的海軍基地。隨後，卑路乍成為英國代表團的成員，於廣州高聳的城牆下談判交涉投降事宜。一八四二年八月，中英簽訂和約，該和約也迫使中國向西方人開啟數個南方的口岸。

同月，時年四十三歲的卑路乍，頂著一頭稀疏的紅髮，帶著飽經風霜的面頰，闊別六年後重返英國[14]。縱然功勳卓著，可他在倫敦並不太受到歡迎，因為倫敦人同情他身心受創的妻子，但他手上的珍稀動物標本倒是有助於提昇他糟糕的社會地位。他隨身帶著一件欲進獻皇室的禮物，這件貢禮將改變工業世界的軌跡。

↓ ↓ ↓

遠道而來的異國動物，每每讓當時二十三歲的維多利亞女王倍感欣喜。她享有諸多她稱之為「源源不斷的蠻夷貢品」，比如獅、虎、豹等來自「熱帶王公貴族」的異獸[15]。她將絕大多數的珍禽異獸安置在位於攝政公園的倫敦動物園內，那裡在當時擁有歐洲最廣泛的收藏，反映出日益茁壯的大英帝國之強大與富裕。

女王經常會前往倫敦動物園走走看看。一八四二年五月的一次巡遊後，她在日記中寫道：「那隻紅毛猩猩竟可神乎奇技地泡茶喝茶，還能透過簡短的言語及命令讓他做任何事。他就像個可怖、使人苦惱、讓人不悅的人類一樣。」[16]如此評論，預示了即將爆發的演化論戰。曾看過同一隻人猿的達爾文，在當月出版了一本關於珊瑚礁的書，此外他也正著手把他過去深埋心中、關於物種形成的激進想法草擬成稿[17]。

維多利亞女王也熱愛馬戲表演，尤其愛看那位自稱「雄獅之王」的帥氣美國人揮鞭降服猛獸，把自己的頭放進張大的獅口中，然後再讓獅子舔舐他的閃亮靴子[18]。這個馬戲團在倫敦演出時，維多利亞登門觀賞過好幾次。有次表演結束後，她還走到後台去看那些餓昏頭的動物被餵食。馴養的動物令人憐憫，但野生的得要讓牠屈服才行。

維多利亞及其年輕的夫婿阿爾伯特親王偏愛位於首都以西三十幾公里外的溫莎城堡，而不願待在通風良好的白金漢宮，因為白金漢宮的職員粗暴無禮又叫不動，整座建築也讓人難以愉悅地在那邊生活。維多利亞在前一年下令於溫莎城堡內建造一座犬舍，好讓她與日俱增的牧羊犬、㹴犬和格雷伊獵犬有地方可住[19]。這些狗狗在那兒能夠享用新鮮現煮的食物，飲水碗可自動補充，新居裡還有暖氣，這都得感謝她聰明的另一半所提出的建議。

一八四二年的九月下旬是一段難熬的日子，因此各種娛樂消遣格外受到他們歡迎[20]。當時，正懷著第三胎的維多利亞和阿爾伯特剛從初訪蘇格蘭的行程中回來，隨之而來的害喜以及接下來幾個月的待產期讓她甚感心煩。此外，諸多英國臣民仍對來自日耳曼的阿爾伯特親王頗有猜疑。維多利亞有個敬愛的女家庭教師，阿爾伯特相當提防此人的影響力，他最終說服維多利亞將這女人驅逐出去。維多利亞此時還被內閣施壓，要求她停止跟墨爾本子爵之間的書信往來。墨爾本子爵被她視同父親一般看待，也是前任首相，他對繼任首相的諸多政策都加以反對。同一時間，罷工的工人們威脅要讓這個國家新興的工業經濟陷入停擺。還有，那一年的夏天，她遭刺客企圖暗殺達三次之多。

某個秋日，一架馬車運來了五隻母雞和兩隻公雞[21]，讓待在溫莎的女王伉儷是既驚訝又歡喜，因為跟他們原本熟悉的典型英國瘦小雞隻大不相同。這幾隻雞很快就被暱稱為「鴕鳥雞」（ostrich fowl），牠們修長的黃腳並無羽毛遮蓋，身上富有光澤的濃褐羽色延伸至優雅黝黑的尾巴，眼珠漆黑，頭舉著往後靠在身上[22]。這些雞的行為舉止沉著安靜且有王者之風，跟好鬥、難伺候的英國土雞比如多爾巾雞（Dorking）之類的大不相同，多爾巾雞也許是兩千年前由羅馬人帶到英國的。

這幾隻雞可能來自馬來西亞，卻被稱作「越南的上海雞」（Vietnamese Shanghai fowl）或是「交趾支那雞」（Cochin China fowl），這些名稱著實令人錯亂。在那個年代，西方對於亞洲東部的地理知識仍然是一知半解。卑路乍船長並未跟這批貢禮一道前來，或許是他的缺德往事讓他無法朝覲女王，他也沒有寫下隻字片語讓我們確認這些雞的出身。在航海日誌中，他曾提及在東南亞的蘇門達臘島北端購買雞隻，但他曾巡航於越南海岸，也在華南待了段時間[23]。無論來自何處，卑路乍所帶回的異國珍禽成了雞群裡的核心要角，日後將會把雞隻從世界各地農家後院的小角色轉變成最重要的大明星。

維多利亞和阿爾伯特立刻決定建造一座新鳥園來安置這些陌生的珍禽，替換掉她祖父喬治三世（King George III）所蓋的籠舍，那個舊的不僅狹小，而且也已腐朽不堪[24]。喬治三世正是在位期間曾經惹惱波士頓人*，搞得忠於皇室的卑路乍家族逃離麻州的那位英國國王。阿爾伯特親王是在擁有鳥園的日耳曼鄉村莊園裡長大的，他在一八四〇年跟他的表姐維多利亞成親時，曾帶著觀賞用鳥禽一起渡海到英格蘭[25]。一八四二年十二月，英國政府批准撥發五百二十英鎊，

*〔譯註〕指美國獨立戰爭導火線之一的波士頓茶葉事件。

在溫莎闢建一座新的家禽乳牛農場[26]。

女王夫婦在「家庭花園」（Home Park）中選了一塊地，家庭花園位於古老的溫莎城堡東邊，是片佔地六百五十五英畝（二百六十五公頃）的修養靜居處所，過去英王愛德華三世（King Edward III）曾在此獵鹿，奧立佛・克倫威爾（Oliver Cromwell）也曾在這兒練兵。新鳥園鄰近女王的犬舍，輕鬆漫步就能走到浮若閣摩爾宮（Frogmore House），維多利亞在前一年將這座行宮給了她專橫霸道的母親，肯特公爵夫人（Duchess of Kent）。身為家庭花園及附近溫莎大公園（Great Park）的王室園林官，阿爾伯特親自監督新建物的設計和營造，以便好好安置這些送給女王的雞隻及其他鳥禽。他有次形容自己「既是林務員，也是建築師，上一秒是個農人，下一秒成為園丁。」[27]他對現代農業抱有相當務實的興趣，恰好跟維多利亞對動物的愛好相得益彰。

這對皇室夫婦密切關注著工程計畫的進展。「用過早餐後，我們走到農場，看看新鳥園的位置，」維多利亞在一八四三年一月下旬的日記裡寫道[28]。快到年底時，新鳥園已接近完工。這座奇異的建築由匠心獨具的山牆和頂飾構成半哥德式風格，其上有裝設鏡子的六角形鴿舍，「裡頭的鴿子愉悅地凝視著，而且在鏡子前不斷修整打扮自己，」一名參訪者如此描述[29]。建物內部格局是一個正屋搭配兩側廂房，可供鳥兒棲息及繁殖下蛋，建築頂上矗立著一座巨大的風向標，最上方有隻公雞作為裝飾。這跟當時典型狹小昏暗的籠舍形成強烈反差。

到了耶誕節前夕，《倫敦新聞畫報》（*Illustrated London News*）的一篇報導讓讀者得以一窺這座新鳥園，記者提到，園內的設計顯示出「他們相當注重這些食草性（graminivorous）住客的便利，令人稱道。」寬敞、乾燥、溫暖的棲息空間由石楠枝條、山楂荊棘以及白色地衣搭建而成，這樣的設計是想仿效「牠們原本身處的叢林」並且阻隔寄生蟲。整棟建築都有鋪設加熱管線以便供暖；外面有道高大的鐵絲圍欄，讓這些鳥兒白天時可以在裡頭跑來跑去；灌叢可提供遮蔭，帶有屋頂的陽台則能避免這些珍禽淋到冰冷的雨水[30]。

整座鳥園的設施包括餵食區、下蛋棚、冬季籠舍、診療所，以及許多庭院和小空地，其間皆穿插著草坪及碎石徑。雄偉的榆樹可在冬季時替這些庭院遮擋寒風。記者總結道，「在培養這項農場裡的家常消遣時，女王陛下展現出極大手筆和不凡品味。」報導文章刊出的那天早上，維多利亞和阿爾伯特再次前往鳥園，女王讚嘆著，「有些家禽真是異常健壯豐腴啊。」[31]

同一週裡，倫敦人都在忙著搶購狄更斯剛出版的小說《小氣財神》（*A Christmas Carol*），書中內容特別著墨於工業革命中倫敦的工人階級所面臨的惡劣處境[32]。在故事裡，即便經濟拮据的庫瑞奇茲（Gratchits）也都會設法買一隻小鵝，作為英國節日大餐傳統上的主菜。而改過自新的史古基（Scrooge），他從禽販那兒所挑選的家禽則是一隻上好的火雞。不過在一八四三年的溫莎，耶誕餐桌上的話題既非火雞也非鵝，而是雞。根據報載，用來款待賓客的是「交趾支那小母雞，這些雞都曾在家庭花園的皇家鳥園裡飼養肥育過。」「這些交趾支那小母雞體重在六、七磅之間，」比典型的英國雞隻重了兩三倍[33]。

沒多久，這些外來珍禽及其後代就被分送到歐洲其他皇室去了。翌春，在維多利亞和阿爾伯特的叔叔比利時國王利奧波德（King Leopold）參觀完鳥園後，一批蛋就被打包送到比利時首都布魯塞爾，說是來自「更加稀奇古怪」的亞洲雞隻[34]。到一八四四年夏天，維多利亞寫道，鳥園建築群「現在實在很美，搭配露台、噴泉，以及要給我們住而正在興建的房間，使得整體擴大不少。」[35]在那小巧的套房裡，他們可以一邊品茗，一邊欣賞鳥兒，還能看到外頭飛濺的噴泉。那年秋天，他們在鳥園接待法國國王路易．菲利普（Louis-Philippe），他最愛吃的菜是雞肉和米飯。不過，基本上這地方是女王夫婦的私人空間，正如維多利亞在日記裡頭寫的，他們可以在此「餵養我們那些極溫馴的家禽」來消磨時間。

這對年輕夫婦對雞隻的著迷程度開始引起大眾注意並進而仿效。出版於一八四四年的《仕女務農指南》（*Farming for Ladies; Or, a Guide to the Poultry-Yard, the Dairy and Piggery*），其作者曾親眼看過該鳥園，他認為皇室的這項興趣在當下僅僅是種娛樂活動，但也補充道，長期目標是要建立養雞場，以便經常供應御廚。「毫無疑問的是，隨著時間推移，引進外國品種——在這個受她恩寵的範例裡——對於提高本地物種的存量有極大助益。」這作者陳述道，畢竟雞對多數平民來說太貴了。「在倫敦，雞肉的一般價格普遍來說是偏高的，對一個住在城裡、收入有限的人而言，不太能夠負擔得起買雞肉端上餐桌的消費。」[36]

↓ ↓ ↓

早在凱撒跟他的軍隊於公元前五十五年抵達不列顛時，那兒就已經有雞了[37]。凱撒將軍注意到一件特殊的事情，吃雞肉在該地區竟然是違法的。他觀察到當地人養雞反而「是為了自己的休閒娛樂，」這意味著當地的雞具有宗教及博奕用途。羅馬人帶著他們原有的家雞品種橫渡英吉利海峽，其中一種有五趾，即今日所稱的多爾巾雞。羅馬人不僅拿雞來燒烤，還拿來占卜、打鬥，以及宗教獻祭。羅馬男子會隨身帶著雞的右腳以求好運，並且吃雞睪丸來增強男性雄風[38]。

在大不列顛，最古老的手寫文件是發現於哈德良長城附近的文德蘭達木牘（Vindolanda tablets）[39]，該長城修築於凱撒入侵後的兩個世紀，是羅馬帝國行省不列顛尼亞（Roman Britain）跟居於現今蘇格蘭境內的凱爾特皮克特人（Celtic Picts）之間的邊界。在這批木板中，有一片是由一名駐軍指揮官交待他奴隸的購物清單。該名男子被派往當地市場採購二十隻雞，清單上還交待「要是你看到不錯的蛋，而且價格公道的話，就買個一兩百顆。」有句拉丁俗諺說「從雞蛋到蘋果」——相當於英文所說的「從湯到堅果」，意即「從頭到尾」或「一應俱全」——便是在描述羅馬人熱愛以雞蛋料理作為開胃菜[40]；此外，最早用雞蛋製作卡士達跟蛋糕的人，可能是羅馬的麵包師傅[41]。哪裡有羅馬人，哪裡就有雞。而在不列顛尼亞，甚至有人以雞陪葬[42]。

自從公元五世紀羅馬人放棄大不列顛島之後，雞跟蛋的食用量在該地逐漸下降，但在中世紀早期，卻因修道院增加而有反彈。六世紀時，聖本篤院規禁止僧侶吃有四隻腳的動物[43]，因此雞和蛋就成了重要商品。鴨跟鵝能夠長得更大更肥，蛋也更大顆，但在中世紀的英格蘭，超過一半的家禽都是雞，大部分的莊園和修道院至少都會養一小群雞。在庄稼欠收或牛隻疫病而造成饑荒的歲月，雞隻就成了最容易取得的後援。牠們是「中世紀時窮人的鳥」，正如食物研究者安妮・威爾森（C. Anne Wilson）所說[44]。

到了莎士比亞的時代，雞就便宜了。你只要花三到四便士就能買到一整隻雞，此等花費即便在當時也是微不足道[45]。然而雞隻只是眾多選擇之一，你還能買到鵪鶉、鴇、蒼鷺、燕雀、林鴿、鷗、白鷺、鶇、綠頭鴨，以及鷸。在十三世紀的倫敦，你可以走進一家小餐館，掏出十八便士——這還算可接受的價格——然後外帶整隻烤好的蒼鷺[46]。但隨著人口增長和農地擴張，野鳥變得稀少，農人開始飼養大批的豬和牛。鵝肉、豬肉和牛肉成了肉類的選項。曾有歷史學者估計，公元一四〇〇年時，在英格蘭東部，雞肉只佔人們肉類消費總額的一成而已[47]。「只要負擔得起，就會買鵝肉或紅肉取代雞肉，」耶魯大學歷史學家菲利浦·司拉文（Philip Slavin）寫道。在當時，雞對於中世紀晚期的農家經濟「貢獻度相對較小」，他補充道[48]。

相較之下，天鵝和雉雞則是皇室專享。一四二九年，亨利六世於倫敦舉辦加冕晚宴，孔雀也被端上餐桌[49]。色彩繽紛的孔雀是出了名的難以下嚥，幸好晚宴上還有好幾道菜可以吃。（這種趨勢在菁英階層中延續著，維多利亞時代的聰明饕客都知道，在自助餐館用餐時不要吃到美麗的孔雀。）新大陸的火雞和非洲的珠雞是在十六世紀來到英國。十七世紀初期，鳩鴿曾經風行一時，因為牠們對於國家安全以及餐桌都有貢獻。鳩鴿不僅肉鮮味美，而且從鴿舍清出的糞便含有大量的氮，當時英國海軍和陸軍正不斷壯大，富含氮的鴿糞是生產火藥不可或缺的要素[50]。雞肉跟雞蛋在烹飪的「等級」排名仍然偏低。一本一八〇〇年代早期的農藝手冊嗤之以鼻地認為，雞的利潤「少到根本不會被農民列入考慮。」[51]真正的農民——意即男人們——會去養牛羊。

一八〇一年，英國國會通過一項法案，鼓勵地主圍欄圈地[52]。由於推動私有化導致租金提高，因此在接下來的幾十年間，窮人跟沒有土地的農民離鄉背井前往日益擴大的城市和急速成長的工廠裡謀生。到了一八二五年，倫敦人口數達一百三十五萬，超越了北京這個一個多世紀以來的世界最大都市[53]。食物價格因而微幅上漲。英國牧師、統計學家馬爾薩斯（Thomas Robert Malthus）曾對這個醞釀中的災禍予以警告。食物漸少、人卻增多，代表「窮人的生活必然每況愈下，其中許多人都會因此陷入嚴重的困境。」[54]他認為，最終唯有透過飢餓、戰爭、疾病、節育和獨身禁欲，才能使人口保持在食物供給的限度之內。

如今，人口統計學者知道，隨著社會的工業化，當人們離開農地進入城市時，出生率便會遽增；但隨著收入增加、婦女晚婚並獲得受教育的機會，這些出生率就會穩定下降。公共衛生措施能夠降低嬰兒死亡率並減少傳染病，技術革新可增加食物供應量，新的交通運輸系統則能更廣泛地分銷食物。維多利亞時代的英國和二十世紀初的美國、二十一世紀的中國都是如此。不過，在維多利亞時代的英國，還沒有人了解這些事情。馬爾薩斯的嚴峻警告似乎即將實現，數百萬人湧入疾病和飢餓肆虐的貧民窟，而這正是狄更斯忙於記述的事態。革命、混亂或末日劫難似乎近在咫尺。

當卑路乍船長於一八四二年夏天返回英國時，有五十萬工人正在罷工，抗議資方在基本生活必需品價格上揚的時候竟然調降工資。此時，當務之急莫過於提供充足且價格合理的食物，如此方能避免革命，還可保持英國的新興工廠持續生產成品並銷售至整個帝國。為此，阿爾伯特親王帶頭倡導利用新技術來改善該國悲慘的糧食供應局勢。阿爾伯特有位導師，名為阿道夫・凱特勒（Adolphe Quetelet），他曾是馬爾薩斯的同事，他們一同協助創立了統計學會，而阿爾伯特正是該學會的皇家贊助者[55]。親王很支持女王對動物的興趣，因為這或許對於他所移居的這個國家有實質效益。「農業需要王權加以激勵，」他在給他父親的短信裡，以一種帶著優越感的語氣寫道，「你可以想像，這方面維多利亞力有未殆。」[56]

英國農業的轉型在利德賀市場（Leadenhall Market）裡已經明顯可見，那是一處大型石造建築，坐落於郎蒂尼姆（Londinium，倫敦在古羅馬時期的稱呼）的長方形會堂和集會所上方，兩千年前的商販就在此地叫賣活雞[57]。如今，這裡是個高檔的購物中心，但在十四世紀時，卻是英國家禽業的中心。昂叫的鵝群從偏遠的農場經過市區街道聚集在此，而停靠於附近泰晤士河的船舶忙著卸下從法國運來的蛋。到一八四〇年代，利德賀是全世界最大的家禽市場，整個倫敦有三分之二的家禽是從這兒賣出，包括鵝、鴨、火雞、鴿子、鬥雞，以及肉雞[58]。不過，這個市場出名的混亂、髒污和噪音幾乎都已消失了。這得要感謝新建的鐵路——就在卑路乍進獻的異國珍禽抵達前幾個月，維多利亞和阿爾伯特才剛完成首次鐵道旅行——禽畜可先在遠方的農村裡屠宰，然後再運到首都來，運來時尚能維持新鮮。想想看運輸、安置、照料活體的相關花費以及困難度，就知道這是一項徹底的革新。冷藏技術在當時尚未發明，但這項改變代表朝向今日超市中的塑膠包裝肉品型態邁進了一大步。

在那個年代，利德賀及倫敦其他市場每年賣出的禽類多達四百萬隻，倫敦人也需要大量的雞蛋，但英國本地農場的供應量卻是跟不上。大部分的家禽都由船隻從愛爾蘭、荷蘭、比利時，尤其是法國運來，因為法國的家禽產業長期以來比英國更為發達[59]。在英語歌謠「耶誕節的十二天」（The Twelve Days of Christmas）中，歌詞提到要贈予「三隻法國母雞」，這不禁讓人想到英國對法國雞肉的依賴由來已久。隨著英國的人口攀升，禽類進口量也隨之增加。英國人在一八三〇年大概吃了六千萬顆進口雞蛋，到一八四二年，則吃了超過九千萬顆[60]。蛋還可拿來軟化皮革，單單一間工廠為了製造兒童手套，一年就買了八萬顆蛋[61]。英國如此依賴外國取得這麼基本的食物，這讓阿爾伯特擔憂不已。

當溫莎的鳥園在一八四三年接近完工之際，女王夫婦任命詹姆斯・華特（James Walter）擔任全職的皇家家禽飼養員，《倫敦新聞畫報》稱讚他是「隨時保持警戒的」雞群「護衛者」，說他「深知雞的語言、性情和疾病。」有一幅大型畫作，描繪他被十來隻喜愛他的鴿子給圍繞著，其中兩隻正搶著站上他的大禮帽[62]。他立刻開始進行育種實驗，看看多爾巾雞這種可能由凱撒軍隊所帶來的品種，能否跟亞洲來的「鴕鳥雞」雜交。

「為了改良純種多爾巾雞，跟交趾支那雞配種乃是必要之安排，」《波克夏記事報》（*Berkshire Chronicle*）於一八四四年九月廿八日刊載[63]：

「有隻多爾巾母雞過去一段時日都跟來自中國的雞養在一起，牠最近已經習慣一週下兩次蛋，有時三次，蛋裡都有兩個蛋黃，有些蛋黃相連，有些分開。華特先生決定做個實驗，試著孵化其中一顆，他將雙黃蛋跟其他幾顆蛋一起放到那隻多爾巾母雞下方。結果這顆雙黃蛋孵出了兩隻雞，一隻是純正的交趾支那公雞，另一隻則是多爾巾母雞，兩隻現在都是五日齡的健康寶寶。」

聚焦在這批皇家雞隻的宣傳活動，開始引起廣泛的興趣。倫敦在一八四五年六月十四日首次舉辦家禽展，地點位於攝政公園的動物園內，距維多利亞前去觀看紅毛猩猩已有三年[64]。這個規模不大的展覽是個新鮮玩意兒，倫敦第一場規模盛大的狗展要到三十幾年後才會舉辦。農業展覽會主要是規劃給農民參加的，而非動物愛好者；至於寵物，大部分是上流社會的奢侈品。參觀者得先走過公園後方的熊圈，而展場上也沒有帳棚替參展者抵擋當季肆虐英國的異常潮溼天氣。參展的只有十來個不同品種的雞，有些來自西班牙和馬德拉群島（Madeiras），至少有一種說是來自中國，然後一種來自馬來西亞。然而絕大部分的參展者都是英國本土既有的品種，第一名被一隻斑點多爾巾雞拿下。

歐洲的濕冷從六月延續到了七月，此時，利奧波德國王（King Leopold）統治下的比利時某省出現一種奇怪的植物疫病，開始肆虐當地的馬鈴薯作物[65]。在歐陸地區，馬鈴薯是鄉下窮人的主食。風兒吹送腐爛植物的惡臭，同時散布有害孢子，怪病很快就蔓延到了普魯士和法國。九月時，怪病出現在英格蘭南方的外特島（Isle of Wight），而在島上，維多利亞和阿爾伯特正在不久前剛買下的奧斯本離宮度假，此地也是半個多世紀之後，維多利亞駕崩之處。「又是個晴朗的早晨，我們走到海灘上，見到孩童們開心地玩耍著，」她於九月十三日寫道[66]。當天，馬鈴薯疫病於愛爾蘭首次被報導[67]。這是十九世紀「飢餓的四〇年代」之肇始，這場災難將永遠記在歐洲人心中。

當時的愛爾蘭是由倫敦所統治，在其佔絕大多數的八百萬鄉村人口中，將近一半完全仰賴來自新大陸的馬鈴薯作為主食。在鄉下討生活原本就不容易，大部分的愛爾蘭人都是佃農，他們勉強賴以為生的土地，主要是由富裕的英格蘭及蘇格蘭地主所把持。有份公家報告，發布於一八四五年的災難性秋收之前，內容提到：「他們及其家族習以為常且默默忍受的困苦，實非三言兩語可以道盡。」[68]

由首相羅伯特・皮爾（Sir Robert Peel）所任命的委員會發現，「在許多地區，他們唯一能吃的是馬鈴薯，能喝的只有水，」此外還發現「床或毛毯是稀有的奢侈品。」一名英格蘭地主提醒首相，愛爾蘭農民僅靠四分之一英畝的馬鈴薯過活。「剝奪他這些東西，或是讓他一天到晚擔憂能否保住家產，那他有什麼理由維護國家的和平呢？」[69]

十一月六日，天氣異常溫暖晴朗，人在溫莎的維多利亞和阿爾伯特在早餐後走到鳥園，繼而駕車外出兜風。後來，她從皮爾那兒得知愛爾蘭的情況並不像他最初擔心的那麼糟，這讓她鬆了一口氣。「就是說嘛，我覺得那些驚恐跟擔憂都言過其實了，」維多利亞在日記中寫道[70]。但是當荷蘭、瑞典、丹麥、比利時全都迅速採取行動進口糧食並管制物價時，英國國會仍猶豫不決。過了一個月又一天，沮喪的阿爾伯特向內閣發了一份嚴厲的備忘錄，批評內閣的不作為。

「有一半的馬鈴薯因腐爛而遭銷毀，而且…沒人能夠保證其餘的馬鈴薯狀況如何，」他抱怨道[71]。

那年冬天，憤怒的愛爾蘭記者約翰・密邱（John Mitchel）撰文警告，當愛爾蘭人看著「船隻滿載他們親手播種、親手收割的黃玉米揚帆前往英格蘭」時，一場毀滅性的饑荒就已在當地居民之間展開[72]。這名記者後來被判叛國罪，並遭到流放。在倫敦，這些船被視為倫敦這個工業重鎮不可或缺的要素，如果沒有愛爾蘭這個糧倉，工廠工人恐會面臨食物短缺，這可是相當容易引發革命的。與此同時，擁有土地的士紳們反對廢除對國外進口之穀物和其他食物徵收高額關稅的法律。另外，從愛爾蘭輸出的也不只是玉米跟穀物，在一八四一年，據估計愛爾蘭運送了十五萬頭牛、四十萬隻綿羊和一百四十萬隻豬到英格蘭，其中一百萬隻是活豬，另外四十萬隻是被宰掉成為豬肉跟培根送過去[73]。

還有數量不明的雞隻，也從愛爾蘭出口。「雞蛋亦為絕對重要的商品，」一位當時的英國作家寫道。「英格蘭市場的最大供應地是愛爾蘭。」[74]一八三五年，有七千兩百萬顆蛋送到英格蘭。這個數字在一八四〇年代的大饑荒期間持續增長，直到一八五〇年代初期，「我們每年估計收到一億五千萬顆蛋，而倫敦和利物浦（Liverpool）各自消費了其中的兩千五百萬顆。」

一八四六年二月廿三日，英國上議院對愛爾蘭的現狀表達了遺憾之意，不過重點卻是擺在鄉村地區目無法紀的無政府狀態，而非發生饑荒的根本原因[75]。同一時間，絕望的百姓吃著腐爛的馬鈴薯，繼而染上嚴重的腸道疾病；熱病在科克郡（County Cork）內四處蔓延。有個賑濟委員會警告說，沒被感染的馬鈴薯只夠吃到四月。都柏林皇家學會（Royal Dublin Society）是為了讓這個艱苦求生的島嶼能夠跟上最新農業、工業、科學發展而創立的組織，該學會決定透過投票的方式提供金牌和二十英鎊給關於馬鈴薯疫病的最佳論文[76]。

其後，學會的官員繼續籌備他們的大型春季展覽會。屆時，來自英國各地的上好牛隻和其他家禽家畜，將依據體型及外表加以評判優劣。華特連同不久前才成為該學會贊助者的阿爾伯特親王，一起計劃運送一些異國雜交雞隻渡過愛爾蘭海，到愛爾蘭首府都柏林的展覽會上展出[77]。

結果馬鈴薯的存量沒能撐到四月，糧食暴動在三月時就爆發了。英國君主在愛爾蘭的代表黑提斯柏瑞男爵（Lord Heytesbury）建議冷處理，穀物、牛肉和禽肉則持續從愛爾蘭的港灣輸出到英格蘭的市場裡。三月廿三日，據報有名男子因飢餓死於高威（Galway），而當時阿爾伯特正在幫華特設計籠子，好從溫莎運送三隻混種母雞和一隻公雞到都柏林[78]。接下來還會有一百多萬人死亡，另有百萬人逃離愛爾蘭，其中絕大多數是窮苦人家。那些倖存者會攀登上人稱棺材船（coffin ships）的船隻，船隻將病患、餓莩以及在擁擠船艙中快要喘不過氣來的人運到加拿大和美國。

第一個因饑荒而死的人在倫敦並未引起注意，倒是交趾雞前往愛爾蘭的消息上了新聞版面。一份倫敦的報紙在四月十七日報導，那四隻異國雞隻已經「毫髮無傷地」抵達都柏林[79]。前來參加展覽會的地主和富農們，都對華特帶到都柏林展覽會場的女王參展品滿懷敬畏。他對著看到出神的觀眾解說道，其中有隻母雞貝西，在一百零三天內就下了九十四顆蛋[80]，這在當時是個非比尋常的紀錄，即便只有這個數字的一半，都會令人為之側目。有人對此持疑。「如果這是事實，」一名愛說笑的人幽默說道，那麼「品種改良就沒有極限了，就像這些裝了雙槍管的母雞能夠做到的那樣，只要加以強迫並大量餵食，牠們就能像柏金司先生（Mr. Perkins）發明的蒸汽槍一樣，以一分鐘幾十顆的速率來下蛋。」[81]

根據同一時期的家禽狂熱者華特・迪克森（Walter Dickson）所述，這些雞「的巨大體型和重量，以及公雞飽滿低沉的啼叫聲，全都造成轟動，大家都渴望擁有這個品種，蛋跟雞都被喊到極高的價錢。」他補充道，「講到外型，牠們完全沒有什麼值得拿出來說嘴的地方。」指的是那些公雞。「母雞就更醜了。」與此同時，一名參展者驚駭地看著飢餓的當地人爬進牛棚，偷走那些吃飽飽的得獎牛隻不屑吃的殘餘生蕪菁[82]。

華特把這些雞當做女王的贈禮送給黑提斯柏瑞男爵，之後帶著三面金牌返回溫莎。黑提斯柏瑞再把其中兩隻轉贈給都柏林的家禽育種者，詹姆斯・約瑟夫・諾藍（James Joseph Nolan）。他對這些雞的大顆雞蛋和美味雞肉印象深刻，確信這種改良過的雞隻能夠阻止愛爾蘭各地不斷上升的死亡人數[83]。豬跟人一樣依賴馬鈴薯，因此牠們很快就會餓死或被宰來吃；相較之下，雞可以吃人類不易消化的野草和昆蟲，此時在愛爾蘭，人們已經開始吃起了樹葉和青草。諾藍認為，家禽是抵禦飢餓的重要武器，但在馬鈴薯疫病最嚴重的那幾年，他只能嫌惡地看著地主持續出口價值百萬英鎊的雞跟蛋到英格蘭。他在一八五〇年寫道，士紳應該設法取得新的、產量高的家雞品種，並且向他們的佃戶提供雞蛋，「而非迫害窮人。」這些雞的數量可能會迅速增加，然後地主們也許會被「尊敬、愛戴和崇拜，土地上的勞動力也就不會遠走他鄉渡過大西洋了。」

可惜為時已晚，至少對愛爾蘭來說是如此。紐約和波士頓的貧民窟裡，已經擠滿了設法擺脫饑荒並且在可怕航程中存活下來的人。愛爾蘭的人口掉了一半，而且至今尚未回復到維多利亞統治初期的水準，這是那場災難造成長期影響的悲慘證明，而造成如此悲劇的原因不僅有生物方面的因素，政治因素也要負起相同的責任。諾藍將家禽視為農村窮人救世主的眼光是有先見之明的，在「飢餓的四〇年代」之後的十年裡，其遠見也得到了其他人的回應。幫現代家雞打下基礎的，既不是悔悟的愛爾蘭士紳，也不是自責的英國政府，而是個被稱作「夢幻想像」（The Fancy）的後院養雞活動，這現象可是讓今日的後院養雞風潮相形見絀。

在一八四五到一八五五年這十年間，英美兩國都深深迷上了異國雞隻[84]。這種爆紅一時的狂熱，就跟大多數經濟泡沫一樣，最終讓許多人的幻想破滅、變得更加貧窮，但它也幫助達爾文解釋生物的演化，改變婦女的生活方式，並且開展了現代的工業化養雞業，養活了今天許許多多的人類。

「在發生當下會產生危害的事件，事過境遷之後往往會留下好的結果，」伊莉莎白．沃茨（Elizabeth Watts）寫道，她是一份英語刊物的首位女主編[85]。沃茨指的是鐵路泡沫，這泡沫在一八四〇年代晚期破裂，隨之毀掉了數千名英國投資者的人生，連達爾文和作家夏綠蒂．勃朗特（Charlotte Brontë）也在倒閉數十家公司行號之後嘗到了苦頭。然而所有的投機行為確實催生了新的鐵路路線，進而使得旅行更為容易，沃茨補充道。《家雞大事記》（*The Poultry Chronicle*）是第一份專門討論雞隻的定期刊物，身為主編的沃茨堪稱「母雞發燒友」（hen fever）。

她單身且富有事業心，住在倫敦的時尚區漢普斯德（Hampstead），很早就養了交趾支那雞，在養雞熱潮中也是個玩家。一八五四年，她用自己的交趾雞去交換來自伊斯坦堡的蘇丹雞。「牠們是被汽船運來的，」她寫道。「航程漫長顛簸，可憐的雞在船上滾來滾去，像黏住般擠成前所未見的一大團。」[86]這些船來品在倫敦立刻成為搶手貨，據說牠們曾漫步於鄂圖曼蘇丹在博斯普魯斯海峽岸邊種滿鬱金香的花園裡。其雪白的羽毛蓋滿全身乃至腳趾，令人驚嘆的圓膨頭冠則在媒體上造成轟動。達爾文後來亦以頗為羨慕的口氣提及沃茨對這種雞的敘述。

於是，最初只是皇室的古怪嗜好，現在成了全國熱潮。「如果你搭火車旅行，雞隻會成為同行友人之間的談話主題；愛吹噓的鄰人會從另一節車廂向你致意，也可能會有人把氣宇軒昂的交趾支那雞舉到窗前，以展現其特徵有多麼美麗，」有篇刊在《家雞大事記》的社評如此寫著。「如果你有失散多年的老朋友，那走一趟家禽展一定可以遇到他，或是在參展者的名單上找到他的名字。」[87]

在一八四六年馬鈴薯大饑荒前夕於都柏林舉辦的展覽會，點燃了「夢幻想像」的導火線。「之前由於女王陛下和阿爾伯特親王名滿天下的宅心仁厚，使雞蛋得以自由分送，現在該品系應該不難取得了，」當時一名作家寫道[88]。造型優美的飛剪式帆船將交趾雞或上海雞*等新品種帶到英國，那是英國水手從新開埠的上海港購買的，這些雞跟溫莎那些又高又醜的雞不同，牠們的短腳上覆蓋著羽毛，尾巴小巧柔軟，寬闊的身體像枕頭一樣鼓脹。有些雞的羽色是黑的，有些是白色，還有一些是雅緻的皮黃色，牠們的羽毛就像雲彩一般鬆軟，體重平均是英國本土雞種的兩倍。此外，牠們平靜溫和，異於多爾巾雞的好鬥個性。

收藏家們無不急切地等待著下一艘快船的到來。一八四八年十二月，熱衷飼養雞豬的狂熱民眾，從不列顛群島各地齊聚於工業大城伯明罕。當時，沃茨的刊物提到，養雞仍然普遍被視為「一種閒閒沒事幹的突發興致，搞不出什麼有意義的名堂出來。」[89]只見群眾摩肩擦踵，人山人海擠爆了展覽會場。「交趾雞如同巨人般現身會場，眾人一見，無不為之傾倒，」一名十九世紀家禽史學家寫道。「每個參觀者回去後，無不誇大描述這個新品種，說是體大如鴕鳥、吼聲若猛獅，而性情卻溫和似羔羊。」

牠們的價格很快就跟貴金屬一樣高了。隔年，在第二屆伯明罕展覽會上，有個賣家賣出一百二十隻雞，總價相當於現在的五萬美金。而在維多利亞建造皇家雞舍的十年之後，《泰晤士報》報導，「全國各地都在舉辦家禽展覽會，而且規模盛大的不在少數。」在倫敦夏季頗受歡迎的巴多羅買市集（Bartholomew Fair）上，買家紛紛搶購名稱時髦的交趾支那雞，像是「瑪麗・安東尼」†、「攝政王」（The Regent）、「利希留」‡等，每隻可賣到等同現今二千五百美元之譜[90]。「人

*〔譯註〕交趾雞、交趾支那雞、上海雞，即俗稱「九斤黃」的上海浦東雞。

†〔譯註〕Marie Antoinette，此名來自十八世紀法王路易十六的王后，法國大革命時死於斷頭台。

‡〔譯註〕Richelieu，此名來自十七世紀法王路易十三的宰相。

們似乎真的被這些交趾雞給迷到失去了理智，」一位當時的作家寫道。以政治嘲諷聞名的雜誌《重磅出擊》（*Punch*）對此大作文章，刊出了諷刺婦女牽繩溜巨雞的漫畫[91]。

在阿爾伯特親王的資助下，一八五二年的倫敦展覽會吸引超過五千人參加，買家還得提防待售雞隻的羽毛是否經過染色、是否修剪過，這些手段可是能讓麻雀變鳳凰。還有八名警探在現場緊盯著以防竊賊，因為有傳聞指出騙取家禽的金光黨就在會場裡伺機而動。有位婦女花了相當於兩千美金的價格買了一對交趾雞。短短一天之內，交易金額就達八萬多美元。《泰晤士報》對「這種新狂熱的誘惑」感到不安，認為此等誘惑「在我們之間狂暴肆虐。」[92]到了一八五五年，這股狂熱迅速退燒，雞隻價格崩盤。該年八月，《家雞大事記》被悄悄併入《鄉間小屋園藝家》（*The Cottage Gardener*）。

「牠們的價格之所以崩跌，是因為蓄意抬升所致，」沃茨在其最後幾篇文章中寫道[93]。不過她自信地預測著，「現在應該人人都能買到」這些體型大且產蛋率快速的雞了。利用本地既有品種——像是體型小又脾氣差的多爾巾雞——來跟這個亞洲品種配對繁殖，雞很快就比在中世紀英格蘭長期受歡迎的鴨和鵝來得有優勢。雞可以吃多種不同的食物，適合居住在小空間內，而且一年之中能夠下蛋的時間更長、產量也更高。牠們也比鵝來的溫和，比斑鳩有肉。即便是保守古板的《泰晤士報》，也看到了其發展潛力。「如果交趾支那雞真能提供比以往更好、更廉價的雞肉，」這份報紙表示，「那麼這場『狂熱』屆時也算是完成它最重要的工作了。」[94]

CHAPTER 7 丑角之劍

在雞類一族為數眾多的不同品種裡，我們怎樣才能找到最初的種原呢？有太多情況曾起過作用，也有太多意外參雜其中；人們的刻意處理，甚至只是心血來潮，都會使這些品種大量增加，因此要找到牠們的來源似乎極其困難。

——布豐伯爵（Comte de Buffon），《鳥類自然史》（*The Natural History of Birds*）

倫敦自然史博物館鳥類部門的負責人疑惑地看了我一眼。「沒有人會來這邊來看達爾文的雞，」裘安・庫珀（Joanne Cooper）說道[1]。這棟附屬於維多利亞時代老建築的難看水泥建物，是鳥類學的聖殿，位於倫敦北邊的一個村莊，特林（Tring）。萊諾・沃爾特・洛司柴爾德男爵（Baron Lionel Walter Rothschild）這位個性古怪、做事心不甘情不願的銀行家，在一九三七年去世之前，於此處收藏了超過兩百萬件標本以及十萬種蝶類和鳥類。這間博物館現在是對外開放的，內有三十萬件主要採集自大英帝國全盛時期的鳥類棒狀標本，另外還有數以千計來自世界各地的鳥類骨骼及立姿標本[2]。

綁著馬尾、戴著眼鏡的庫珀帶我經過安檢，然後穿過空蕩蕩的走廊。她轉頭跟我說，對達爾文有興趣的研究人員，通常都是想要看達爾文搭乘小獵犬號航行至加拉巴哥群島時所採集的雀，或是他後來為了了解演化的作用而培育研究的鴿子。他在一八五九年出版的《物種起源》中，開頭就是討論鴿子，書中也詳細論述了那些南美雀類嘴喙的細微差異[3]。

眾人都忘了他在一個半世紀前捐贈給這間博物館的雞隻標本，也忘了這些標本背後的故事——尋常的雞隻如何協助這位博物學家確立其備受爭議的理論。達爾文在「夢幻想像」熱潮時受到其中一位重要推手的支持，收集了世界各地的雞隻樣本，並仔細研究其特徵，還涉入了「是什麼讓雞成為了雞」的激烈爭辯中。

當代家雞研究的主要目標雖具挑戰性但也失之狹隘，比方說嘗試如何用一磅的飼料多換得一盎司的雞肉，或是在擠滿成千上萬隻雞的巨型雞舍中研究如何避免傳播疾病，或者尋找便宜的方法來檢測一顆蛋將來會孵出公雞還是母雞。在十九世紀中葉，這個領域卻廣包神學家、哲學家、業餘育種家以及生物學家。當時，雞隻正處於信教者與無神論者、支持與反對奴隸制度者彼此對立所導致的激烈文化論戰之核心。

雞，這種鳥的「現代身分」是在十八世紀中葉於烏普薩拉（Uppsala）這個斯堪地那維亞城鎮所成形的，瑞典博物學家林奈就是在那裡被雞給深深吸引住。林奈這位任教於小鎮大學的教授是啟蒙時代的重要人物，連伏爾泰、歌德、盧梭也相當崇拜他。他在自己的大花園裡養了一小群雞，就在一幢不起眼的兩層樓房後面，這房子現仍矗立在老城區的郊外一隅。林奈的書齋位於二樓，寬敞且採光良好，裡頭擠滿聽課的學生，他偶爾會討論雞的許多藥用和食用價值，描述瑞典的各個品種，講述有關雞的民間傳說，並闡述如何閹雞。

當林奈創立這套我們至今仍在使用的分類體系時，他把家雞跟據稱棲息於東南亞湄公河口的一種野雞列為同種——這是關於我們現在稱之為紅原雞的一份早期文獻資料。

在林奈所創設的動物界中，雞被歸類於脊索動物門（Chordata），這一門的成員都有脊椎骨（backbone），包括人類和其他脊椎動物*。接下來所屬的分類單元依序是：鳥綱（Aves），由大約一萬種鳥所組成；雞形目（Galliformes），包含一大群較大型、像是火雞這類喜歡待在地面而不愛飛的鳥；雉科（Phasianidae），這一大科包含鵪鶉以及所有的雉雞、鷓鴣、孔雀，牠們因為某些外型特徵而被歸併在一起，包括腳上有距、矮胖的身軀以及短頸等；雉亞科（Phasianinae），在這個親緣更為接近的類群裡，除了四種原雞外，還有像是藏馬雞（Tibetan Eared Pheasant）、黑長尾雉（帝雉，Mikado Pheasant）、黑頸長尾雉（Mrs. Hume's Pheasant）等具有迷人英文名稱的鳥種。

接下來是原雞屬（*Gallus*），*Gallus* 即拉丁文「公雞」之意，這一屬由四個姊妹種（sibling species）原雞所組成。紅原雞以及家雞這兩者歸作單獨的一種，拉丁學名為 *Gallus gallus*，有些生物學家會給予家雞 *Gallus gallus domesticus* 這個名稱。

雖然林奈把野生跟馴化的雞歸為同一種，但他並非認為這表示家雞是由野雞演化而來，而

*〔譯註〕vertebrates，脊索動物門中，只有脊椎動物亞門（Vertebrata）的動物具有脊椎骨。

僅是由於牠們彼此相似到可以互相交配罷了。「上帝創造之，林奈整理之，」他如此解釋[4]。林奈就跟當時絕大多數的歐洲人（無論猶太人或基督徒）一樣，堅持認為上帝在創世的第一週創造了野生以及馴化的動植物，就是聖經《創世紀》裡記載的那樣。因此，物種是不會改變的。舉例來說，馬跟驢也許能交配，但由此產生的騾永遠無法有自己的後代。

法國博物學家喬治－路易・勒克萊爾（Georges-Louis Leclerc），也就是布豐伯爵，是那個時代極少數敢公然挑戰《創世紀》以及林奈的人。雖然布豐和林奈都出生於一七〇七年，但兩人卻活在截然不同的世界裡。那位法國伯爵是個生活闊綽的巴黎貴族，他曾寫作自然史，文中認為地球比聖經所述還要古老得多，這令人相當驚駭。那時法國尚未發生大革命，布豐才得以憑藉其魅力及人脈而保全自身、免於宗教迫害。布豐並未直接挑戰物種固定不變（fixed species）的見解，但他認為林奈的系統過於專斷且侷限。他指出，在一個物種內可能會有相當多的變異，並以人類為例，像是「拉普蘭人（Laplander）、巴塔哥尼亞人（Patagonian）、霍屯督人（Hottentot）、歐洲人、美洲人以及黑人（Negro）等。」[5]

布豐注意到，雞的多樣性更是明顯[6]。他曾經從可靠的消息來源處聽聞，有個亞洲家雞品種的骨頭「跟黑檀木一樣黑。」這是有關「赫蒙雞」（Hmong chicken）的早期記載，該品種原產於中國南方和越南，不僅羽毛黑，連血肉都是黑的，而且因為其滋味和藥用價值而備受青睞。他相信，像這樣的品種肯定是人為影響的結果，而非僅僅是停滯不變的上帝創造物。「雞是人類最古老的夥伴之一，而且……人類最初從林間野地裡帶回來的動物就有雞，後來牠們為人類社會提供好處，」他斷言道。野生的雞仍然分布於印度的森林裡，但他認為在許多地區，「家雞幾乎驅除了各地的野雞。」[7]這位博物學家基本上就是在講這麼一件事：家雞這種人類的夥伴，是由野雞演變而來的。不過，他並未解釋是什麼樣的機制得以產生如此轉變。

直到達爾文出生的那一年，也就是一八〇九年，物種之間會發生變化的概念才廣泛受到注意。法國博物學家讓－巴蒂斯特・拉馬克（Jean-Baptiste Lamarck）聲稱，物種可以蛻變為其他物種，而這股神秘力量讓生命變得更加複雜[8]。拉馬克堅持認為，決定生物表徵（traits）的因素是環境：正如鼴鼠不需要眼睛，鳥類也不需要牙齒。他認為，每隻動物都可以把這些因環境而改變的表徵遺傳給下一代，像是為了吃到較高樹上葉子而拉長身軀的長頸鹿。對此，無論是學界同行還是神職人員都加以批評，認為這理論錯誤百出，或是斥其對神不敬。更早之前，當拿破崙企圖沿尼羅河征服埃及時，有批動物木乃伊被運回法國，後來，卓越的法國科學家喬治・居維葉（Georges Cuvier）詳細研究了這些木乃伊，這場巧妙的噱頭成功贏得眾人注目。他發現，那些木乃伊貓及聖䴉跟我們當代所見的沒什麼分別，因而錯誤作出了「物種是固定不變的」以及「拉馬克完全搞錯了」的結論[9]。

然而，越來越多證據表明，世界比聖經所能解釋的還要古老得多，生命也更加多樣，畢竟，《舊約聖經》並未明確指認出家雞[10]。探險家、征服者和殖民者將各種生物源源不絕地送回歐洲，這些物種多到需要一條大到難以想像的諾亞方舟才能承載，而新興的生物科學就圍繞著這些標本逐漸發展起來。不過，就在這些發現挑戰宗教信仰之際，它們也被拿來替奴隸制度辯護。

一八四〇年代末期，正當幾十種新奇的亞洲家雞傳遍歐美之際，有些科學家認為，雞的驚人多樣性顯示牠的起源不只來自一個祖先，而人類同樣可能具有不同的根源。薩繆爾・喬治・莫頓（Samuel George Morton）這位費城的貴格會教徒同時也是醫師曾斷言，家雞跟珠雞能夠交配生出具有繁殖能力的後代（這說法後來被證實是不可信的），同理，能夠一起生出具繁殖力後代的黑人跟白人，仍是要分成不同的物種才對[11]。美國南方的奴隸制支持者很快就大肆宣揚他的發現。

有個膽識過人的南方人，以自己進行的家禽實驗來反駁這個說法。路德教派牧師約翰・巴赫曼（John Bachman）是一名業餘鳥類學家，他認為所有雞隻都來自同一祖先，並為此提出了充分的理由。這名住在南卡羅萊納州查爾斯頓（Charleston）的牧師，曾在養雞熱潮席捲英國時，於倫敦動物園裡仔細觀察過紅原雞。「牠們在各方面都跟家雞極為相似，有些家雞品種跟牠們幾乎無法區分，」他在一八四九年寫道[12]。他自己對幾種原雞的繁殖研究顯示，兩個不同物種所產生的後代並無繁殖能力，另外，人類的表徵在同一物種裡可能就會有很大的差異，就跟這些雞一樣。

在這些有趣的歷史奇談裡，有件事和達爾文有關。跟林肯同一天出生的達爾文，在科學論文集、研討會和期刊上密切關注著這場爭辯。打從他在小獵犬號航程中目睹奴隸制所帶來的可怕後果以來，他就堅決反對奴隸制；讓他震驚的是，進步的科學觀念竟被當成此等野蠻暴行的擋箭牌[13]。達爾文那永無止境的好奇心，使他經常無視於普遍充斥在該時代的階級、種族、職業等界線。他曾經付費向一名住在愛丁堡的非洲黑人學習標本剝製術，而後在回憶中稱那是「一位非常親切而且聰明的人。」[14]

他的開放心態還擴及到其他人視為低等或不重要的物種，比如他曾費時七年研究藤壺。此外，在當時的人物名錄上列為「農人」的達爾文，也深知非專業的動物飼養者無分貧賤富貴，都是重要的訊息來源[15]。因此，當一名家境普通但專業知識豐富的虔誠鄉村教區牧師力勸他捨棄甲殼類研究、把精力放在家禽身上時，他最終聽從了這個建議。這也讓達爾文拿到了他所需要的真憑實據，使人得以信服其演化理論。

↓ ↓ ↓

家雞的數量在今日可能比任何其他鳥種都還要多，但牠們卻是受到鳥類學家冷落的一群。「馴化物種的標本沒那麼有價值，」庫珀對我說道，同一時間我們經過一張木桌，兩位老太太正在那兒檢視來自蘇丹的翠鳥標本。「但是對達爾文來說，體型較小的家雞正好可讓他建立其理論的基本原則。」這位博物學家在「夢幻想像」這股風潮進入尾聲之際，瘋狂地投入了四年時間將注意力集中在鴿子和雞身上。在圈養環境中繁殖迅速的小型動物，完全適合拿來證明自然選擇的長期威力。

我們要爬到另一層樓時，庫珀在樓梯間說道，達爾文主要是研究骨骼而非棒狀標本。她解釋，骨骼就是那個樣子，但如果要製作棒狀標本，「你得移除內臟，清掉腦子和眼珠，再把外皮給縫回去。」我們來到專門存放棒狀標本的附加樓層，我數不清到底有多少由兩列灰白色櫥櫃所形成的狹窄走道，每個走道看起來都一樣。螢光燈照亮鮮黃色的地板，不過寬廣的房間卻讓人感覺陰森森的。庫珀踩著輕快步伐，毫不遲疑地走過一條步道，拉開一個像是用於側掛文件的抽屜。

裡頭有十幾隻鳥躺在一個宛如棺材般的金屬盒內，每隻鳥的腳上都有一個標籤，就像在太平間一樣。那些標本看起來活像是洩了氣的氣球。她伸手拿起一隻，標籤上寫著「Collected by A. R. Wallace. 1862」（一八六二年，華萊士採集）。透過工整的筆跡，可知這隻是*Gallus bankiva*，採自馬來半島上的馬六甲（Malacca）。*Gallus bankiva*是紅原雞的一類，博物學家華萊士遇到這隻雞的地方介於新加坡和吉隆坡之間，那兒離這種鳥的自然分布區最南端已經不遠了。*華萊士是在東南亞旅行期間獨自想出了演化論，他以此為主題的論文跟達爾文的相關著作是在一八五八年於倫敦的一場會議上一同被宣讀的[16]。

在抽屜下方有兩隻紅原雞標本，新鮮的程度好到讓牠們像是過了一個世紀還能奔逃到森林裡一樣。暗灰褐色的母雞和艷麗的公雞嘴尖朝上仰臥著，公雞的羽色在周遭一片單調的環境中顯得光彩奪目：一抹金黃閃過頸子，身軀拼綴著華麗的皇家藍，而略帶赤褐的羽毛閃耀著黃色及紫色，至尾部轉為墨黑。另一個抽屜裡，一件一九三九年的標本標示著「Domestic Guinea Fowl x Domestic Fowl」（馴養的珠雞跟家雞之雜交）。還有一個抽屜，裡頭裝著頸部無羽的大型雞，抽屜外的標牌說這個品種「不時就被媒體錯誤報導為雞跟火雞的雜交種」。有時候，什麼物種就是什麼物種，不能被混淆。

艾德蒙·瑣爾·狄克森牧師跟達爾文這兩個人的生活原本完全沒交集，但是當一八四八年「夢幻想像」的熱潮高漲之時，他們開始了書信往來[17]。當時他們倆都快四十歲，也從劍橋大學基督學院（Christ's College）畢業了十七年。此外，這兩人都曾認真考慮要當個鄉村地區的牧師，以便追求他們對自然世界的強烈興趣。

而讓達爾文走向不同人生道路的原因，除了家境富裕之外，便是有個意想不到的邀請，希望他在小獵犬號的環球旅行中，擔任船長的夥伴，一同進行考察。就在達爾文開啟他那後來享譽盛名的五年航程後不久，狄克森也被授予聖職。當達爾文在巴塔哥尼亞（Patagonia）漫步，之後於加拉巴哥採集雀鳥的這段期間，狄克森結了婚，搬到倫敦東邊一百六十公里外的寧靜鄉村教區，住在一間有個小庭院的陋室，他一時興起便買了幾隻雞養著[18]。一八四二年九月，也就是卑路乍船長進獻貢禮給維多利亞女王的同一月份，達爾文回到英格蘭，跟自己的妻子住在肯特（Kent）的鄉村莊園，那裡位於倫敦南方，放眼望去是片起伏平緩的丘陵地。

在當時僅有的幾本家禽飼養書籍中，有些書裡的建議是互相矛盾的，狄克森對此深感不解。然而就在他觀察自家雞隻的行為和繁殖習性後，他確信，若想「一探『遺傳類型和本能』之傳遞或中斷」，家雞「可作為最合適的觀察對象。」[19]他的妻子猝逝後，這名鰥夫開始進行一

*〔譯註〕目前鳥類學界一般認為紅原雞有五個亞種，*Gallus gallus bankiva* 分布於蘇門達臘島南部、爪哇島和峇里島，而馬來半島上所分布者為 *G. g. spadiceus*。

場縈繞心頭許久的家雞研究，並以其專業知識開始在博物學家的小圈子裡引起人們的注意。

一八四四年，一位不具名的作者在英國出版了《創世造物自然史之遺跡》（*Vestiges of the Natural History of Creation*），這本書薄薄一冊，內容主張從行星到植物的萬事萬物都是從早期型態（earlier forms）發展而來的，這位作者將其設想為一種「有機的過程」[20]。物種，是會進化的。這本書在當時成了暢銷書，阿爾伯特親王將該書誦讀給維多利亞女王聽[21]，或許就在他們那處僻靜的鳥園裡吧。但此書也引來批評者，比如狄克森，他認為書中所述的那套科學有錯，而且結論褻瀆了上帝[22]。他著手進行一系列的實驗，以證明不同物種無法產生具繁殖能力的後代，因此物種是無法改變的。

一八四八年十月，達爾文寫了封信給他的植物學家好友胡克（J. D. Hooker），這封閒聊漫談的信中提到，他所認識的一位地質學者查爾斯．萊爾（Charles Lyell）曾被維多利亞授予爵位，並在蘇格蘭巴爾莫洛（Balmoral）的女王新行宮裡消磨了一點時間。達爾文還談到不少他自己的藤壺研究。「儘管我對該物種的研究甚少，」他順帶一提，「但我已經跟一位一流的人物開始熱絡地通信。」[23]他曾詢問狄克森是否願意檢查剛孵出的幼雛，看看牠們有沒有具備跟成鳥一樣的特徵。狄克森極為樂意協助這位受人敬重的科學家，便欣然同意，並鼓勵達爾文先將藤壺放一邊，把重點擺在家禽研究上。

兩個月後，狄克森把剛完成的家禽專書題了字，寄到達爾文的住處[24]。他還寄了一本給另一位認識的名人，狄更斯。當時正是革命之年的尾聲，那一年，歐陸各國的革命始於石破天驚，但卻終於啜泣哀鳴；君主政體搖搖欲墜，各地紛紛建造路障。馬克思和恩格斯也在這年聯名發表了《共產黨宣言》[25]。狄克森的《觀賞雞和家雞：牠們的歷史及管理》雖然不大可能把武裝游擊隊給帶上街頭，但卻是這位英格蘭牧師自己的宣言，而且這本書出版的那個月，正好在舉辦把「夢幻想像」推向高峰的伯明罕展覽會（他在會場上擔任評審）。

到了耶誕節當天，達爾文在日記裡提到他看完了一本關於西伯利亞的書，這本書頗為「枯燥乏味」，還有一本談論自然史博物館的書，他感到內容「兼容並蓄」。此時的維多利亞跟阿爾伯特正開啟另一波時尚潮流，他們在溫莎一棵裝飾精美的耶誕樹附近宴客。達爾文還提到他讀了狄克森的長篇累牘，但沒有發表評論[26]。那是本鉅細靡遺的家雞品種彙編，具體說明了如何照料飼養這些雞。狄克森也藉由該書，強力且博學地拒斥了他所稱之為「瘋狂野蠻的理論」，他認為那些理論「近來甚為流行，說什麼我們養的這些溫馴品種，是由未經馴化的動物之間雜交而來。」[27]狄克森之所以猛烈抨擊物種能夠改變的觀點，是基於他對個別不同物種的實驗，比如家雞和珠雞。他寫道，牠們雜交後並不能產生具有繁殖力的後代。每個物種脫離不了與生俱來的表徵，這些特徵絕對無法跟另一個物種共有，因此，不可能產生新的物種。「神創天地」就是世間萬物創造的起點跟終局。雞的品種是由創造之力而非人為介入所產生，這些品種是恆久不變且源遠流長的。

狄克森甚至在試圖增強其論點時，拿達爾文的研究當例子。「達爾文先生發現，『生殖系統對外部條件的任何變化，似乎遠較生命系統的其他部分來得敏感，』這項因其個人閱歷和無比勤奮所得到的發現，證實了我的猜測，」他寫道。換句話說，生殖系統是動物各個系統中適應性最差的。要想創造出兩個物種的雜交種，而且還要具有正常的生殖系統，這比登天還難。

達爾文在狄克森送的書裡，把作者表達物種不變的強烈觀點都給畫上了線。在書末的空白頁，達爾文寫下許多關於家雞品種可能源自野雞的思考，「但我認為其他的物種不大可能源自於彼此之間的雜交。」他隨後便把自己的這句話給劃掉[28]。直到隔年三月，他才寫了篇不怎麼好聽的評論給一位朋友。「這本書超棒，棒到我想笑，」他語帶狡黠地寫道[29]。讓達爾文想笑的，是狄克森試圖終止大眾對於物種變化的討論。

這兩位男士持續通信聯繫，針對狄克森的繁殖實驗廣泛交換意見，但多數信件都已逸失。然而達爾文始終以生病為由，跟對方保持著距離。「我現在真的非常希望您的身體康復，讓我能夠有個機會與榮幸，在冬天到來之前跟您見個面，」狄克森在該年春天寫道[30]。沒有紀錄證明這兩位如此相似、卻又擁有如此不同觀點的人曾經見過面。但在那之後，達爾文很快就開始思考，如何以雞跟鴿子來支持其自然選擇的觀點。

↓ ↓ ↓

在接下來的幾年，狄克森的心態越發尖刻，他把「野生動物轉變成馴養的牲畜」這個想法，視為能夠「化男丑角（clown）為另一名女丑角（columbine）」的「一種丑角之劍（harlequin's sword）」[31]。一八五一年，他聲稱「全能的上帝賜給人類馴服的動物，讓牠們來為人服務、供人食用，」

並補充說家雞不可能源自紅原雞。這等理論不僅從科學的觀點來說是錯的，還是個「十足的異端邪說。」[32]

達爾文在檯面上則是保持沈默，他尚未準備好要提出「藉由自然選擇來改變物種」的論點，但他對備受信賴的遠房表親威廉・達爾文・福克斯（William Darwin Fox）抱怨道：狄克森「言之鑿鑿地認為每個品種的雞都是一開始就有的創造物，」同時他還「像是完全無視另一方提出的所有難題。」[33]

一八五五年，就在「夢幻想像」的泡沫崩盤之際，達爾文放下了藤壺，轉而收集、研究家禽。儘管他在這方面要學的還很多，但卻不再與學識淵博卻尖刻的狄克森打交道。「我太無知了，我甚至不知道有三種不同的多爾巾雞，也不知道牠們之間有何差異，」他在該年二月寫信給他的表親時說道。「我真是罪過啊，把狄克森先生這個可憐的傢伙列為拒絕往來戶。」[34]此時，由於諸多新品種突然湧入英國，加上價格跌落，使得收集這些雞隻更為容易。福克斯同意替達爾文養這些鳥，主要以鴿子為優先，而達爾文則是四處張羅所需的鴿子和雞隻標本[35]。到了八月，也就是伊莉莎白・沃茨的刊物收掉的那個月，第一隻紅原雞送到了達爾文的宅第，寄送者是蓄著大把落腮鬍的鳥類學家艾德華・布萊斯（Edward Blyth），他從印度的加爾各答寄來「一副精美的孟加拉叢林雞（Bengal Jungle-cock）骨架標本。」[36]

布萊斯是個才華洋溢但充滿焦慮的科學家，十多年前就差點提出自然選擇的論點[37]。他公開為《創世造物自然史之遺跡》的觀點辯護，此舉惹毛了狄克森，卻贏得達爾文的注意和讚賞。

布萊斯在亞洲待過二十多年，四種原雞都有觀察過，故而對於家雞的祖先有明確看法。儘管先前已有林奈予以分類，也有巴赫曼及其他人的研究，但家雞的起源仍是一個懸而未決的問題，而達爾文渴望回答這個難題。布萊斯並未把斯里蘭卡原雞列入候選名單，因為牠們侷限分布於印度東南外海的斯里蘭卡島上。斯里蘭卡原雞最早是在一八三〇年代，由法國博物學家勒內－普里梅韋勒·萊松（René-Primevère Lesson）所記載，萊松將其命名為 *Gallus lafayetii*，此乃得名於拉法葉侯爵（Marquis de Lafayette）這位被喬治·華盛頓視如己出的戰爭英雄。灰原雞的學名 *Gallus sonnerati* 則以法國博物學家皮耶·索納拉特（Pierre Sonnerat）之名命名，牠們同樣只分布於範圍相對較小、位於南印度的棲地，其啼叫聲跟家雞明顯有異。

主要分布於東南亞爪哇島的綠原雞，由於其冠、肉垂、頸翎都跟典型的家雞不同，因此布萊斯也不把牠列入考慮。這樣一來，就只剩下紅原雞是最有可能的家雞祖先了。這種雞分布於今日的巴基斯坦北部到印尼爪哇這片廣袤的亞洲土地上，其下有五個亞種，各自集中分布在這一大片地區的不同地帶。布萊斯提到，這種適應性強的鳥類，「從家雞的眾多品種來看，本質上絕對符合其類型，完全就像綠頭鴨之於家鴨，或野生火雞之於馴養的火雞那般！」連公雞的啼叫聲也頗為類似，而且紅原雞的「每根羽毛都跟許多家雞的羽毛若合符節。」[38]

一八五五年十二月，布萊斯從加爾各答寫信給達爾文，信中帶來令人振奮的消息，內容是關於當時住在婆羅洲（Borneo）的華萊士在不久前所發表的論文。「我認為華萊士把這個問題處理得很好，而且根據他的理論，各個品種的家禽家畜已近乎發展成物種了，」這名鳥類學家說道[39]。達爾文雖然聲稱華萊士的研究沒啥重要性，但不出數月，他就加快收集的步伐並擴大自己的人脈，開始著手撰寫他那本關於自然選擇的權威著作。當達爾文在倫敦南部舉辦的家雞展覽會場上悄然巡行時，他遇到了一名記者兼家雞愛好者，威廉・特蓋特邁爾（William Tegetmeier）。達爾文請求他協助購買標本，就這樣，特蓋特邁爾成了主要聯繫人及合作者。[40]

達爾文對全世界撒出了一張天羅地網。他巴著一名傳教士，央求他提供「有關東非地區家禽家畜」的資訊[41]。一八五六年三月，他要以前的傭人兼助手向他回報「從中國、印度或太平洋島嶼所進口的各種特殊家禽品種，包括雞、鴿子、鴨子」並寄回標本，而當時那位助手早已搬到澳洲去了[42]。他到大英博物館鑽研雞的歷史，並設法翻譯了一則歷史悠久、介紹雞隻的中文百科條目，以便探得雞隻起源的線索。「今早我仔細查看一隻寄來的華麗交趾雞，」他在三月十五日從自宅寫信給表親福克斯時提到，「我發現羽毛數量有不少重大差異…讓我懷疑這是截然不同的物種。」[43]

他對家禽渴求甚切。那年秋天，有幾隻活雞遠從西非的獅子山（Sierra Leone）內陸送來，因為他擔心沿海地區的雞並不是非洲的原生品種。「對了，」他寫信跟一名供應者說，「如果你能幫我弄到一隻馬來雞的話，就算是死的我也會高興不已。」[44]其他的活雞跟骨骼，包括「一隻來源可疑、標籤上寫著『仰光』的公雞，」開始陸續送到達爾文的府上。而郵差對這些奇怪郵件有何想法，旁人無從得知，只能想像了。「我希望過不了多久，」他在一封信件中提到，「就能收到來自波斯的雞。」[45]他抱怨郵寄運費花了他大把銀子，光是那些波斯雞的郵資，換算起來就逼近現今的五百美元。

到了十一月，達爾文告訴特蓋特邁爾，「我現在真的認為，手上就要有夠多材料來鑒別全球的家雞類別了，」這可讓我「了解世界各地的雞有多少差異。」[46]為了以自己滿意的方式來確定家雞的祖先是什麼物種，他開始將這些雞隻雜交配對，看看布萊斯認為紅原雞是家雞起源的主張是否正確。他將家雞和特定原雞的常見表徵給「分離」出來，如此便能確認雞的起源，並且讓狄克森等一干批評者啞口無言。

儘管達爾文把「所有家雞品種都起源於紅原雞」的觀點歸功於布萊斯，不過，出版於一八五九年的《物種起源》卻甚少談到雞。關於人為選擇（artificial selection）——亦即馴養——的進一步討論，他拖到將近十年之後才發表。《動物和植物在馴養下的變異》（*The Variation of Animals and Plants under Domestication*）這本書的知名度遠不如《物種起源》，但它卻清楚表達了達爾文對於人類與自然是如何協作進而塑造和重塑動植物的激進看法，而這協作的過程時而和諧、時而不安，有時則出於偶然[47]。人類不可能憑空創造生物，卻能透過下列手段來改變物種：利用不同的氣候和土壤，給予食物和庇護，以及有意無意地選擇繁殖方式、繁殖時間和繁殖對象。

達爾文要處理的是個相當令人費解的問題：家雞怎會有如此驚人的變異，卻仍是同一個祖先的後代呢？自古以來，養雞戶為了改良他們的雞，早就知道該如何挑選最佳個體來繁殖。家禽家畜的流行品種，就跟服飾的流行款式一樣來來去去。出於對新奇事物的愛好，有些英國人培育出少了最後一節脊椎骨的「無尾雞」，而印度人則是養出長了一堆卷曲羽毛的品種。有些奇特品種相當受人重視，會被小心翼翼地保留下來。比方說，古羅馬人很喜歡的一種雞到現在還能看到，這種雞的腳上多了根腳趾，還有白色的「耳垂」。像這類的育種繁殖，既不用文字記載，也無須什麼珍禽專家。達爾文寫道，在菲律賓「起碼有九個不同的鬥雞品系被飼養、命名，因此牠們必定是各自育種出來的。」[48]

人的控制有其限度，而像狄克森這樣的狂熱者向來都忽略了無意識或不按章法的選擇過程。雞會趁農民熟睡時逃出籠舍、遠離伴侶，其實這即便在管控最為嚴密的研究機構也會發生。而自然選擇就像是旋轉基因轉盤（the spinning of the genetic dials），能夠改變生物的樣貌和行為，就算是在農家庭院裡，其過程依然持續發生作用。偶爾，會有雞隻天生便帶有達爾文所稱的「異常且可遺傳的特質」[49]。人類可能會充分利用這種新的特性來培育出另一個家雞品種，但也可能決定不讓這項特徵代代相傳下去。達爾文總結道，「據我判斷，所有的品種都是來自某一個親本，這並不致於讓人感到難以置信。」[50]

達爾文斷定，華萊士在馬六甲所採集到的紅原雞亞種 *Gallus gallus bankiva*，便是古代家雞祖先的最佳候選人[51]。他指出，跟這種野雞最相似的家雞是馬來亞（Malaya）和爪哇的鬥雞，牠們無論在體型、羽色、骨骼結構等方面，甚至啼叫聲，都跟當地的紅原雞相當接近。當地人會養野生的公雞來跟馴養的公雞打鬥，而這種紅原雞最早可能是在馬來亞馴化，然後輸出到印度。達爾文在大英圖書館查詢的中國文獻支持這項論點，因為文中暗示著家雞起源於東南亞。他不僅指出了家雞的最初祖先，還指出人類可能馴化這種野雞的區域。然而，他也哀怨地承認，

「沒有足夠的材料」可以完整釐清家雞的來龍去脈[52]。

正如狄克森拿達爾文的資料來主張物種不會改變一般，達爾文也利用狄克森的資料做出相反論證。狄克森牧師的實驗顯示，將紅原雞跟別種原雞雜交，其後代並無繁殖能力。後來在倫敦動物園，人們以灰原雞跟紅原雞配對所產下的五百顆蛋進行一項大規模實驗，那些少數能夠養到大的個體，確實沒有繁殖能力，但紅原雞卻能跟家雞交配並產下具繁殖力的後代。「因此，或可有把握地說，紅原雞就是最典型那種家雞的親本，」達爾文如此推斷[53]。

一八六八年，就在《動物和植物在馴養下的變異》出版前幾個月，達爾文把他在自家宅院進行研究的雞骨全都整理打包，捐給了倫敦的自然史博物館。「他甚至在書出版之前就把那些骨頭給處理掉了——你會覺得他是因為搞定這件事而如釋重負，」庫珀一邊說，一邊帶我爬一段樓梯到骨骼標本收藏室，那裡同樣滿是一模一樣的儲藏櫃。她示意我在靠牆的一張長桌旁等候。再走回來時，她看似個女服務生，穿梭在繁忙自助餐廳裡，手拿一個大托盤，裡頭有六隻皮肉已經被清得乾乾淨淨的死雞。

每隻雞都裝在自己的長方形塑膠盒裡，這些盒子看起來只比超市裡裝烤全雞的塑膠容器略微堅固一點而已。她把這些盒子放在桌上，然後又去拿了更多過來。透過塑膠盒，我望著其中的骨頭，有些標示著數字和名字。「這是他寫的，」庫珀放下另一盤拿回來的骨頭時說道。這隻是一個半世紀前從獅子山寄到達爾文家裡的公雞，那隻是母交趾雞，還有無尾雞，以及跟母馬來雞放一起的鬥雞和小型的矮雞。另一端有個盒子，裡面的骨架明顯比其他家雞來的小。我打開塑膠蓋，盯著裡頭看。有張小標籤，上面的筆跡清秀，墨跡仍黑，寫著：「孟加拉叢林雞之骨骼，致達爾文先生」(Skeleton of Bengal Jungle cock for C. Darwin Esq.)，署名者為布萊斯。在其中一根腿骨上，達爾文刻著小小的字，「野生」(Wild)。

許多愛雞人士都在揶揄達爾文的主張，認為嬌小的希布萊特矮雞（Sebright bantam）和產自中國的大個子烏骨雞（Silkie）是源自同一祖先的說法太可笑了。就在二〇〇八年，還有新聞標題堅稱「最新研究指出，達爾文搞錯了家雞的野外祖先」[54]。一支來自烏普薩拉大學的研究團隊發現，家雞的黃色雞皮是源自灰原雞，而非紅原雞。這支研究團隊的成員包括雷夫・安德甸，他的研究室跟當年林奈的住家就在同一條街上。由於雞的這種表徵可能是在初始馴化發生後過很久才得到，因此達爾文仍有可能是對的[55]。

確認家雞祖先一事，仍有許多謎團待解。家雞只被馴化過一次，或是許多次？何時？何地？為什麼呢？一個半世紀之後，這些論點之間仍有激烈爭辯，也反映出人類本身還有更多的問題尚無答案。舉例而言，假如雞的馴化只發生過一次然後就傳遍亞洲南部和全世界，這告訴我們的是：早在城市和商隊出現之前，人類就已忙著交易商品、想法和動物了。但是，如果雞跟人類是在不同時間和地點——越南、馬來西亞、印度——建立起夥伴關係，那麼，相較於其他地區所創造出的知識技術，史前人類可能更為仰賴自己在地發展出來的科技。

中國、印度和東南亞諸國都自豪地宣稱自己是家雞的起源地。對此，真正的古代雞骨可以解決這個爭論。考古學家可用放射性碳技術對幾個世紀內的老骨頭定年，但是到目前為止，東南亞潮溼的酸性土壤中仍未出土超過兩千年前的雞骨。而在西邊千里之外的印度和巴基斯坦地區，則發現了支持家雞存在的骨頭和文獻資料，年代至少在四千年以前。

對於能否確切得知家雞的起源，布豐深表懷疑，達爾文自己也抱持悲觀態度。然而，今天生物學家們所使用的工具，已經比當年他們的直尺和游標卡尺強大許多。對生物的基因組解碼，可以讓我們得知隱藏已久的訊息，即物種之起源及其隨時間推移之演變。最早認真利用基因來解開家雞歷史的嘗試，始於一九九〇年代，是由日本皇室繼承人來進行。

秋篠宮文仁親王跟他已駕崩的祖父昭和天皇一樣，都是生物學家[56]。昭和天皇專門研究水螅及其捕食者，而秋篠宮則是很小的時候就迷上了雞，那些雞最初是第二次世界大戰後，當時的皇后幫忙養來給皇室一家加菜的[57]。在東南亞進行田野調查之後，這位親王跟共同研究者萃取了紅原雞的粒線體ＤＮＡ，這種由母系遺傳的基因密碼，可讓我們追尋物種的演變歷程。

該研究團隊於一九九四年的研究結果顯示，雞只被馴化過一次，地點是在泰國。這項研究工作成為秋篠宮的博士論文基礎，而在八年後，一個獨立研究團體確認了這些研究內容，但二〇一四年時，這個觀點卻被推翻了。美國生態學家列爾・布里斯賓指出，當初作為野生樣本的紅原雞是來自曼谷的一間動物園，而且該樣本可能有混到家雞[58]。

二〇〇六年，由劉益平領軍的中國昆明動物研究所（Kunming Institute of Zoology）團隊，從大量的紅原雞和家雞粒線體DNA中發現九個不同的分支群（clades），分支群是指來自單一共同祖先的群體。這些分支群的分布顯示，家雞的馴化不是只有一次，而是好幾次。他們認為，住在中國南方、東南亞以及印度次大陸的遠古人類是分別馴養各自的紅原雞，從而創造出截然不同、帶有各自基因特徵的支系（lineages）[59]。另一份二〇一二年的論文則是使用核DNA進行研究，核DNA能夠比粒線體DNA提供更為詳細的生物資料，該研究結果也支持家雞的多重起源主張[60]。

秋篠宮本人也被新的資料說服了。由於要安排訪問任何一名日本皇室成員都相當困難，所以我沒辦法跟他會談，但一名對文仁親王觀點知之甚詳的人士確實講過：「以前我認為雞的馴化是發生在東南亞的大陸地區，家雞就是從那兒傳布出去的。但根據近來的研究，家雞更可能是在幾個不同地區所馴化，比如印度、中國南方，也許還包括印尼。無論如何，我現在不認為那是單一事件了。」[61]

不過，其他遺傳學者也許會證明文仁親王最初的看法是對的。他們表示，根據更廣泛的分析研究，家雞確確實實是源自東南亞，之後傳到亞洲其他地區，然後再到全世界。英國諾丁漢大學（University of Nottingham）的生物學家奧利佛．漢諾特（Olivier Hanotte）及其年輕同僚裘藍．馬查羅（Joram Mwacharo），在過去幾年間分析了數以千計來自鄉村的雞隻血液樣本，這些雞的來源遍及亞洲、非洲和南美洲[62]。那些放山雞可真會跑，幸好在懂得抓雞的村莊孩童以及其他同仁協助下，漢諾特和馬查羅已經收集了超過五千份現代家雞的基因序列。

想要藉由雞血來追溯雞的歷史，這其實極為錯綜複雜，因為幾千年來，雞的基因組在海洋和陸地之間穿梭往返而被攪亂，其序列一次又一次地混合再混合。在漢諾特和馬查羅的諾丁漢大學研究室裡，他們給我看了一份電腦簡報檔，裡頭就能看到其複雜性。牠們的基因圖譜上，有六個主要的單倍型（或者說是基因群）是由一堆看了眼花撩亂的箭頭跟線條所連接。「你要怎麼調和龐大多樣性跟單一次馴化之間的懸殊差距呢？」漢諾特問道，他的四肢瘦長，說話速度飛快，不過口音悅耳。家雞基因組的複雜性，指出了不同地區的多個馴化歷程。

漢諾特相信，這個複雜性是源自於幾個野生紅原雞亞種交配，間或產出雜交後代所致。在紅原雞的五個亞種中，有三個是在東南亞的大陸地區。無獨有偶，家雞品種最為多樣的地區也是在那一帶。當你往西走，接近巴基斯坦境內的紅原雞分布最西端時，那些各異其趣的品種就少了。這就是為什麼來自英屬印度次大陸的雞不像來自東南亞和中國南方的雞那樣，能夠讓維多利亞女王目眩神迷，讓狄克森為之傾倒，或者讓達爾文著迷好奇。

這種同時出現在野雞跟家雞身上的基因多樣性是個強而有力的指標，顯示該地區是雞隻馴化的原鄉。漢諾特和馬查羅也確切指出，在同樣地區發生過生物學家所稱的「族群瓶頸效應」（population bottleneck）。也就是說，這種鳥的基因多樣性在遙遠的過去曾突然下降，意味著早期馴化的雞從東南亞某地往該地區四面八方散佈出去。漢諾特估計，瓶頸效應始於一萬八千年至八千年前。這種新馴化的鳥可能是先有少量移往東南亞的村子裡，最終擴散到印度次大陸。然後，他相信，大約在五千年前，雞的數量在整個亞洲南部迅速增長，乃至其他地區。

這表示，雞跟人類最早搭上線的原因跟我們今天養雞的理由有很大的不同。起先，人類並非為了肉跟蛋而飼養家雞。「似乎沒有任何理由相信，在早期曾有人試圖馴養牠們以獲取食物，」一群家禽學者早在一八五四年就這麼說了[63]。

東南亞的原住民至今仍保留了形形色色跟家雞有關的傳統，令人目不暇給。比如散居於越南、寮國、緬甸和中國南方的巴朗族*，他們雖養雞可是不吃雞肉或雞蛋，卻利用雞腸、內臟或骨頭來占卜問卦[64]。緬甸北部的克倫族（Karen）也是，他們相信殺雞之後，把尖細竹片插入雞股骨中所形成的角度，讓他們可以聯繫到強大的靈界[65]。居住在印度偏遠東北部接近緬甸的蒲如姆庫其斯人（Purum Kukis），則是會吟誦祝禱文，犧牲一隻公雞，然後以牠倒下的方式判斷該地點是否適合建立村莊[66]。東南亞有許多部族會投擲雞蛋，丟出去後所產生的蛋殼碎片，能夠清楚指引如何處理棘手的情況。這些由雞隻所產生的巫祝，可能早於農業的出現，農業時代的人類才開始較為普遍地食用雞肉。

在烏普薩拉大學，安德匈和共同研究團隊最近發現，幾個不同的雞群都有一個基因的突變型，在紅原雞身上找不到[67]。這一小段DNA會製造刺激甲狀腺的特定激素，而有此基因編碼的雞隻能夠更快增重。這項突變可能是家雞演化過程中相當重要的一步。很久以前，在亞洲南部的某些村子裡，天生長得更快——而且生得更頻繁——的雞，就會被挑出來加以特別培育。

*〔譯註〕Palaung，在中國境內稱德昂族。

但是把雞當成食物，也許是後來才有的想法。很久以前，當我們第一次把雞從森林裡的原棲地中抓來或拐來時，這種鳥並不僅是一頓廉價的午餐而已。在那個時代，雞既神奇又實用。除了占卜的能力外，牠那細緻的骨頭還可用來縫紉、紋身或製作小型樂器。公雞華麗的羽毛可拿來裝飾服裝。雞還有眾所皆知的藥效，其鬥性也能娛樂眾人。作為奉獻給神明的祭品來說，這種體型小、生得快的動物也是相當理想的選擇。

然而，相較於貓、狗、牛等我們熟悉的哺乳類，家雞保留了一種近乎截然不同的特性。公雞在捍衛地盤時，會變得狂暴甚至可怕，這跟牠們小型的身材完全不成比例；牠們柔軟的羽毛跟爬蟲類般的雙腳，形成了一種讓人不安的組合。雞隻忽動忽停的動作，也讓牠們有種像是機器人般令人不安的特質。還有，牠們想跟諸多伴侶發生性關係的貪婪慾望，對某些人來說印象深刻，但對另一些人而言則是過分到不知該怎麼教小孩了。在人類跟家雞的長遠關係中，我們就在欽佩與厭惡、迷戀和畏懼之間轉向、游移。這種舉棋不定的矛盾心理，反映出我們面對上帝、生理性別（sex）、社會性別（gender）以及所有我們認為既充滿感官刺激又駭人聽聞的事物時，心態上的把持不定。

CHAPTER 8 年幼的國王

公雞為何不啼呢？他喃喃自語，焦慮地重複著這個問題，彷彿公雞的啼叫可能是救贖的最後希望。

——喬賽．薩拉馬戈（José Saramago），《耶穌基督的福音》（*The Gospel According to Jesus Christ*）

公雞（cock）沒雞雞（cock）。這不是啥禪宗公案。我說的是，公雞沒有陰莖。或者，更精確地說，公雞丟失了陰莖。公雞是最常被拿來代稱男人性器的動物，但牠本身卻沒有陰莖，實在匪夷所思。雞的陰莖是如何消失的，該謎題近年已有答案，然而為何會消失，這在研究鳥類陰莖的專家小圈子裡仍然存有爭議。

雞在交配時，如果被不經意路過的鄉民看到，可能以為雞的性行為跟哺乳類相似，我想這是可以理解的。公雞會先騎上母雞，以腳爪緊緊抓住母雞的背，同時用嘴喙叼住母雞的頭。然後牠就跳下來了。前前後後，通常比一場菲律賓鬥雞的時間還要短。儘管可能同樣充滿喧囂嘈雜，但兩隻雞彼此卻已進行了「泄殖腔之吻」（cloacal kiss）。

泄殖腔是個繁忙的地方，其英文源自拉丁文，意思是下水道、排水管。在雞——以及所有其他鳥類、爬行類、兩棲類——的身上，泄殖腔除了是泌尿道及消化道的共同終端，還肩負起生育的責任。公雞跟男人一樣有兩顆睪丸，但牠們的睪丸不是掛在外面搖來晃去，而是「內臟」，位於腎臟下方。一隻健康的公雞每次射精可射出超過八十億個精子，當母雞將其泄殖腔翻轉朝上並跟公雞泄殖腔接合時，這些精子就會進到母雞體內，整個過程只需幾秒鐘[1]。交配之後，輸卵管內的精液可讓母雞單邊卵巢*所排出的卵子受精，這些存留在母雞體內的精液，「有效期限」最長可達一個月。

有幾種鳥類確實有陰莖，主要是水禽。比方說，鴨子就有長長的螺旋狀陰莖。在蓋恩斯維爾（Gainesville）的佛羅里達大學，馬汀．寇恩（Martin Cohn）曾領導一支團隊，研究為何鴨和雞在這方面大異其趣[2]。他們在蛋殼開了個孔，以便觀察公鴨和公雞的胚胎，結果發現，胚胎發育的前九天，兩者都會長出陰莖，但接下來公雞的陰莖雛形就停止發育並萎縮。第九天時，公雞胚胎開始製造一種蛋白質，它就是讓這個應該要長成陰莖的構造逐漸從尖端開始萎縮的原因。這種蛋白質也跟雞胚胎早期發育期間就失去的新生牙齒有關，此外，它還影響到喙的形狀以及羽毛發育。那基本上是種會把選定的細胞給消滅掉的化學物質。研究人員把一種能夠阻止萎縮的蛋白質塗在雞胚胎的雛形陰莖上，這個胚胎的陰莖就會繼續發育。反之，把雞的「消滅細胞蛋白質」塗在鴨胚胎陰莖上，便能扭轉其原本的生長趨勢。

寇恩認為，這個器官的消失，僅僅是身體其他部位（比如牙齒和肢體）停止發展後的連帶結果[3]。這個搞破壞的特殊蛋白質顯然在鳥類演化上扮演著重要角色，而喪失陰莖只是種副作用罷了。其他生物學家則是推測，這種改變源自雌性選擇（female selection），其結果導致鳥類從較為粗暴的插入式交配演化成雌雄彼此協力的泄殖腔之吻。公鴨對不合作的另一半所採取的強迫交配行為可說是惡名昭彰，有時在交尾過程中甚至會把配偶給溺死。這種兩性之間的搏鬥會降低受精的成功率。時間一久，包括雞在內的多數鳥種便在雄性身上演化出較小的陰莖；而其他鳥類，尤其是雁鴨跟天鵝，則是依舊保留了牠們的陰莖。

了解陰莖在雞——以及多數鳥類——身上是如何消失的，可讓我們對演化有更深入的認識，例如蛇類是如何失去四肢的，以及什麼原因造成人類生殖器官的先天性缺陷，尤其是子宮，它特別容易產生畸形。這項研究極有可能讓醫學界找到切實可行的辦法，得以在生產前就矯正這類缺陷。「生殖器這東西，親愛的讀者們，就是檢驗演化理論究竟是否可行的地方啊，」麻薩諸塞大學（University of Massachusetts）阿默斯特（Amherst）校區的生物學家派翠西亞．布倫南（Patricia Brennan）在《石板》（*Slate*）網路雜誌上寫道。她是為了回應某些非常不爽的媒體名嘴，他們氣急敗壞地認為聯邦政府的稅金竟然花在研究雞雞的雞雞，是可忍，孰不可忍啊！然而，「如果想要充分了解為何在生殖的過程中，有些個體比其他個體更為成功，那生殖器可能是關注的最佳位置了。」[4]

＊〔譯註〕多數鳥類右側的卵巢及輸卵管皆已退化甚至消失，僅餘左邊可發揮正常功能。

失去陰莖，到最後也可能讓雞的生育率（fertility rate）略微高於其他常見的非雞形目家禽。在失去雞雞的過程中，雞雞們或許贏得了全世界呢。

↓ ↓ ↓

生物學無法解釋為什麼我們經常用來稱呼男人性器的這個俚語，會是指沒有那種性器的鳥類。當加拿大人、澳洲人、英國人和其他操著英語的人絲毫不覺羞恥地隨口說出這個俚語時，美國人立刻就臉紅了，而那些人在描述公雞時，仍是毫不猶豫地使用相同的字眼。十八世紀新英格蘭的清教徒把「*cock*」這個字從美國的詞典中給刪掉。這字可能得自雞的叫聲，源於古亞利安語「*kak*」，意為「咯咯叫」（to cackle）。[5]

畢竟，這些清教徒可是會去懲罰那些「慶祝耶誕節的邪惡靈魂*」的一群人。那個時期的清教徒並不反對性，還會嚴厲批評天主教會神職人員抱持獨身的主張，但是此等猥褻雙關語會讓身體和心靈都誤入歧途，因此絕對不能容忍。在那兩個世紀之前的伊莉莎白時代，有一首詩的開頭是「我有一隻溫柔的雞雞」，並且以這句作收：「他夜夜停棲在我女人的穴穴裡。」這種淫穢的傳統延續了幾百年。[6] 一七八五年的《粗言俗語經典辭典》（*Classical Dictionary of the Vulgar Tongue*）中有提到，「cock alley」（公雞胡同）這個片語的意思是「the private parts of a woman」（女人的私處）[7]。

在北美殖民地，「*rooster*」這個較為溫和不失禮的字眼，就在美國革命前夕從北方開始往南方擴散，逐漸取代了「*cock*」。「*rooster*」源自古英語，意指「家雞的棲木」[8]。在新生的美國，乾草堆「*haycocks*」變成「*haystacks*」，風向雞（風向標）「*weathercocks*」變成「*weathervanes*」，而水龍頭「*water cocks*」則變成了「*faucets*」。甚至連蟑螂「*cockroaches*」，也都成了簡單樸素的「*roaches*」。「維多利亞自己要到一八三八年才在英格蘭被加冕，但維多利亞時期反對不雅詞彙的運動，在美國卻是早在該世紀之初就已火力全開，」亨利・路易斯・孟肯（H. L. Mencken）在其《美式語言》（*American Language*）一書中挖苦說道[9]。「*cock*」成了必除之而後快的字眼，因為它已經擁有「粗俗下流的解剖學意涵」了。在英國，這個字則繼續被用來處理所有的含糊曖昧，還自以為光榮、無傷大雅。直到進入維多利亞時代，英國的大夫仍然偏好用「*cock*」來指涉陰莖，而非「*penis*」這個較為新潮，取自法文、源於拉丁文的術語[10]。

公雞極可能是因為其欲求不滿的行為，而獲得了這個「粗俗下流的解剖學意涵」——研究也證實，公雞偏好新歡勝過舊愛[11]。科學家把這種好色行為稱作「柯立芝效應」（Coolidge effect）。一九二〇年代時，美國總統卡爾文・柯立芝（Calvin Coolidge）跟夫人有次分頭參觀一處養雞場。柯立芝夫人注意到一隻公雞頻繁地跟母雞交配，旁人跟她說，這每天都會上演個幾十次。「總統來到這兒時，告知他這件事，」她面無表情地說著。總統知道後，詢問這公雞是否每次都跟同一隻母雞交配，而他得到的答案是否定的，這隻公雞每次都喜歡跟不同母雞交配。他聽

*〔譯註〕十七、十八世紀的新英格蘭地區居民多數為清教徒，當時清教徒反對慶祝耶誕節，甚至立法將慶祝耶誕節列為非法行為。

了之後回應道，「去跟柯立芝夫人說。」[12]

雞隻的繁殖活力長久以來都讓人類留下深刻的印象。巴比倫塔木德（Babylonian Talmud）是在公元頭幾個世紀於今天的伊拉克地區彙編而成，裡頭提到猶太人有個習俗，他們會在新婚夫婦面前提著一隻公雞和一隻母雞，這項傳統在部分中東地區仍然延續著[13]。此儀式並非只跟生育能力有關。希臘天神宙斯（Zeus）曾贈予俊美的甘尼米德（Ganymede）一隻活的公雞，而在亞里斯多德的年代，年長的雅典貴族也同樣會贈送公雞給他們的少男愛人[14]。在希臘的提洛島（Delos）上，鄰近一座古代阿波羅神廟之處，有個「大展雄風」的玩意兒，明眼人一望即知所指為何[15]。那根可以追溯到亞理斯多德時代的大圓柱，上面挺著巨大勃起的人類陰莖和睪丸，從解剖學看來可說是絲毫不差。在那下方有隻浮雕的公雞，其頭頸部正是以陰莖的形式呈現。「在整個古典時代，」藝術史家羅芮妮．貝爾德（Lorrayne Baird）寫道，「公雞都充當著男性性衝動的象徵和符號。」[16]

公雞在古典藝術的呈現上，或者拉著厄洛斯（Eros）的雙輪戰車，或者注視瑪爾斯（Mars）和維納斯（Venus）做愛，或是看著墨涅拉俄斯（Menelaus）搶奪特洛伊的海倫（Helen of Troy）。柏林的一間博物館裡，有個可以追溯到公元前五百年的希臘花瓶，上面的裝飾圖案是一排扮成公雞的黑袍男子站在戲劇歌隊中，後頭跟著一名風笛手。花瓶不遠處，有個可追溯至羅馬時代早期的「公雞人」小銅像，是在維蘇威火山附近挖掘出來的。這銅像有著高而後掠的雞冠，看起來像龐克頭造型一般，表情看似愉悅到嘴唇都往後咧，而臉上龐大的肉垂則是垂到胸前。它把圍在腰際的布撥開，露出跟它軀幹一樣長的巨大陰莖，藉著右手和勃起的力道將之高高舉起[17]。

在梵蒂岡的檔案館內，有個年代不詳、沒有公開展示的小型青銅半身像，整體造型是男人的上半身再搭配一顆雞頭，嘴喙是由一根粗大逼真的陰莖所取代，超過大半的臉都被這根陰莖佔據了。基座上銘刻著希臘文，寫著「救世主」。它曾被展示達一個世紀左右，直到十八世紀時，因為一名對此雕塑驚駭不已的樞機主教投訴才沒再繼續展示。有人懷疑其真實性，但目前在德國的收藏品中，有一個類似的半身像，出土於一座古希臘神廟，這意味著「公雞是救世主」的概念至少可追溯到蘇格拉底的年代[18]。

很多農家牲畜——立刻會想到羊跟狗——都相當活潑歡鬧，但公雞不僅擁有高超的性能力，對於旭日將臨的宣告方式也是獨樹一幟。對古人而言，黎明是個帶有宗教性質的大事，跟生命本身的創造與再創造密切相關。「在自然界中，人是由人所產生，」亞里斯多德寫道，「但這過程的先決條件是：太陽的熱能。」[19]有一長串的太陽神名單跟公雞有關，從希臘的阿波羅及女神勒托（Leto）和阿斯忒里亞（Asteria），到廣受歡迎的羅馬—波斯神祇密特拉斯，乃至瑣羅亞斯德所說的阿胡拉．馬茲達等等。最早清楚畫出雞隻的埃及陶器碎片（卡特在帝王谷發現的那個），也許跟阿肯納頓的太陽崇拜有關，而在美索不達米亞阿舒爾的象牙盒子上的圖像，則暗示公雞跟巴比倫末代國王那波尼德後來所改信的沙瑪什神祇有關。

到了耶穌基督那個時代，從波斯到埃及再到不列顛，公雞都是神殿上常見的形象；此外，從土耳其到英國的墓地裡，都有公雞獻祭的遺骸出土[20]。「他們宣稱公雞對太陽是神聖的，也說公雞是報信者，能夠通報太陽的到來，」公元二世紀的地理學者保薩尼亞斯（Pausanias）在經過希臘南部時如此表示[21]。猶太人長期以來認為雞是不潔的動物，即使如此，他們也認為公雞啼叫是表達祝福的信號。「讚美歸於我主，祂賜予公雞辨明日夜的智慧，」一段古老的猶太晨禱唸道[22]。在古代的中國和日本，公雞也是太陽的象徵。古羅馬學者提圖斯．盧克萊修．卡魯斯（Titus Lucretius Carus）於公元前一世紀時，在其著作《物性論》（*On the Nature of Things*）中寫道：「看哪，這些咆嘯狂吼的獅子，／牠們不敢面對、注視公雞，／他慣於撲動翅膀揮別黑夜。」[23]

從這些五花八門的傳統來看，公雞會成為基督宗教早期最重要的動物象徵，也就顯得更加理所當然了[24]。羔羊和魚跟耶穌有關，而鴿子跟聖靈（Holy Spirit）有關；獅子、公牛、鵰是四位福音書著者中，其中三位的象徵*；甚至孔雀也被借來象徵聖人。然而位居這一切之上的，則是矗立於全球成千上萬尖塔和圓頂上的風向雞——通常比最高的十字架還要來得高。這些風向雞表面上是提醒人們要記得耶穌對彼得的預言：在耶穌受難當天，雞叫兩遍以前，彼得會三次不認主[25]。但公雞的報曉和復活的承諾，確實深刻交織在基督宗教的傳統中[26]。耶穌誕生、彼得否認、耶穌死後復活這三件事，據稱都發生在雞鳴之時。在一首流行於公元四世紀的讚美詩中，公雞被稱作「黎明信使」，牠如同耶穌一般，「讓我們回到生活之中，」並且喚醒那些生病、倦睏以及怠惰的人。就像基督一樣，公雞恢復了人們的健康、意識和信仰[27]。貝爾德寫道，「上帝，亦即造物主本身，化身為一種神聖的公雞。」[28]

公雞跟這個新興宗教之間的聯繫，在西方基督宗教的核心所在地——羅馬——最為強烈。

在羅馬，早期改宗者的墳頭會刻上正在進行神聖戰鬥的雞隻。彼得於公元一世紀時在梵蒂岡山被釘死於十字架上，一位歷史學家認為，他具有古羅馬神話中雅努斯（Janus）一般的門神地位[29]。根據古代伊特拉斯坎人（Etruscan）的看法，雅努斯是太陽，而雞是祂的「黎明神鳥」。鑰匙象徵著這位站在天堂之門守衛的神祇，祂的名字在拉丁文中是指「拱門」。在福音書中，基督告訴彼得，「我要把天國的鑰匙給你，」[30]而彼得這名字的意思是石頭†。

雞跟梵蒂岡會扯上關係，或許還有更為深奧費解的根源。今日的聖伯多祿大殿（即聖彼得大教堂，Saint Peter's Basilica）坐落於昔日希柏莉（Cybele）神廟的位址之上，希柏莉是安那托里亞（Anatolia）偉大的眾神之母、大地之母，當基督宗教開始紮根於羅馬時，當地的希柏莉信仰變得流行起來[31]。跟雅努斯或彼得不同的是，希柏莉掌握的並非天國之鑰，而是冥界之鑰。其祭司是由去勢的男子擔綱，這群祭司稱為噶里（Galli），這是羅馬文的「*rooster*」，指一位古代國王，或安那托里亞的一條河，或是兩者的某種組合。一名學者寫道，「已經風行的情色聯想『公雞（rooster）—雞雞（cock）—陰莖（phallus）』，成了噶里的圈內玩笑，後來還被羅馬公民拿來嘲笑他們。」[32]

詩人尤維納利斯（Juvenal）曾說噶里們是「遲來的閹雞」（capon'd late），也就是說他們像一些公雞那樣去除了睪丸[33]。這些變性的噶里，穿著打扮、行為舉止都像女人；直到公元第四世紀，

*〔譯註〕馬可（馬爾谷）是獅子，路加是公牛，約翰（若望）是鵰。

†〔譯註〕在古代，拱門主要是由石塊堆疊而成。

人們還持續膜拜這座神廟，可能延續到羅馬帝國的君士坦丁大帝建造舊聖伯多祿大殿之後。在這座最初的聖殿和希柏莉神廟附近，矗立著一座遠從埃及的赫利奧波利斯（Heliopolis）運到羅馬的高大方尖碑。這方尖碑是在公元三十七年由羅馬皇帝卡利古拉（Caligula）重新獻給太陽神的，三十年後，彼得被釘死在它的陰影之下[34]。

到了公元六世紀末葉，教宗額我略一世（Gregory I）下令，使公雞跟聖彼得之間的聯繫成為最適合基督宗教的象徵[35]。（「Gregory」此名來自希臘文的「*vigilant*」，即「警覺的、警惕的」，可能跟雞有關。）「公雞像是正義之士的靈魂，跟在世界的暗夜之後，等待著黎明，」英格蘭修道士暨學者比德（Bede）在幾十年後寫道[36]。到了公元九世紀，一隻巨大的鍍金公雞從舊聖伯多祿大殿的鐘樓上散發出耀眼光芒，呼喚著信徒醒來[37]。神職人員被稱為「全能大神的公雞。」[38]到公元十世紀時，依據教宗頒布的教令，基督宗教國家內的每一所教堂，都必須在其最高點放置公雞像[39]。

公元一一〇二年，第一次十字軍東征接近尾聲之際，歐洲人在耶路撒冷重建一座毀於公元五世紀的拜占庭神殿，傳統上認為這裡便是彼得不認耶穌之處——祭司該法亞（Caiaphas）的府邸——並稱之為「雞鳴堂」（Gallicantu）[40]。現在的雞鳴堂重建於一九三〇年代，裡頭畫著耶穌和彼得分別站在一根細長圓柱的兩邊，圓柱頂端立著一隻公雞。外頭庭院裡有個雕像，其主題是為了紀念福音書的場景，雕像中央的石柱頂端有隻公雞，跟古巴比倫圖章和希臘花瓶上的公雞形象相似到令人匪夷所思。

到了第一次十字軍東征時，公雞在神職人員間逐漸失寵，越來越多人認為牠們的性情放縱，耽溺聲色[41]。不過，公雞仍受一般大眾歡迎，覺得公雞可保護人們免於邪惡侵害。儘管教會禁止，但護身符和咒語都還是從雞取得力量。而畫著具有蛇腳和公雞頭之兇猛生物的魔法護身符，可追溯到希臘羅馬時代，這種符令在古猶太人和波斯人乃至中世紀基督徒之間都頗流行[42]。公雞被視為具有強大力量的動物由來已久，並非一朝一夕就能抹煞。

十四世紀時，發誓的人常以「公雞」來代替「上帝」或「基督」——喬叟筆下的人物就提過「公雞的骨頭」（cock's bones）[43]。鍊金術士是化學家的原型，他們尋找過一種具有強大力量的石頭，這種據稱存在於公雞腦袋中的石頭「能讓你得到任何東西」——從三寸不爛之舌，到可以使其丈夫欲死欲仙的女「性」能力[44]。他們常以公雞作為太陽和陽剛原則的象徵，母雞則拿來象徵月亮和陰柔原則。透過觀察雞隻，他們開始主張，不應將雌性僅僅視為「給雄性的精液提供生命力的沃土」，這觀念打從亞里斯多德以來就一直被視為信條。這種違背教會教導的激進想法，有助於替現代的胚胎學奠定基礎。

在基督宗教中，公雞擔綱崇高角色的謝幕之作，出現在莎士比亞於一六〇〇年左右所創作的《哈姆雷》（*Hamlet*）中。在耶誕時節，「司晨之禽徹夜啼叫，」一位守著丹麥赫爾辛格（Elsinore）城堡的哨兵說道，「當時，他們說，沒有鬼魂敢外出，夜裡對身心有所裨益。」[45]十年後，在羅馬南部的城鎮帕佳尼（Pagani），蓋了座紀念「雞聖母」（the Madonna of the Chickens）的教堂，據說先前有幾隻母雞啄了木製聖母像，隨後種種不藥而癒的神蹟便接踵而來[46]。不過，宗教改革將地位已然搖搖欲墜的公雞給請下了神壇。到了十七世紀，女巫被控在進行觸犯禁忌的「黑彌撒」時，利用雞作為聖體的替代品。情勢至此出現戲劇性轉折，雞被視為黑暗的先兆、撒旦的工具，常被描繪成跟魔鬼勾結，或者就是魔鬼本身。新教徒畫家在瑞士巴塞爾市政廳內院繪製了生動的地獄場景壁畫，畫中撒旦就是人一般大小的公雞形象，嚴刑拷問著包括一位教宗和一名修女在內的為惡者。

英格蘭的堂區牧師助理亨利．皮查姆（Henry Peacham），曾在一六一二年時提醒人們：「公雞們會幹出卑鄙可恥的亂倫勾當，」同時他也對雞姦、巫術和謀殺等情事提出警告[47]。曾提供古代波斯國王鋸齒狀王冠創作靈感的公雞冠，現在成了弄臣頭上愚蠢的帽子，而且連名稱都一樣。在一五九〇年之後成書的《馴悍記》（*The Taming of the Shrew*）裡，莎士比亞利用雞的角色轉變，寫過一些生動而下流的對談。書中，凱特（Kate）向準備對她求愛的裴楚丘（Petruchio，或譯彼特魯喬）玩笑般詢問起他的家族紋章，「你的冠冕（crest，亦指家族紋章）是什麼呀？是雞冠（coxcomb，亦指花花公子或紈褲子弟）嗎？」沒想到裴楚丘爽朗明快地回答道：「要是凱特肯當我的母雞，我也願做丟了冠的公雞（combless cock）。」[48]這裡的雞冠（comb）或可解釋成未受割禮的陰莖包皮。有些莎士比亞研究者相信，裴楚丘是暗示他自己在面對準新娘時會因勃起而褪下包皮[49]。

當現代的曙光降臨西方之際，曾經意氣風發、尊貴神聖的雞，仍然跟性牽扯在一塊兒，但卻益發成為色慾及奚落的象徵。十七世紀時，在新教徒和天主教徒之間興起了一股席捲歐洲的禁慾主義，並傳播到美洲。舊聖伯多祿大殿被拆毀後——原址上的希柏莉神廟遺跡重見天日

——在鐘樓上自鳴得意上千年的青銅公雞被拆了下來，存放於梵蒂岡的國庫之中直到今日。一六二六年，新的宗座聖殿落成啟用，並在聖伯多祿廣場的正中央放上了卡利古拉的方尖碑。三十年後，教宗亞歷山大七世以「民間迷信」為由，頒令禁止一項古老的儀式，在這儀式中，新任教宗會接受羅馬拉特朗聖若望大殿（Saint John Lateran）斑岩柱頂上的一尊青銅公雞[50]。據說，這尊公雞就是代表彼得在耶路撒冷不認耶穌時啼叫的公雞。

此時，鐘錶匠已能製出理想的機械式鬧鐘，很快地，公雞的啼鳴就從祝福淪為惱人的聲響。而西方宗教分裂後的雙方陣營，都因雞隻帶有對神不敬的面向而加以鄙視，所以沒有雞雞的公雞，至此已然褪去王室及神聖的光環了。縱使如此，老百姓們仍然無法將公雞從生活中完全抹去，即便在新英格蘭地區亦然。清教徒牧師卡頓．馬瑟（Cotton Mather）在一七二一年服務於波士頓的一座教堂，該教堂後來也被稱作「神聖公雞教堂」。教堂上，那個一百六十五公分高、七十八公斤重的鍍金風向雞成了波士頓的顯著地標。在十九世紀末的一場暴風雨將其吹倒之前，這個風向雞會協助引導水手，把來自中國、載運著異國雞隻的飛剪式帆船駛入波士頓港[51]。

↓ ↓ ↓

英文的雞「chicken」在二十世紀時成了膽小懦弱的同義詞，這八成會讓古人一頭霧水，較為近代的吾輩先人也會感到迷惑，更是會惹惱法國人。畢竟，公雞向來是法國的國家象徵[52]。此外，雞作為美國民主黨吉祥物的時間，比現在的吉祥物驢子要長得多[53]。還有諸多不同團體皆以雞作為象徵，包括委內瑞拉共產黨（其黨徽圖案是由畢卡索所繪）、羅伯・穆加比（Robert Mugabe）所屬的辛巴威非洲民族聯盟（Zimbabwe African National Union），以及柏林的新教徒學生聯盟等。然而，在我們這個由工廠化農場所養出來的雞隻當道的現代世界裡，公雞的戰鬥能力已無足輕重，也不再為人重視或渴求了。但是雞隻逞兇鬥狠的天性，卻有著難以抹除的根源。

二〇〇七年時，有支科學團隊從一隻六千八百萬年前的恐龍體內抽取了某種蛋白質，發現該蛋白質跟家雞體內既存的一種蛋白質幾乎相同[54]。這隻恐龍可不是隨便什麼恐龍，而是目前已知體型最大的雙足食肉動物。一則新聞標題寫道：「暴龍基本上就是放大版的雞」[55]。古生物學家在過去十多年裡已經接受鳥類是由恐龍演化而來觀點，但這個蛋白質的發現，代表著生物學家首次獲得兩者之間相關聯的遺傳證據。

這項發現是源自美國蒙大拿州東北部一片崎嶇不平的惡地[56]。傑克・霍納（Jack Horner）是蒙大拿土生土長的古生物學家，其專業知識多半是自學而來，他當時正帶領一支隊伍在蒙大拿境內富含化石的田野地帶採樣。在數噸重的殘骸和岩石之下，他們發現了一具完好無缺的暴龍化石，包括一根超過九十公分長的股骨。這具成為化石的遺骨被一層具保護性的灰泥所包覆，高達一噸的總重量使得直升機難以吊起，因此團隊只得將它鋸成兩半。在處理的過程中，那根股骨斷裂，掉下一些碎片。二〇〇三年，霍納將這些碎片寄給了他之前的學生瑪莉・施懷澤（Mary Schweitzer），施懷澤在位於北卡羅萊納州首府羅里（Raleigh）的北卡羅萊納州立大學任教，她的工作包括利用分子生物學來分析恐龍遺骸。由於生物組織很快就會降解，跟骨頭不同，因此她並未預期能在這些樣本中發現什麼東西。

施懷澤注意到，該股骨屬於一頭懷孕的母暴龍，因為在那骨頭中有種特殊的組織，只有在排卵時為了保存體內的鈣質才會產生。這也是有史以來首次發現無庸置疑的恐龍性別證據。隔年，施懷澤請她的助理將一塊碎片浸入弱酸溶液中，由於化石的主要成份是岩石，所以在弱酸中很快就會溶解。這個過程會破壞樣本，但該名助理卻發現在長時間浸泡後，留下了某種類似橡膠的物質。隨後他們再把其他碎片進行相同的處理，結果也得到了一樣的物質。這兩位研究人員甚至可以辨識出看起來像是血管的東西。於是，施懷澤就此發現了第一份恐龍組織。在《侏羅紀公園》裡，人們藉由琥珀中蚊子體內的血液來複製恐龍，不過現實世界跟電影情節不同，無法從這批樣本裡重新獲取ＤＮＡ，但這些恐龍組織卻藏有其他秘密。

一位名叫約翰・阿薩拉（John Asara）的哈佛大學化學家，幾年前曾跟施懷澤共事過，當時他是負責鑑定一份三十萬年前的猛獁象骨頭中所含的蛋白質，不過他專攻的是人類腫瘤蛋白質定序[57]。蛋白質由胺基酸鏈所構成，其體積小到連一般的實驗室顯微鏡都看不到，但是阿薩拉知道如何添加抗體與蛋白質結合，從而使得蛋白質得以被看到。

施懷澤透過聯邦快遞把一小瓶用乾冰包起來的褐色粉末寄給阿薩拉，這些粉末是研磨後的軟組織，取自那根暴龍股骨的碎片。阿薩拉仔細地將粉末中帶褐色的雜質給清掉。當我前往他位於波士頓一棟高樓建築內的哈佛實驗室拜訪時，他解釋道：「誰都不想把什麼褐色的鬼東西給注入這台要價三十萬美元的機器裡。」這台質譜儀是個塑膠外殼的箱型裝置，體積跟旅館裡的小冰箱差不多，可以測量到原子和分子極其微小的質量和濃度。

阿薩拉先加一種酵素進去，把蛋白質分解成「肽」，這種分子比較容易處理。接著，這台質譜儀跑出的質譜上有近五萬個峰值，詳細描述了該樣本的成分。由於目前尚無恐龍DNA序列的資料庫，因此阿薩拉只得根據先前針對乳齒象的研究結果，為這可能存在於六千八百萬年前的蛋白質序列設計理論模型。他還有雞的相關序列資料，那是在二〇〇四年發表的。「跟其他各種鳥類相比，我們所擁有的家雞資料庫是最完備的，」他說道。

在暴龍身上，阿薩拉找到了六組跟雞幾乎相同的蛋白質序列。他和施懷澤不僅分離出有著六千八百萬年歷史的軟組織（比任何已知的最古老軟組織還要老二十倍），還堅稱他們鑑定出了世上最古老的蛋白質，並且發現這些蛋白質跟現代家雞身上的蛋白質十分類似。他們在二〇〇七年於《科學》期刊所發表的文章，平息了是否該把鳥跟恐龍放在同一演化樹的爭論，不過持懷疑態度的同儕依舊試圖反駁他們的主張。兩年後，施懷澤和阿薩拉又在一根八千萬年前的鴨嘴龍骨頭中找到了八組跟雞很像的蛋白質序列，再次證明了他們的研究技術[58]。

逆演化（reverse evolution，或稱反向演化）可讓我們更加了解恐龍跟家雞等現代鳥類之間的聯繫。前面提過的蒙大拿古生物學家霍納，他提議揭開雞的基因層，現出裡頭的怪物來給大家瞧瞧，從而創造出他所謂的「雞龍」（chickenosaurus）[59]。胚胎發育過程能夠展示演化的奧祕，雞胚胎的陰莖消失正是個例子。此外，胚胎時期的雞也會暫時長出類似恐龍的三趾爪和長尾巴，但長尾隨後便會消失。理論上來說，如果分子生物學家可以讓去除尾巴的那個基因不要發生作用的話，便可以弄出一隻雞跟恐龍的混種動物出來。也可以再加入其他物種的基因，增強跟恐龍相像的特徵，並抑制雞的特徵。

變種雞還能替鳥跟恐龍之間的演化關係提供其他深入見解。在二〇〇四年，一位研究雞胚胎的生物學家在發育中的雞嘴內發現了一些微小的隆起[60]。跟人類嘴裡那些頂端平平的琺瑯質牙齒不同的是，這些隆起呈現出尖銳的圓錐狀，宛如縮小版的鱷魚牙齒。之後，研究人員研製出一種病毒，這種病毒能夠複製由突變的基因所送出的訊號，讓正常的雞胚胎也能產生類似的牙齒發育。儘管這些牙齒不會維持很久，而且最後會被吸收成為喙的一部分，但是該實驗讓科學家得以瞥見許久之前雞還有牙齒時是什麼模樣。

在近期的另一項實驗，研究人員成功在雞胚胎中培育出類似鱷魚的吻部。阿喀特・阿布贊諾夫（Arkhat Abzhanov）是一位戴著眼鏡、蓄著俐落黑色山羊鬍的演化生物學家，他在其位於哈佛的實驗室裡進行了這項研究[61]。當我順道去他辦公室拜訪時，他說：「在我來看，重新打造出一隻『恐龍』這個目標不見得是個好的科學研究計畫。」阿布贊諾夫主持著也許是世上唯一以雞為研究對象的新人訓練營，年輕學者在這為期六週的營隊裡日也操夜也操，用盡洪荒之力學習如何將雞蛋利用到極致，創造更加燦爛的生物學成就。「雞蛋真是個妙不可言的系統。」

雞胚胎不但結實，體積大，發育過程的不確定性非常低，而且它們可放在冷藏室中長達兩週而不會出現發育跡象。在孵化器中，它們每個小時的變化都已被詳細繪製出來。最開始的時候，雞胚胎是微小的碟狀，厚度只有兩個細胞疊起來而已，之後會轉變成擁有複雜結構的有機體。在蛋殼上面開個小洞，再用透明膠帶蓋住，這樣就能觀察裡頭的變化。跟靈長類、鼠類甚至斑馬魚相比，雞蛋不僅便宜，而且容易儲存和操作。只要雞沒有孵出來，阿布贊諾夫就能對雞胚胎進行任意的操作，因為雞胚胎並不在實驗動物的相關管制之內。阿布贊諾夫的實驗室是個沒有窗戶的小房間，裡頭有一張長形實驗檯、幾架顯微鏡、空蛋盒，以及一個公雞造型的鬧鐘。此時，有個研究生正把能夠表現一種特定蛋白質的病毒注射到胚胎組織中；隨著胚胎細胞生長與增殖，注入的紫褐色染劑會逐漸擴散，讓她在接下來的幾天能夠追蹤觀察。該名研究生表示，這種十分細緻的操作過程，是新人訓練營中最困難的部分。

阿布贊諾夫成長於前蘇聯時期哈薩克境內的一座大城市，他還記得小時候在表親的農場內追著雞跑的場景。成為生物學家後，阿布贊諾夫漸漸迷上了鳥類頭部的演化過程。他曾深入研究加拉巴哥群島上的達爾文雀，試圖釐清是何種基因扮演主要角色，致使這些雀鳥長出各式各樣引人注目的嘴喙，從而使得牠們得以主導特定生態區位。這不禁讓他開始思索，鳥喙最初是如何從恐龍的吻部演化而來？於是，他把研究方向轉到了雞跟鱷魚身上。在爬行動物中，吻部是由兩塊骨頭所構成，但在雞身上，這兩塊骨頭卻合而為一了。阿布贊諾夫便著手尋找促使雞蛋受精後第五天形成鳥喙而非吻部的基因，找到之後再把該基因給「關閉」。到二〇一一年，他成功了——不過因為倫理方面的準則，這些雞蛋不能被孵化。

由於缺少古代的DNA樣本，所以無法直接拿雞來「復活」恐龍。恐龍的頭骨有許多特徵是在胚胎發育週期的後段才形成，而這些發育所需的資訊在雞蛋中已經被抹除了，因此雞蛋的發育過程比起恐龍，比如說暴龍，要快得多。雖說阿布贊諾夫相當好奇雞跟恐龍之間的基因是如何產生差異的，不過他的研究目標卻是更加宏大、更為實際。「我希望從更偏向機械論的觀點來觀察演化和疾病，」他說道。比方說，研究鳥類頭部的發育歷程，也許能讓人類胚胎中造成唇顎裂的基因失去作用。

在沒有任何基因調控的情況下，恐龍開始看起來越來越像是鳥類了。二〇〇七年時，古生物學家在伶盜龍（velociraptor）身上發現羽莖瘤（或稱羽根節，quill knobs）[62]；四年後，大批七千五百萬年前的琥珀出土，其中保存著源自恐龍的羽毛，而且這些羽毛上還有色素的痕跡[63]。這些羽毛的用途較可能是展示，而非飛行。三角龍是一群體型笨重、頭上長角的四足恐龍，其尾巴上長有羽毛；暴龍也可能有羽毛[64]。事實上，羽毛可能比飛行能力還早出現在恐龍身上[65]。為何這些龐然大物會在六千五百萬年前走向滅絕，而雞的祖先卻存活下來而且興盛繁衍呢？

所有的鳥類目前都被歸為獸腳類（theropod）恐龍的一支，獸腳類最早出現於兩億多年前，是地球上第一批大型食肉動物。即便在恐龍時代，有些獸腳類就擁有現代鳥類仍保有的羽毛、空心骨骼以及許願骨（叉骨）等特徵。鳥類是一群特殊的獸腳類，稱為「手盜龍類」（maniraptorans），這群具有長手臂、三根手指的動物，還包括了伶盜龍和樹棲性的顧氏小盜龍（*Microraptor gui*）。還有一種手盜龍類，稱作偷蛋龍（Oviraptorosauria），其嘴部沒有牙齒、形似鳥喙，一次只能從一條輸卵管產出一顆蛋——跟鳥類一樣，卻不同於爬行類——然後坐巢孵蛋[66]。有些學者甚至把這些體重不到四十五公斤的偷蛋龍歸類為鳥類[67]。

阿布贊諾夫相信，比起牠們那群體型較大的恐龍表親，鳥類之所以能倖存至今而且還興旺繁盛，其原因在於鳥類的體型較小，使之更能適應環境、較不容易受到衝擊。現代的家雞沒有牙齒，也沒有遠祖的巨爪，但在其DNA的深處，卻仍然保留了來自爬行類的凶狠一面，這點就像我們對恐龍的迷戀一般，既令人心神嚮往，又膽顫心驚。

在長達一千年的歲月裡，歐洲人曾相信雞在極少數的情況下會變得異常，甚而致命——公雞會生蛋，隨後孵化出駭人的怪物，名為「巴希利斯克」（basilisk），這是種雞首蛇身或龍身的生物，能在一瞬之間取人性命[68]。最近，生物學家發現，公雞下蛋不再是個迷信的傳說。

「巴希利斯克」在希臘語中的意思，是「年幼的國王」。在羅馬時代，老普林尼（Pliny the Elder）將其稱為「頭戴輕冠的蛇虺」[69]，這可能是在描述於公元一世紀來自印度的眼鏡蛇擴張頸部後的樣貌。隨著公雞在基督教象徵中取得優勢地位，巴希利斯克結合了公雞與蛇的外表，逐漸轉型成更為邪惡的野獸，而雞跟蛇在古典時代都跟「癒合」密切相關。在中世紀時，巴希利斯克成了揮之不去的夢魘。十二世紀的日耳曼神祕主義者及博物學家赫德嘉・馮・賓根（Hildegard von Bingen）曾警告道，「任何生物都無法忍受它，」因為巴希利斯克是由偽基督者（Antichrist）所操控的[70]。十三世紀時，對巴希利斯克的恐慌情緒橫掃維也納，因為那時有流言說，在市區蜿蜒交錯的街道上有巴希利斯克流竄其中[71]。在十六世紀，荷蘭有一票歇斯底里的村民把一隻公雞給絞死，連帶把這隻雞正在孵的蛋全給打爛。有好幾個人被巴希利斯克襲擊，慘死在地窖裡，位於華沙的參議院曾因此事而召開緊急會議[72]。後來是一名死囚穿上鏡子做成的衣服，才消滅了巴希利斯克。據說這怪物害怕的東西，除了自己的倒影跟鼬鼠外，就只有公雞的啼叫聲了。

由於人們對巴希利斯克的恐懼，史上最奇特的審判之一也由此而發。一四七四年八月的一個下午，在瑞士城市巴塞爾，一名法官宣判將一隻下了一顆蛋的十一歲公雞斬首，再加之以火刑。當劊子手砍下雞頭後，打開內臟一看，官員們驚恐地發現還有三顆蛋尚未產下。這四顆蛋連同屍首，全都一把火給燒了[73]。諷刺的是，巴希利斯克正是該座城市的標誌。即便到了今天，這隻怪物仍然充斥於這座古老的城市裡：它或是噴泉的噴水口造型，或是在威特斯坦大橋（Wettstein Bridge）入口處高舉雙翅，又或是棲息在鍍金文藝復興雕像的頭盔上。甚至連廣受歡迎的當地啤酒，名稱也是巴希利斯克。

直到一六五一年，位於哥本哈根的丹麥皇室成員也陷入了恐慌之中，因為有個城堡裡的僕役報稱看到公雞下蛋。國王弗雷德里克三世（Frederick III）是個業餘博物學家，他倒是頭腦冷靜地仔細觀察這顆蛋。後來蛋並未孵化，於是他將這顆蛋納入他的珍稀異品收藏中，而沒有將其銷燬[74]。再過一個世紀，巴希利斯克已經成了愚蠢的童話故事。伏爾泰在一七四七年出版的《查第格》（*Zadig*）一書中，一個明智的角色對巴比倫皇后說：「您要明瞭，閣下，自然界中根本沒有巴希利斯克這樣的動物。」[75]書中描寫國王臥病在床，而皇后的隨從想要找到巴希利斯克來醫治。近年來，巴希利斯克又在《哈利波特：神祕的魔法石》（*Harry Potter and the Sorcerer's Stone*）

裡再次露面，只是少了公雞的形貌，而完全以爬行類的姿態現身[76]。

位於蘇格蘭的羅斯林研究所一直是利用雞來製造蛋白質藥物的先驅機構，麥克・克林頓（Mike Clinton）是該研究所的常駐雞類專家。身材壯碩的他說話帶有濃濃蘇格蘭口音，從小在偏遠的赫布里底群島（Hebrides）長大，住在那兒的時候，他會去祖母的農場裡撿雞蛋，或是把泥炭切成適當大小來當燃料。克林頓本想當一名獸醫，但比起把動物安樂死，他更喜歡研究牠們。他對於決定動物性別的因素很著迷，於是利用雞的胚胎來研究到底是什麼讓牠們長成公雞還是母雞[77]。

二〇〇一年時，一名家禽檢查員打電話到羅斯林研究所，說他從英格蘭南部取得一隻外表特異的雞。這名檢查員當時碰巧看到某戶農民的兒子在跟這隻長相奇特、名叫山姆（Sam）的寵物雞玩，山姆這名字有可能是薩曼莎（Samantha）或是薩繆爾（Samuel）的暱稱，這取決於你想講的是這隻雞的「哪一邊」。山姆的左半邊有著公雞般的大塊頭，長滿白色羽毛，外加碩大的雞冠、肉垂以及距；而右半邊則完全是隻暗色調的母雞。這件事引起了克林頓的高度興趣，於是他同意把雞帶到研究所，心想這很可能是萬中選一的罕見標本。兩星期後，同一名檢查員再次打電話過來，說他又發現了兩隻情況相同的雞。

山姆這類家禽是所謂的「雙邊雌雄嵌合體」（bilateral gynandromorphs），即一隻動物的身體兩側各自分別呈現明顯的雄性和雌性特徵。龍蝦、果蠅、蝴蝶等偶爾會出現這種雌雄各半的現象，但這在脊椎動物卻十分罕見。雌雄嵌合體與雌雄同體（hermaphrodites）不同，雌雄同體雖然同時具有兩性的性器官，但外表卻只顯現單一性別的特徵，而雌雄嵌合體則是真正的兩性鑲嵌並存。

打從亞里斯多德以來，科學家們就極力想要了解決定動物性別的機制究竟為何。亞里斯多德相信，要是男女之間的性事越火熱，那麼懷下男胎的機會就越高[78]。這並非全然是無稽之談，因為溫度在有些動物的性別分化過程中確實發揮了作用。舉例來說，鱷魚蛋在孵化時，如果巢穴的溫度越高，就越可能孵出雄鱷魚來。

到了二十世紀，科學家們總算確定，決定多數動物性別的關鍵，是佔了我們基因硬碟大半空間的性染色體。比方說，絕大多數的男性有一條X染色體和一條Y染色體，而女性的性染色體則是由兩條X染色體所組成。Y染色體的一部分能促使人類胚胎發育出睪丸而非卵巢。之後這兩個器官便可製造及分泌出稱之為激素或荷爾蒙的化學信號——睪丸分泌睪固酮，卵巢分泌雌激素——來告訴其他細胞發育出雄性或雌性的特徵。在性腺確定發育成睪丸或是卵巢之前，人類的細胞可以成為任一性別。

許多爬行類及鳥類——以及至少一種哺乳類，即鴨嘴獸——在這方面跟人類有些許差異。牠們的雌性擁有一條Z染色體和一條W染色體，而雄性則是有相同的兩條Z染色體。幾十年來，克林頓和其他研究人員不斷嘗試在鳥類身上找尋類似決定人類性別的基因，亦即使之成為公鳥或母鳥的機制，結果卻都是無功而返。這也是為什麼這三隻雌雄嵌合體的雞就像天上掉下來的大禮一般，令人無比驚喜。

克林頓及其同僚將這三隻不尋常的雞隻養在跟研究所其他鳥類相隔離的籠舍內，時間長達兩年之久。山姆的行為舉止像公雞，第二隻的表現像母雞，這兩隻的外表都是右側母雞左側公雞；第三隻則是右公左母，但行為上似乎沒有特別偏向典型的公雞或母雞。山姆在其雄性的一側有睪丸，第二隻卻是卵巢，第三隻在牠雌性的那一側長著類似睪丸的器官。研究人員試著從這幾隻雞身上取下細胞進行培養，但都以失敗告終，最後只得由獸醫師注射過量麻醉使其昏死。隨後在進行剖檢時，研究團隊從這三隻雞的左右兩側各取出了數百份的組織樣本和血液樣本。克林頓切開山姆的睪丸後，發現牠能製造健康的精子，但其輸精管道無法將精子輸入母雞體內，其卵巢也沒有製造卵子。克林頓說，其他兩隻雌雄嵌合體都看似公雞並能下蛋。

多虧羅斯林研究所在製備蛋白質藥物過程中所發展出的全新染色技術，使得克林頓的團隊得以藉此分別對含Z染色體和W染色體的組織細胞染色編碼。克林頓原本預期每隻雞的一側是正常的，而另一側會出現某種程度的染色體損傷或變異。但結果出乎他的意料，每隻雞都是由雄性細胞（Z跟Z）主宰一側，雌性細胞（Z跟W）主宰另一側，而血液中則是兩者並存。

他因而意識到，這些雞的體內幾乎所有細胞都有其「性別認定」（sexual identity），而認定的準則取決於該細胞是在雞的哪半邊。由於雞隻血流中所攜帶的激素是一樣的，那麼，顯然兩側細胞分化成不同性別的關鍵就跟睪固酮或雌激素無關了——這兩種激素長期以來都被認為是性別分化的實際推手。這是個「先有雞還是先有蛋」的問題：如果驅動性別分化的是激素，那麼在製造出這些激素的器官還沒出現之前，又是如何分化出性別而發育出相應的性器官呢？為了搞清楚究竟怎麼回事，克林頓跟同事針對雞胚胎進行了數百次的實驗，他們把母雞的細胞植入公雞的宿主細胞中，也把公雞細胞植入母雞宿主細胞中。結果顯示，這些移植的細胞相當頑強，拒絕改變其性別。這意味著雞的性別比人類來得更為固定不變，而人類的性別分化還會經過一個不分性別的階段。

山姆是很罕見沒錯，但牠並非突變異種。相反地，牠是由一個帶有雙細胞核的異常卵子跟兩個精子受精後，各自發育成雌雄兩半的結果。克林頓由此得到了驚人的結論並發表在二〇一〇年的《自然》(*Nature*)期刊上，他認為無論雞是製造出哪種性激素，其體內的細胞依然會保持自身的性別認定[79]。比方說，在雞的睪丸或卵巢製造睪固酮或雌激素，進而長出公雞或母雞樣子的雞冠和肉垂之前，牠們的性別就已經確定了。這就跟人類不一樣了，雞的性別在受精那一刻起就已定案；不過，羅斯林研究所的這些雌雄嵌合體，也許可以協助闡釋人類的性別分化。「我想，即便在人類身上，」克林頓告訴我，「男女的差異可能同樣不受荷爾蒙左右，而是男性和女性細胞與生俱來的差異所造成。」這或許能夠說明為何在治療疾病時，對男性和女性採取不同療程是個重點。

克林頓的發現也引起雞蛋生產業者的興趣，該行業希望在雞蛋孵化之前，就能辨識並銷毀裡頭是公雞胚胎的蛋。雖然雞的性別在受精時就已確定，但是要分辨出雛雞的性別可是難如登天，因為牠們的羽色、體型、樣貌等看起來都一模一樣。雛雞的性別鑑定是在一九二〇年代時，由日本的達人最先發展出來的神祕技藝，這種技藝需要極為高超的技巧才能辦到。性別鑑定師傅會先輕柔地捏一下雛雞的泄殖腔，看看裡頭是否有個小小的隆起，若有，便是代表公雞。我這裡寫起來很簡單，但實際操作可是難太多了。「成功的性別鑑定，就有點像是要努力回想起一個名字或一個夢境，但你當下卻是想不起來，」科學家萊爾．瓦森（Lyall Watson）造訪大阪某中心時寫道，該中心培訓了部分全球頂尖的雛雞性別鑑定師。「你越拼命去想，反而越想不起來。」[80]

要是在胚胎發育最初期就能鑑定出性別，便可替雞蛋產業省下大筆金錢，因為鑑定師先把公的胚胎汰除後，孵化器就有更多空間放進未來能夠產蛋的母雞。此外，這樣也就不需再去做「淘汰新生公雞」這項屢屢被許多動物權倡議者抨擊為殘酷無良的產業陋習了。光是在美國，每年就有超過兩億隻小公雞被殺掉；許多證據充分的案例指出，牠們都是活生生地被丟進大型垃圾箱或是碎木機裡[81]。

若是要讓這類性別鑑定的方式經濟實惠，那麼每顆蛋的處理成本就不能超過台幣三角，處理時間要少於十五分鐘才行。目前，雞蛋在三週的孵化期內通常會從孵化器中移出來兩次，第一次是檢查蛋是否受精，第二次則是注射疫苗，而性別鑑定必須在這兩次短暫的移出過程中選一次進行[82]。若這方法能順利進行，就能避免數十億隻公雞在出生後就慘遭處死。

數千年來，啼鳴的公雞一直是農家庭院和象徵雞隻的符號，但母雞的時代已經來臨了。不過，雖然現代世界都改用鬧鐘，人們對未受精雞蛋的需求也與日俱增，可是公雞依然具有重要的宗教義務得去履行。

CHAPTER 9 餵食巴巴魯

這些鳥兒每天都控制著我們的國家官員；這些鳥……或是指揮或是禁止擺兵布陣……這些鳥把持著至高無上的帝國，凌駕於六合八荒之上。

——老普林尼，《博物志》（*Natural History*）

注重生活各個面向的美感與平衡，是印尼峇里島的獨特文化。那兒也是世上少數以法律將鬥雞定為宗教活動的地方。雖說「神聖的流血運動」聽來似乎自相矛盾，但這只是峇里島眾多矛盾的事物之一。這座印度教前哨站島嶼隸屬於全球穆斯林人口數最多的國家，島上的古老文化則是被擁擠的沙灘和喧鬧的酒吧所圍繞。這裡是肉食愛好者的天堂，卻有著吃素的宗教傳統，公雞在此地仍然被人視為神聖的生靈。

不過，我所參與的第一場峇里島鬥雞，倒沒有啥特別的神聖感。「想下注嗎？」一個削瘦的村民咧嘴笑著問我。這裡位於島中央附近一座村莊的寺廟對面，臨時鬥雞場就搭在滿是灰塵的角落，周圍聚集了幾十個男人。兩名男子蹲踞在竹子編造的圍場中央，雙腿之間是各自的公雞。與我同行的是研究峇里島傳統文化的學者埃・德瓦・溫互・桑卡亞（I Dewa Windhu Sancaya），他替我翻譯了那位村民的請求。我一時拿不定主意，他靈機一動，建議我「捐點錢」給廟裡。我遞出五萬印尼盾，點頭示意我想下注的那隻鬥雞。那隻雞看上去頗為好鬥，很像紅原雞，只是體型稍大了點。不到一分鐘，我那價值五塊美金的賭注就進到別人口袋了，場邊一個骨瘦如柴的男人一把抓起死雞，交給贏家帶回去加菜。這裡沒有牧師，沒有祝福，也沒有祈禱。

峇里島上的宗教是受到些許佛教影響的印度教信仰，然後再混合了泛靈信仰（萬物有靈論），造就出一種讓人眼花撩亂的組合。島上肥沃的土壤和規劃良好的稻田便足以創造財富，而現今島上蓬勃發展的旅遊業更是錦上添花。繁複的宗教儀式是峇里島民的生活核心。每年會有一天，所有島民皆足不出戶並且禁聲禁語，甚至連機場也要關閉。在智慧及學習女神的慶典上，人們會供奉書本，避免閱讀和刪除任何書面文字[1]。這裡甚至還有專屬家禽家畜的節慶，以表彰牠們在人類生存和宇宙運行過程中所扮演的角色。在這節慶中，人們會把豬盛裝打扮，將牛刷洗一番並穿上人類的服飾，而雞跟狗能享用特別的食物，飼主則在一旁為了牠們的福祉而祈禱。

我抵達峇里島的第二天，正好碰上慶祝「利器」的節日，所謂利器包括了機動車輛和刀械等等。人們在這天會用眩目的鮮花裝飾掛在摩托車上，而停妥的汽車引擎蓋上會放一個陶瓷大碗，裡面裝著十幾根香蕉和其他奇異的熱帶水果、鮮花，以及一塊煮熟並撕開的雞胸肉，大碗周圍擺著一圈輕煙裊裊的線香。峇里島民的世界，是個由惡魔、自然精靈、祖先、各路神明彼此各顯神通的狂亂混合體。而凡人要跟這個世界——一種精神上的大家庭——溝通，則要透過為了滿足特定精靈或神祇之所需而設計的儀式。在這個系統裡，保持和諧是首要目標，為了達到這個目標，便會舉行針對個人、神明、祖先、祭司或是惡魔的各式祭儀。每份祭禮代表一個供品或一個請求。

當天下午稍晚的時候，溫互・桑卡亞帶我去拜訪鄰近廟宇的一位大祭司。只見一名上了年紀的精瘦男士，從廟裡走到他的鋪石庭院迎接我們，這位婆羅門*的褐色臉龐飽經風霜，帶著慈祥的眼光，他邀我們在庭院中央一處鋪著大理石墊層的平台上盤腿坐下。他名叫埃達・裴但達・馬德・馬尼斯（Ida Pedanda Made Manis），五十歲，出身於種姓制度中的祭司階級，以村民的供品為生[2]。「裴但達」的意思是「全體職員的帶信者」，而「馬德・馬尼斯」則可大致翻成「心愛的次子」[3]。我問他是否喜愛精采的鬥雞賽，他樂得笑出聲來。「參與任何形式的賭博，都會使我們無法達到自身所追求的精神目標，也就是去抑制對於感官的依戀，」他轉為一臉嚴肅地解釋道，但很快又露出了笑容。「其實喔，我年輕時也很想去賭一把，但根本拿不出錢來。」

當我問道為何特別選雞當作獻祭的牲禮時，這位祭司頓了一下，說從沒有人問過他這個問題，因此在回答之前得先得到神明的允許才行。他闔起雙眼，沉默中，一陣暖和的熱帶微風轉過這片庭院。接著，他對一名助手低語幾句。片刻之後，一個用棕櫚葉編成的托盤送了上來，

*〔譯註〕Brahman，婆羅門是印度教的祭司貴族。

盤上堆滿鮮花、幾枚中國方孔錢，以及煙霧繚繞的薰香。祭司對我打了個手勢。「拿個硬幣，」溫互・桑卡亞提示我。我遲疑地伸出手，挑了一枚，慎重地將硬幣放在婆羅門張開的右手掌上。他握緊手，再次閉上眼，低聲唸著祈禱文，然後又陷入一陣沉默。沒多久，這名祭司看著我充滿渴望的臉龐，總算是語帶滿意地說道：「這問題是來自於你的內心深處，而不只是為了工作而問。所以，你可以自由發問。」

這位「裴但達」開始回答我的問題，他說，之所以會看上雞，是因為牠們會四處扒土，挖到什麼就吃什麼。這樣的特質適合獻給惡魔當食物，但卻不能獻給天神；要獻祭給天神的，必須是鴨子或其他動物。接著，他向我解釋何謂「塔布拉」(Tabuh Rah)，亦即神聖鬥雞賽的概念。「『拉』的意思是血，」大祭司一邊說著，一邊把他精瘦的身軀稍稍向前傾了一些。「『塔布』則是指淨化，如此一來，『布塔喀拉』(Bhuta Kala)就不會興風作浪了，」他補充道。布塔喀拉是種折磨人的惡力或邪靈，會讓人的軀體生病、精神錯亂或是社會動盪。撒落雞血可滋養布塔喀拉，從而遏制邪惡力量。

獻祭是峇里島信仰的核心。雖然峇里島民以其溫和有禮及惻隱之心而享有盛名，但直到一個世紀前，他們還進行過在柴堆上燒死數名少女以為獻祭的習俗[4]。一名峇里島國王曾對某個早期的西方訪客說道，他駕崩後，會有多達一百四十名女子被火焚殉葬[5]。至今，在峇里島東部的一些村子裡，人血仍然被用在某些儀式中，當地是以匕首、削尖的籐棍或是多刺的葉子來取得人血。目前獻祭活動是以牲禮為主，放眼世界，沒有其他地方像峇里島一樣如此頻繁而定期地舉行獻祭儀式了[6]。

二〇〇二年時，峇里島上一間擁擠的夜總會遭到恐怖份子以炸彈襲擊，造成兩百名當地民眾和遊客死亡[7]。為了恢復這場恐怖襲擊事件所造成的失衡狀態，身著金色白色相間長袍的印度教祭司宰殺了許多水牛、猴子、豬、鴨、乳牛和公雞，將這些牲禮的頭砍下後放在祭壇上，用來淨化受難遭毀的事發地點[8]。一名主持獻祭儀式的祭司從被宰的豬隻喉嚨生飲豬血；而在一艘離岸的船上，祭司們在兩隻牛犢身上綁上重量然後將之拋入海中。峇里島的三百萬居民，絕大多數都在島上各處參與了類似的儀式，而峇里島的面積大約是夏威夷大島的一半。但這次的獻祭跟一九七九年舉行的百年一遇大祭儀相比，就顯得相形見絀了[9]。當年，人們在五十多頭水牛的角上披覆黃金，使其馱滿珍貴的物料，並在脖子綁上大石，然後溺死於海中，同時還有數以千計其他動物被宰殺，包括雞鴨，獻給布塔喀拉為食。

在峇里語中，鬥雞叫做「塔健」（tajen），源自一個指稱鋒利刀械的詞語。鬥雞活動在這裡至少已經有千年歷史了。在寺廟附近，有塊公元一〇一一年的石刻，以古爪哇語寫著「無論日夜，鬥雞皆不可或缺」[10]，這也是島上已知最古老的碑文之一。另一個年代稍晚的碑文寫道，「只要你在神聖的地界內賽鬥雞」，你就得以免繳特定稅目。

裴但達解釋道，鬥雞賽本身並不神聖，這也是為何我參與的那場比賽是在廟宇對街舉行的原因。傳統上，鬥雞場是在一處精心打造的露天建築裡，這種稱作「萬提蘭」（wantilan）的建築可俯視整個村莊，但也可以只是在一處開闊地即可。「如果是在神聖的地方舉行塔健，人類的貪婪和激情也會出現在那兒，」他補充道。「塔健涉及人類的貪欲，關乎積累資金，也關乎輸贏。」但只要具備正確的人生觀，一種超脫世俗掛懷的觀點，「塔布拉就在那兒。」鬥雞跟塔布拉之間的區別，對我而言仍然不是那麼清楚。溫互・桑卡亞和其他熟知峇里島複雜文化的學者們後來信誓旦旦地對我說，這類微妙與矛盾在他們的儀式範疇中普遍存在。這個持續變動中的世界需要持續再平衡，而峇里島的儀式和信仰必須隨之相應調整。要是沒有雞，峇里島民的世界會日益扭曲。重大的儀式幾乎都會以雞獻祭；只有一些是死於鬥雞場。

當我們離開裴但達的大院時，夜幕迅然低垂。溫互・桑卡亞帶我往前走到一處大型宗教建築，村民們正在此參加慶祝廟宇落成、為期四天的年度活動。夕陽餘暉映照出一片淺橘和粉紅的祥雲，雲彩之下是鋪石庭院、典雅的亭榭以及被高大樹木的枝條所遮蔽的層疊寶塔。印尼管弦樂團（gamelan orchestra）在石頂拱廊下演奏，樂曲迴盪在「普拉・培那它蘭・阿貢・塔曼・峇里」（Pura Penataran Agung Taman Bali）中，這在當地話的意思是指峇里花園的偉大廟宇[11]。晚風中，木琴、鑼鼓、弦樂器和竹笛閃爍著微光，樂音此起彼落。現場氣氛跟美國中西部的教堂野餐會頗有相似之處。小孩在草地上追玩著紅色雷射光和海綿寶寶氣球，身穿華麗絲綢的婦女們則忙著準備自助晚餐。

晚餐過後，群眾開始祈禱，並有一連串向上天、人間和冥界致敬的遊行。祭司們吟詠歌頌時，幾名女子端來祭祀用的大碗，碗裡盛滿鮮花素果。天黑之後，約莫百名左右的參與者魚貫走下年久失修的樓梯，前往廟宇入口處的小庭院裡。爬升的明月，灑下乳白月光落在石頭上。

鈴鐺作響，犬隻吠叫，薰香的煙霧盤繞，直入這熱帶的天際。當大夥兒都聚集完畢後，閒聊漸止，鼓聲和笛聲開始奏起。

水果和鮮花被放在形狀錯綜複雜的棕櫚葉容器內作為祭品，然後排成巨大的橢圓形，一群約十幾名少女身穿長袍——溫互・桑卡亞告訴我，她們都是還沒有來過月經的處女——開始緩緩地沿著這些祭品繞圈而行。少女們跳起了似鳥般的風格化舞蹈，不禁讓我想起柬埔寨吳哥窟寺廟的石質簷飾上所雕刻的天女舞者，稱作「阿斯帕拉斯」(asparas)。侍從快速轉動著巨大的黑白相間遮傘。當一名坐著的祭司吟誦時，另一名祭司右手抓著雞，左手有節奏地搖晃著鈴鐺。接著，他拿起短刃，劃開雞喉，將汩汩流出的鮮血倒入白色碗中，然後再倒在祭品上。兩人就這樣跪在這一大堆鮮花、水果和鮮血旁，玩起拋擲雞蛋的遊戲，直到有兩顆蛋互擊而碎為止。當下，每個人都歡呼了起來。

儀式完畢後，阿斯帕拉斯也恢復成一群咯咯笑的孩童；她們各自的母親前來把疲累的小孩帶回，男人們則是點起了香菸。群眾散去後，溫互・桑卡亞將我引見給兩名面帶微笑的祭司。一位祭司的襯衫上，別著黃銅鈕扣和看似美國西部警長配戴的那種黃金徽章；另一名祭司較為年長，牙齒幾乎都掉光了。配戴警長徽章的那位祭司解釋道，雞血是用來餵食眾神的護衛，祂們是慶典開始的四天前，從天庭被請下凡間來參與開幕儀式的。這些眾神的護衛便是人間的惡魔，以血為食，因此在儀式開始和結束之際，都必須使其飽足。

雞血被視為「拉加斯」(rajas)，也就是被賦予活力的意思，而豬血則跟懶惰相聯繫。這些具魔性的天神護衛們，自然會想要得到來自雞血的活力。雞血可以倒在祭品上，或是在廟宇邊界的四方位基點上做出標記。我問他為何餵食的鮮血非得取自雞隻不可，他說，因為必須要用跟人類日常生活密切相關的動物之血才行。「我們必須以我們珍愛的某物作為犧牲，」像警長的那位祭司笑道，彷彿這是件不言自明的事情。「若你不愛牠，就不能以牠做犧牲品。還有，雞是人類家庭的象徵，因為牠們有各種色彩。」[12]

在這類峇里島儀式中，白色、紅色及黑色的雞是最受歡迎的，因為這三色各自代表了一個方位。但在不斷流變的峇里島神學體系中，這三色也被認為代表了人類的三大種族。殺雞並非只是為了餵食飢餓的惡魔。「在我們成為人類之前，」祭司繼續說道，「你我皆為畜生。我們希望藉由獻祭，讓這些動物再入輪迴時得以化為人身。」但除了這個典型的印度教解釋之外，他還跟我說了另一個理由。「很久以前，人類也是被犧牲的祭品，」祭司補充道，「如今，改以動物血祭，我們便無需再用人血了。」

在許多文化中，都發生過這種以人獻祭到使用動物祭祀的轉變，比如古中國和古羅馬。不在亞伯拉罕和以撒的聖經故事中，上帝令亞伯拉罕以公羊取代其子以撒，作為犧牲的祭品。不過，並非任何一種生物都可用於獻祭。在澳洲昆士蘭大學研究峇里島文化的年輕美國人類學家楊希．歐爾（Yancey Orr）說，「我們似乎會以跟人類社會較為親近的動物來代替人類獻祭。」舉例來說，在亞伯拉罕諸教的傳統裡，上帝很喜歡亞伯獻上的羔羊血，但卻拒絕了該隱得來不易的供物——蔬菜和穀類。這是因為田地裡產出的東西跟人類的形象相去甚遠，所以無法作為可信的替代祭品。

印尼在一九八〇年代宣告鬥雞為非法活動，以此遏止賭博，並鼓勵其公民保持莊重、提高生產力。然而，信奉印度教的峇里島民卻是法外特例。若按照嚴格的規定來說，一次只允許進行三場鬥雞比賽，而且一律禁止下注押輸贏[13]。不過，以我在島上各地看過的大大小小幾十場比賽來說，峇里島的男人們倒是樂於三不五時就違反一下這些法規。

但是，如果對這些鬥雞的熱愛可作為某種測量尺度的話，那麼他們用來獻祭的動物便是其最深的摯愛。男人們像照顧孩童一樣照料他們的鬥雞，對其飲食和住所的關注可說到了寵愛的地步。「對任何一個在峇里島待過一段時間的人來說，不管他待過多久，」已故人類學家克利弗德・紀爾茨（Clifford Geertz）曾寫道，「都能清楚看出峇里島男人對他們所養的公雞有著深層的心理認同。」[14]在峇里語中，「sabung」這個指涉公雞的詞具有多重意涵，既可代表勇士、冠軍，也可描述少女殺手或硬漢，總之都是恭維褒揚的意思。

↓ ↓ ↓

如果連同表演舞台、販賣部，外加在被警察管制車輛通行的街道上群聚亂晃的時髦年輕人都因緣齊備的話，這裡根本就是布魯克林的街頭派對現場。但在這宜人的九月夜晚，「舞台」其實是由藍色及黃色的塑膠雞籠堆疊而起的一道牆，高度直逼兩層樓。「販賣部」是個屠宰棚，在場操作的專業屠夫穿著黃色雨衣和靴子，上面已沾滿血跡。至於「群眾」，主要是男性，他們膚色蒼白，臉蓄黑鬍、頭戴黑帽，手裡抓著活雞高舉過頭揮舞著。

此刻正值猶太贖罪日（Yom Kippur）前夕的午夜，聚集在此的人群並非參加派對，而是為了贖罪。這裡是紐約布魯克林區金士頓大道（Kingston Avenue）跟總統街（President Street）的交叉口，地屬王冠高地（Crown Heights）這個民情堅毅的鄰里區，數百名哈西迪派猶太教徒（Hasidic Jews）正在進行一項具有千年傳統的儀式。在這名為「喀帕羅」（kapparot）的贖罪慶典核心之處，是淺黃色的雞隻。透過這項儀式，將可在猶太新年洗清罪孽、滌化心靈。儀式開始的最佳時間，是在贖罪日清晨破曉前的幾個小時，這也代表贖罪日正式展開。在漆黑靜謐的夜晚，人們更容易進入哈迪西派稱之為「神聖仁慈」的平靜狀態。在這一晚，包括此地以及全球所有哈迪西派猶太社區在內，所有教徒們的身心都將被雞的力量給療癒；此刻的雞也一樣還活著，雖然被人行道上照亮群眾的聚光燈給照得瞇起眼來。

參加者付了十二美元的門票後，會走到聳立在人行道上、由雞籠堆成的那道牆邊，籠子裡關著幾千隻雞。男人拿一隻公雞，女人拿一隻母雞，孕婦則可以買三隻雞，包括兩母一公，代表自己以及男嬰或女嬰。大部分的人都用左手彆扭地從雙翅之間把雞抓起，然後右手拿著祈禱書保持平衡。不少年輕的父親來參加這項儀式，是為了他們緊張不安、咯咯傻笑的兒子。「人類的孩童坐在黑暗之中，」希伯來吟唱開始了，讓人想起雞隻跟光明在遠古時期的連結。在場的祈禱者一邊把雞舉在頭上繞圈，一邊唸著：「此乃吾身之交替，此乃吾身之代理，此乃吾身之贖罪。」每個人重複這動作三遍，舉著雞繞九圈。接著，在手上的公雞或母雞臨死之際，祈禱者答謝道：「我將享受長久而愉悅的平靜生活。」15

待上述儀式告一段落，以男性為大宗的聚集者便提著他們的雞前往屠宰棚。棚內燈火通明，兩名彪形大漢坐鎮其中。他們一把抓起獻祭的雞，迅速熟練地用一把異常鋒利的長刀劃開其喉嚨。根據猶太律法，宰牲必須迅捷且使其遭受的痛苦降到最低才行。如果因為刀刃變鈍而使得牲畜無法快速死亡，這樣宰殺的雞就不能視為符合猶太教規的潔食。宰殺之後，屠夫把雞隻往身後一丟，黃色雨衣沾滿血跡的助手便匆匆把屠體鏟進綠色的大塑膠袋中。之後，他們把這些塑膠袋放進塑膠垃圾桶內，再把垃圾桶拖到停放在不遠處的一輛廂型車上。這些雞會從這兒被載送到某個為窮人或街友所設置的施食處；傳統上，這些雞是拿來施捨給窮人的。

《希伯來聖經》中沒有提到雞，所以雞肉並未被禁止或被認可當做食物。因此，當雞出現在中東時，就出現了一道猶太神學上的難題。羅馬的猶太作家約瑟夫斯（Josephus）說，早期的拉比（猶太教的領袖人物）曾因雞肉是否應當做潔淨食物而意見分歧16。有些學者相信在北方的加利利（Galilee，範圍約當現今以色列北區）地區，雞肉早已被接受並食用，但在耶路撒冷的神聖界域內，仍是禁食雞肉。由於使徒彼得在耶穌受難的清晨聽到了公雞啼叫，因此在廟宇附近至少會有一隻公雞。「耶路撒冷啊，耶路撒冷，你常殺害先知，又用石頭打死那奉差遣到你這裡來的人，」耶穌曾在〈馬太福音〉中如此說道，這或許反映了在加利利地區，母雞撫育小雞的場景，「我多次願意聚集你的兒女，好像母雞把小雞聚集在翅膀底下，只是你們不願意。」17

〈密西拿〉（Mishnah）屬於《塔木德》中較早的部份，輯成於公元二百年左右，在其內文中把雞稱作「tarnegol」，意為「國王之鳥」，該詞源自古阿卡德語，反映了雞在早期源自皇室，是種具有菁英屬性的異國珍禮[18]。在《塔木德》的後面篇章中，也稱讚雞是「鳥之頂峰」[19]。希伯來文稱公雞為「gever」，這詞同時也是指稱男子，這種奇特的現象也讓雞的地位更加鞏固[20]。然而，無論是《妥拉》*或《塔木德》都沒有提到「喀帕羅」這種贖罪活動，因此打從公元九世紀猶太學者在巴比倫南部（位於現今的伊拉克境內）的蘇拉學院（Sura Academy）首次描述該活動以來，喀帕羅就一直備受爭議[21]。

一位十九世紀的歷史學家曾說，喀帕羅是「早期波斯猶太人的一種習俗。」這樣的觀點指出該活動源自崇拜公雞的祆教徒，在伊斯蘭教於西元七世紀傳抵之前，他們主宰著今日的伊朗地區。神祕主義者跟普羅大眾都欣然接受這個儀式，但讀書人對它卻是相當厭惡。十三世紀時，拉比們認為這是異教徒傳來的，因而斥之為「愚蠢的習俗」[22]，最近還有一名以色列國會議員批評喀帕羅是「遭透了」的活動。此外，這項儀式在中世紀的埃及和西班牙從未獲得眾多人的支持。如今，僅有一小群猶太教正統派教徒還會舉行喀帕羅，主要是集中在紐約市，每到贖罪日的前一天，總有上萬隻雞被卡車運來。

深夜的王冠高地到處都是拉比和學者，我在人群中詢問很多人為什麼會選上雞來獻祭。貝瑞爾・艾波斯坦（Beryl Epstein）是出生於田納西州查塔努加（Chattanooga）的哈西迪派拉比，臉上留著ZZ Top搖滾樂團成員的那種大鬍子。他跟我說，要想得到相同的儀式效果，你也可以揮動盆栽裡的幼苗，或帶鰭跟鱗片的魚，或是裝著要布施的錢財的白布，這些都行。他跟人行道上擁擠的人群一樣，戴著一頂黑色高帽、穿著黑色長外套，這樣的打扮在十八世紀的波蘭曾風行一時，那裡當時正展開神祕的哈西迪運動。「在這裡，大家都選擇用雞來進行儀式，」他補充道。儘管越來越多的哈西迪教徒選擇揮動金錢，但像艾波斯坦這樣的儀式派哈西迪教徒（Lubavitcher Hasidim）仍然偏好堅守傳統。

另一位拉比告訴我，由於公雞在希伯來語中跟男人是同一個字，因此雞是人類的最佳代替品。一名白鬍子的學者不同意這樣的見解，他解釋道，任何未被馴化的四足動物，比如鹿，也能擔此重任，但是要在紐約市區弄一隻雞來顯然要比弄到其他野生動物容易。不過又有其他人堅稱，正是因為這種鳥禽沒有出現在耶路撒冷的聖殿過，這才使得雞被人看上。該儀式並非嚴格意義上的獻祭，因為儀式中所用的是活的動物，宰殺雞隻是安排在儀式之後。對傳統的猶太人來說，這樣的安排很重要，因為自從公元七十年耶路撒冷的聖殿被羅馬軍隊毀了之後，猶太教的律法便禁止他們獻祭。既然雞從未被當過祭品，那麼執行喀帕羅儀式的人就不太可能會把雞跟祭品給搞混。

對於喀帕羅儀式中到底是在進行些什麼，也是眾說紛紜。艾波斯坦說，把雞舉在頭上轉動時，雞並沒有吸走那個人的罪愆，這樣就沒必要懺悔了。相反地，他將此儀式的目的視為一種對終將到來的審判日之「覺醒」，這樣的說法也跟公雞在古代作為精神鬧鐘的角色相呼應。

*〔譯註〕Torah，主要指希伯來聖經的前五卷經典，又稱《摩西五經》。

其他的拉比則是相信雞只是象徵性地承擔了人類的罪孽。一隻雞無法在其他人進行咯帕羅時被「重複使用」，這個事實說明雞隻所扮演的並非只是象徵性的角色而已。在儀式中吟誦的部份祈禱文包含了《聖經》中的詩節，該內容提到上帝令人們被治癒。

在過去，針對咯帕羅的批評多半集中在該儀式源自異教徒，但如今爭辯的重點則是虐待動物這個議題。在二〇〇五年時，某個雞隻供應商把三百多隻塞在籠子裡的雞棄置在布魯克林的一處空地，這引起了「善待動物組織」（People for the Ethical Treatment of Animals）的注意[23]。「咯帕羅的產業化現象使得該儀式幾乎不可能以人道的方式來舉行，」該組織的調查員菲利普・沙因（Philip Schein）對一名記者表示，「在都市大街上架起臨時屠宰場，成千上萬極度恐慌的雞隻被卡車運到可怕的環境裡，再被群眾粗暴地抓著。」[24]

艾波斯坦這類的儀式派成員仍然堅持，根據猶太律法的要求，儀式所使用的雞隻是被人道對待的。但就我看到這些都市人抓活雞的樣子，顯然大多數都不知道如何安穩地抓持以避免對雞造成意外傷害。有個十來歲的女孩子，手上的雞突然猛拍翅膀，嚇得她驚慌失措，逃之夭夭。後來，當我穿梭在人群中時，幾個年輕男子走到我面前，操著結結巴巴的英語，問我為何要拍照，叫我別拍了。他們的語氣帶有敵意，我只得抽身閃避他們憤怒的目光。如今，越來越多正統派猶太教徒也反對咯帕羅，使得儀式派成員在進行相關活動時益發孤立。現在有一款新的應用程式，是設計給猶太贖罪日用的，但程式中用的不是雞，而是一隻數位山羊。

在東河（East River）對岸的紐約曼哈頓島上有個大型廣告看板，看板上有個哈西迪派年輕人輕柔抱著一隻圓滾滾的白雞，一旁的廣告標語寫著：「眾志成城，不再讓雞成為咯帕羅的犧牲品。」隨著該儀式的反對聲浪越來越直言不諱，以色列國內也展開了類似的爭辯。二〇〇六年時，以色列的前首席拉比許羅摩·戈倫（Shlomo Goren）表示：「咯帕羅並不合乎猶太教義。」[25]在我到訪王冠高地的前一天，以色列最高拉比宣布在儀式中仍可使用雞，前提是不得讓雞受到多餘的痛苦[26]。隨後我就聽聞在王冠高地不遠處的布魯克林博若帕克（Borough Park）所發生的事件：好幾百隻原本準備在儀式中使用的雞隻，竟死於十月的高溫天氣下[27]。《紐約每日新聞》下了個引人注目的標題：「這裡除了我們（死雞）之外再沒別人了！」——許多人也因為活雞不夠而被拒於儀式之外。

用雞獻祭，以作為生育儀式和保佑孩童的形式有其淵遠流長的傳統，在王冠高地所舉行的咯帕羅，或許是這項古老傳統的最後儀式。中世紀時，這項猶太儀式主要是針對孩童而非成人。直到一個世紀前，敘利亞的穆斯林村民仍會以雞獻祭，確保子孫生生不息、繁盛興旺，以母雞代表女兒、公雞代表兒子。這項傳統甚至延伸到世界的另一端，即印尼東邊的巴巴群島（Babar archipelago）。詹姆斯·弗雷澤（James Frazer）在他一八九〇年所出版的《金枝：巫術與宗教之研究》（*The Golden Bough: A Study in Magic and Religion*）中寫道，巴巴群島的婦女若想懷孕，會讓一名男子將一隻雞高舉在該名婦女頭上，之後反覆唸道：「哦烏普勒洛（O Upulero），善用這隻雞；到來吧，讓孩子降臨吧，我懇求你，我乞求你，讓孩子降生在我的手中、到我的膝上。」之後男子將雞舉到婦女的丈夫頭頂，再唸另一段祈禱文，然後把雞宰殺[28]。

在宗教脈絡下，雞所擁有的治癒能力即便是在十九世紀的英國威爾斯也同樣常見。弗雷澤提到，癲癇患者會去朗德葛拉（Llandegla）村裡的教堂舉行一場儀式，他們的疾病會根據患者的性別而神奇地轉移到公雞或母雞身上去[29]。十九世紀時，西班牙加利西亞地區的猶太人相信，可以用宰殺後的公雞來治療癲癇。這類傳統或許看來匪夷所思，但卻是當初我們把雞視為人類身心安康的基本組成之遺留。雞的精神治癒力，至今仍留存在邁阿密的某郊區。

一九九二年，在阿肯色州長比爾・柯林頓贏得美國總統大選的隔天早上，安東寧・史卡利亞（Antonin Scalia）大法官在美國最高法院的法官席上談到了雞隻獻祭的問題。「可以為了食用目的而宰殺動物，但為了其他的目的就不行？」他向一名律師問道，這名律師主張應撤銷佛羅里達州的一道法律，該法禁止宰牲獻祭。他繼續問道，「不能當做運動，不能獻祭，什麼都不行，只能殺來當做食物？」然後，該名律師回曰或許還有一種例外情況：「如果你被一頭熊攻擊，或可出於自我防衛而將熊殺死。」[30]

這段離奇的對話，乃是源自一場關於宗教自由的指標性審判所發生的言詞辯論。美國最高法院之所以注意到這起案件，正是因為殺雞獻祭的儀式。這件麻煩事，得從一名桑特里阿教（Santeria）的教士爾內斯托・皮查多（Ernesto Pichardo）決定蓋一座教堂開始說起，桑特里阿教是盛行於古巴的一種非裔加勒比（African-Caribbean）宗教習俗。皮查多想從佛羅里達南方的海厄利亞（Hialeah）拿到許可，以便在這個絕大多數都是西班牙裔跟天主教徒的社區裡興建一座小型的聖殿和文化中心。

打從一九八〇年代晚期開始，對於秘密舉行的撒旦崇拜祭儀所產生的恐慌席捲全美，據稱該祭儀會以動物甚至孩童作為犧牲。一份報紙的新聞標題以此警告道：「血祭正在全國蔓延」，而來自古巴的桑特里阿教難民正好遇上這股恐慌潮。桑特里阿教徒利用遠古非洲的儀式，在私下舉行的儀式中定期獻祭雞隻，有時是獻祭山羊，以這些祭品來餵食被稱作「歐瑞夏」（orisha）的「眾神靈」，有時等同於天主教的聖者，桑特里阿教的意思也就是「聖者之道」[31]。

許多住在海厄利亞的基督徒都把桑特里阿教跟惡魔崇拜劃上等號，因此市府官員對於皮查多的請求感到恐懼、厭惡和憤怒。市議會的議長開門見山問道，「要怎樣才能讓這教堂蓋不成呢？」[32]他們能做的（也確實著手實施的），便是宣告以動物獻祭為非法行為，除非主要是出於食用目的。在一九八七年於該市所召開的一場緊急公共會議上，當皮查多發言反對相關法令時，在場的居民跟市府官員對他加以奚落嘲笑，但當他的反對者批評桑特里阿教，他們便紛紛歡呼喝采。一名持反對意見的市議員堅稱，在卡斯楚掌權之前的古巴，「信奉這種宗教的人會被關進大牢，」此言一出便博得了滿堂彩。

皮查多想蓋盧庫米・巴巴魯・艾耶教堂（Church of the Lukumi Babalu Aye）這件事後來鬧上了法院，支持者認為相關禁令違反憲法。兩處下級法院都支持海厄利亞市府的論據：社區希望防止動物被虐待，限制疾病傳播，避免兒童目睹血腥的宰殺場面而心靈受創。因此到了一九九二年底，皮查多跟律師將這起案件上訴到最高法院。

「盧庫米」是桑特里阿的另一種稱呼，這個宗教是一九五九年斐代爾・卡斯楚（Fidel Castro）在古巴革命成功後，由像是皮查多這樣的難民從古巴帶到美國的[33]。在一九八〇年的馬里埃爾（Mariel）偷渡事件中，共有超過十二萬五千名古巴人進入美國，他們絕大多數都去了佛羅里達南部，其中有許多人都信奉桑特里阿教。就這樣，原本只存在於美國人生活邊緣的這項傳統，隨著人們對其獻祭儀式的恐懼加深之際，也跟著提高了知名度。

多數美國人其實對於桑特里阿教中主要的一名歐瑞夏——巴巴魯——並不陌生，瑞奇・瑞卡多（Ricky Ricardo）替一九五〇年代的電視劇《我愛露西》（*I Love Lucy*）演唱的主題曲名就是巴巴魯[34]。巴巴魯是跟疾病和治療有關的大地之神，有時也跟天主教的聖者拉匝祿（Lazarus）相關聯。白色的公雞和母雞經常以他之名被獻祭，而黑雞則是用來吸收不受歡迎的咒語。某個信奉桑特里阿教、在委內瑞拉首都卡拉卡斯擺攤的小販跟我說，「母雞跟公雞對邪惡力量頗為敏感。」[35]

桑特里阿教源自大西洋的另一端，在今日奈及利亞境內，這個國家位於非洲西部，面對著大西洋。大約在公元一二〇〇年左右，出現了一處名喚伊萊－伊費（Ile-Ife）的聚落，這裡成了非洲西部重要的藝術、知識和宗教中心，延續的時間長達兩個世紀之久[36]。即便到了今天，該地仍被人口數達三千五百萬的約魯巴人（Yoruba）——非洲人口最多的種族之一——視為如同耶路撒冷般的聖地。

根據一個約魯巴人的傳說，大地本身正是起源於伊萊－伊費[37]。創世神奧杜杜瓦（Oduduwa）

從天堂投下一條鏈子，卻發現下方只有汪洋一片。於是天神倒下一籃土，然後把一隻五爪雞放在小土堆上。這隻雞扒著土，扒呀扒呀，泥土便被分散開來，造出越來越多陸地。「爪子扒得較深之處，就成了谷地，」有個版本的傳說是這麼說的，「而在爪子的間隙，則形成了丘陵、高地和山巒。」接著，奧杜杜瓦種下一顆棕櫚果，之後長成了神木。

這傳說的發生地點便在伊萊–伊費。「伊萊–伊費」可譯作「神聖的生命」或「土壤的散播者」。波士頓大學的人類學家丹尼爾．馬寇（Daniel McCall）寫道：「最古老的約魯巴王國以此為名，意味著這名稱或許來自那隻替該國提供安身立命所在地基的巨大雞隻，」[38]他曾在非洲西部作過田野調查。在約魯巴藝術中，充斥著描繪下跪之人獻上大雞的木雕作品；這些雞常常被刻成碗狀，可拿來存放棕櫚果。馬寇猜想，有些作品描繪的是奧杜杜瓦及其令人敬畏的大雞。被稱作「巴巴拉沃」（babalawo）的中世紀約魯巴祭司，經常使用雞來占卜未來、治療疾病和驅趕邪靈。

其實，雞傳入撒哈拉以南非洲的時間不算早。這片廣袤地區首次有雞隻被記載，是來自一位名叫伊本．巴圖塔（Ibn Battutah）的阿拉伯探險家及朝聖者，他在一三五三年遊歷今日的馬利時，跟一名村婦購買了一隻活雞。原本並沒有考古證據顯示有比巴圖塔時期更早存在於非洲的雞，直到一九九一年，英國考古學家凱文．麥克唐納（Kevin MacDonald）才在馬利發現一根雞骨，其年代比巴圖塔的記載早了五個世紀。研究人員目前正試圖拼湊出雞隻在該地區傳布的歷史，發現它與撒哈拉以南第一批複雜社會的興起不謀而合[39]。二〇一一年，在衣索比亞的一處考古挖掘遺址內，出土了一根公元前四世紀的骨頭，這說明該地區的雞最早可能是從埃及而來，或是乘船通過阿拉伯南部和非洲之角（Horn of Africa）之間的狹窄海峽而來，也許是跟著整船氣味芬芳的乳香和沒藥一同抵達的[40]。在中世紀初期，活躍的印度洋貿易活動中，有一部分就是進口這類香料，阿拉伯、印度和印尼的商人們會定期往返於非洲東岸水域進行貿易。研究人員對奈及利亞的雞進行基因分析研究後，發現牠們的親緣關係竟跟遙遠的東南亞地區品種較近，而非地中海地區的品種。

然而，由於雞在撒哈拉以南非洲所面臨的競爭相當激烈，因此雞在該地區的散布速度相當緩慢。這裡的鴿子和鷓鴣數量龐大，而且至少有一種珠雞已被馴養。此外，家雞在開闊草地或石漠環境中無法興盛繁衍，在叢林裡也很容易被掠食動物獵殺，所以對居住在非洲莽原或密林裡的人類而言，牠們的重要性並不高。不過，對於中世紀早期開始在非洲西部興盛起來的農業社會及城鎮來說，雞就像是為其量身訂做的禽鳥一般。牠們會去吃討人厭的昆蟲，還能提供大量的蛋和肉，而且相當能夠適應農村生活。

家雞抵達非洲西部這件事的重要性可說是不亞於一場革命，至少在奇里康果（Kirikongo）是如此。史蒂芬．杜伊彭（Stephen Dueppen）任教於位在尤金（Eugene）的奧勒岡大學，他從二○○四年起就開始在奇里康果進行研究[41]，這是位於布吉納法索莽原上的一處考古遺址，北邊是撒哈拉沙漠，南邊是迦納的濃密叢林。個子精瘦的杜伊彭約莫三十來歲，操著洛杉磯口音，他正在探勘一座古代非洲村落，那裡宛如一個稀罕且非凡的時光膠囊，自公元一百年左右從一小片家園發展成為一個聚落，直到十七世紀時沒落廢棄。

杜伊彭在這裡挖出一根可追溯到公元六五〇年的雞骨，是至今非洲西部所出土最古老的雞骨。在那之前，以放牧維生的奇里康果地區就已經有個成長中的菁英階層；到公元一千年，當地的領導家族在埋葬家中夭折的兒童時，會使用像是來自遙遠海域的寶螺等貴重物品來陪葬。這類關於文明的故事我們都很熟悉——菁英階層從小村落興起，遠距離貿易開始起飛，城鎮隨著政治及宗教領袖而出現，接著城市、國王、帝國等陸續誕生。但在公元一二〇〇年左右，奇里康果的村民卻意外地偏離了這條預設路線。

「這是相當戲劇性的轉變，」杜伊彭說道。他曾邀我去參觀他的挖掘作業，但由於鄰國馬利情勢動盪，邊界地區發生連串的綁架事件，迫使他取消該季的挖掘工作。他說，公元一二〇〇年前後，人們的慣習突然發生變化，原本是在自家獨立的院子裡搗碎穀物，這類活動卻都改成到公共空間進行，村民不再照料公墓，牛隻不見蹤跡。在這個至今仍把牛視為財富及名望之主要來源的地區，「讓牛都不見」是個至關重大的決定。這些大型動物被賦予了宗教意義。即便到今天，在絕大部分的莽原地帶，一個男人在社群裡的地位——以及能否娶妻的機會——經常是取決於他擁有多少頭牛，因為養牛需要大片牧場，也需要高段的組織能力。就像成吉思汗這樣的蒙古遊牧者擴張領域一樣，西部非洲的帝國擴張同樣立基於畜養大量牲畜。由於沒有任何證據顯示當時曾突然出現氣候變遷或是爆發毀滅性的牲畜疫病，因此奇里康果的居民似乎是刻意做了決定，希望建立起不同型態的社會。

就在這些改變發生的過程中，村民建了座舉辦儀式用的建築，該建築或許還有個附屬的公用糧倉。整座建築的地板都以磚舖成，但有一小塊區域並未舖設。杜伊彭的團隊在這個小區域內挖出了至少四隻雞和一隻羊的殘骸，以及一塊磨刀石。他解釋道，「獻祭時，要把祭品之血滴入土中，當做獻給祖先的供品。」至少現今的習俗是如此，而且他在古代墓塚中的發現，跟現在在鄰近村莊裡所能見到的祭壇也很相似。

杜伊彭相信，當時人們拒絕使用牛的原因，以及當地階級結構的變動，都取決於能否獲取並利用家雞。隨著變革到來，家雞成為牛的替代品，雞骨很快就取代了牛骨。不管在英國或緬甸，牛隻在傳統上是被男人主宰，但在尚未工業化的文化中，一般而言雞是由女人所掌控。杜伊彭懷疑，在推翻奇里康果早期菁英階層的過程中，女性或許扮演了關鍵角色。

村民們打破了菁英階層的權力，這也使得更多人得以參與獻祭活動。在那之前，相關儀式總是圍繞著少數人所擁有的昂貴牲畜。而這場轉變增加了人們對雞隻的需求，或可說由於雞的可得性提高，進而增加了參與獻祭的機會。對今日住在該地區的玻瓦人（Bwa）來說，幾乎所有重要的場合都會用到雞。杜伊彭解釋道，有了雞，祈禱便得以進行。任何跟祖先、政治、占卜、司法程序以及生死婚嫁等相關的儀式，都會以雞獻祭。在過去，即便是要冶鐵也須宰一隻合適的雞作為牲禮。而對鄰國馬利境內的蘇丹人而言，「以這隻雞獻祭，意味著以一個替代品來為這個世界犧牲。」[42]

雞隻使得人們得以在不用花太多家庭預算的情況下提供牲禮進行祭祀。杜伊彭於二〇一〇年在《美國古代》（*American Antiquity*）這份期刊上發表一篇文章，文中寫道，「在一個有意重建的平等主義社會中，雞得以讓人們不會為了要維持豐富的精神生活卻又導致貧富差距。」[43]易言之，若想保持跟眾神之間的聯繫，你不必非得是個富裕的養牛大亨不可。他堅稱，奇里康果的往日時光是個「在創建新型社會，再造平等」時的獨特研究個案。

雞所帶來的革命，仍然在該地區引發迴響。男人無需賣掉牧地或牲畜就能娶親，女人也可以自由與丈夫離婚，這在西部非洲的其他社會中幾乎是絕無僅有的事。時至今日，生活在該地區的人民所具有的平等特質還延伸到了性別平等。如果你想打造一個更加平等的社會，雞就是你完美首選的牲畜。「因為雞太普遍，以致人們都把雞給忘了，」杜伊彭說道，「但牠們有一大堆其他動物所沒有的優點，牠們價格低廉，繁殖迅速，遍及各處，深具靈活彈性，而且不管是哪種政治體系，牠們都使命必達。」

在許多非洲的宗教習俗裡，雞都扮演著關鍵角色。在剛果盆地，盧路亞（Lulua）族的女薩滿（shaman，即巫師）縱然經歷了連串瀕死與重生的嚴峻考驗，還得要把一隻母雞擺在她脖子周圍，這母雞具有「引誘亡媒的靈魂」至凡間的力量，至此，她才正式成為合格的薩滿。而在大西洋岸的獅子山共和國那一帶，雞被當做「吐真者」。如果牠願意啄食放在一名遠親或朋友手中的穀子，那麼你們彼此之間的爭執就此消除。對非洲中部的恩登布人（Ndembu）來說，雞可以用來決定一個人是否有罪。他們會先把毒藥放入一隻雞的嘴裡，如果牠沒死，就再餵給另一隻雞毒藥，要是這隻還活著，繼續餵第三隻吃毒。只有當第三隻雞仍舊存活，才表示被告無罪[44]。

布吉納法索南部奇里康果地區的約魯巴人以農耕維生，他們定居在城鎮裡。外來的雞隻在過去逐漸取代原生的鴿子，成為約魯巴創世神話的核心，約魯巴的諺語中到處可見雞的蹤影——「如果鷹的生命將盡，養雞之人一滴眼淚也不給。」[45]約魯巴人的傳統宇宙觀是由天堂和凡間所組成，天堂住滿了祖先和數百名歐瑞夏，而位於下方的凡間則是人群跟動物的居所。而且跟其他許多異文化一樣——比如美國的哈西迪派和峇里島的印度教徒——他們也把雞視為一種工具或媒介，以其連結人類和來自上蒼的療癒力量。許多約魯巴神祇需要以雞獻祭；而出生、婚喪、生病等在過去都伴隨著雞隻獻祭儀式，這到今天也依然經常舉行。

值得一提的是，用雞來獻祭和占卜，曾盛行於西方的波斯人、希臘人、凱爾特人（Celts）和日耳曼部落之間，東方的東南亞人和中國人也一樣。但是，沒有哪個社會像古羅馬人那樣，把雞卜發展到如此有組織且複雜、重要的層次。如果把當代桑特里阿教徒的祭儀放到古羅馬時代進行，根本不會有人說三道四，遑論吃上官司了。雞祭和雞卜不僅備受期待，對於公共政策更是至關緊要，無論宣戰或媾和，這些重大決策都得先經過這類儀式才行。

古羅馬的這項傳統習俗至今仍留存在言語之間，當我們在談論吉祥的場景時，我們就會重溫這項傳統。「Auspice」（吉兆）一詞源自拉丁文，意思是「鳥類觀察者」；「augury」（占兆）——指藉由觀察大自然來預測神的意向——這詞則被認為來自拉丁文中表達「管理鳥類」的詞彙，但更可能源自「aug」一詞，意指「發達起來」。不管這字到底源起何處，占兆官（augur）是由國家資助的羅馬祭司，他們多半透過觀察鳥類以尋求得知神的安排。這是個嚴肅的職業，只有備受尊敬的貴族男子才能擔任，比如公元前一世紀的著名哲人及演說家，西塞羅（Cicero）。西塞羅自己就是一名占兆官。在國家做出重大決策之前，這些專業人士會掃視天空，觀察鵰、渡鴉或其他在天空翱翔之動物的行為。這些鳥的行為若能正確解讀，便能透露天神是否贊同特定的舉措，比如開戰或議和[46]。畢竟，在那個時期只有鳥能跟神共享蒼穹。

在西塞羅的時代，羅馬共和之國勢日益傾頹，憤世嫉俗的政客們劫持了這項已然神聖化的占卜傳統。「幾乎任何雞毛蒜皮的小事，甚至私生活的事務，也都要先問卜一番，」西塞羅寫道[47]。然而事實證明，隨著羅馬帝國的發展，要在首都上空尋找鷹鵰或鳩鴿實在太沒有章法。野鳥會隨著天氣、時辰和遷徙習性而來來去去，並不會總是在需要牠們協助時就出現。

相較之下，馴養的家雞無論日夜都可就近隨時用來占卜，因此羅馬當局逐漸把重點轉移到雞的身上。專門照料這群神聖鳥禽的人稱作「普拉瑞司」（pullarius），雞則被養在公共集會廣場附近的神廟裡、軍團中，甚至是船上。用雞來問卜的主要方式，是由普拉瑞司向雞舍裡投放穀物、麵包或糕餅。如果這些雞把提供的食物狼吞虎嚥地吃掉，就代表所問的行動得到神明祝福。但如果雞不吃，甚至出現更糟的情況——大聲啼叫並遠離食物，此乃不祥之兆[48]。

西塞羅在世的時代，人們仍然記得兩個世紀前一場關鍵海戰的早晨發生了什麼事。當時，養在羅馬戰艦上的聖雞拒絕吃穀子，這預兆可不是傲慢的執政官想要的，他便下令將這些讓他不爽的雞隻全都扔出船外，據說他當時說道：「既然牠們不想吃，那就讓牠們喝個夠吧！」[49]後來，敵軍擊敗了羅馬人，執政官褻瀆聖雞的行為則被人銘記在心，始終沒有得到原諒。

另一位羅馬高級將領也同樣對雞卜的警示嗤之以鼻。占兆官告訴他，根據雞卜所得的結果，他最好先留在營地按兵不動。但這名將軍不從，結果不出三小時，由於義大利發生毀滅性的強震，他跟軍隊裡絕大多數的將士盡皆罹難。西塞羅寫道：「無數城鎮被摧毀……大地陷落，河水逆流，海水倒灌入河道中。」[50]可見，違逆雞卜在古羅馬絕非鬧著玩兒的。

如此仰賴這些關在籠裡的雞，自然就使得預兆容易被操弄。人們可以藉由餓牠們的肚子或是過量餵食，從而取得他們想要的預言結果。西塞羅是極為出色的羅馬政治家，後來因反對獨裁而被暗殺，對於這種被追逐私利的立法者所扭曲的宗教儀式，他幾乎不抱任何幻想。「我認為，雖然占卜的法律一開始是建立在對於占卜的信仰之上，但後來，卻是出於考量政治私利而被留存下來。」[51]

英文的「sacrifice」（獻祭、犧牲）一詞源自拉丁文，意思是「使之成為神聖的」。在古羅馬時代，雞以及其他動物比如鴿子或牛，經常在各種私人或公共場合被拿來獻祭。有時候，被稱作「臟卜師」（haruspices）的專業人士會在宰殺祭品之後檢視其內臟，替處於緊要關頭的個人、家庭或國家提供所需的訊息，無論是關於疾病、生育或錢財等各方面的問題。一般來說，這些祭品之後會被祭司和參與儀式的俗世信徒給烹煮分食掉。時至今日，在猶太戒律和穆斯林的教規中，仍留存這類古代祭儀的痕跡。這些宗教律法基於「人類殺生是為了生存」這樣的理解，而成套的方法和祈禱是必備的，以此跟神祇維持敬重的關係，從而讓吾輩得以生活下去。

當然，現代的都市居民已經越來越少看到我們所吃的動物是如何被屠宰並取出內臟，這些景象已經從日常生活中抹除了。即便是最現代、符合猶太跟清真律法的宰殺，也都是在工廠化的屠宰場中進行，祝禱詞也都是先預錄然後在現場不斷循環播放。為了主張他們擁有進行獻祭儀式的權利，皮查多及其教堂激起了一場關於虐待動物、巫術以及宗教自由的全國性爭辯。

「在我們這樣一個講求及時行樂的世界裡，獻祭的概念或許顯得怪異，」歐查尼・勒萊（Óchàni Lele）曾如此述及桑特里阿教，「但說真的，生命中的每一時刻都需要做出犧牲，才能成就更好的自身或群體。」[52]對盧庫米教派來說，其先祖搭乘奴隸船橫渡大西洋所帶來的信仰，其核心正是獻祭。

每一名非洲奴隸都帶著各自的傳統來到美洲，但他們往往被迫跟自己的家庭和族人分開，削弱了他們與傳統之間的連結。白人奴隸主和政府因為害怕他們發動叛亂及施行巫術，因此無所不用其極地消滅被視為異教的習俗，並以主流的基督教取而代之。有些非洲習俗在像是美國南方等地保留了下來，不過，只有在古巴，整個傳統基本上保持不變。十九世紀初期，好幾千名的約魯巴人被送到這座由西班牙人掌控的島嶼，島上主要是甘蔗種植園。儘管法律對其習俗多方禁止，但由於他們較晚抵達、人數眾多，並且聚集在首都哈瓦那周遭，這些都有助於將約魯巴傳統保存下來。在半個天主教的外表下，歐瑞夏轉換為聖者；巴巴魯・艾耶變成聖拉匝祿；雞仍然被獻祭，不過通常是私下進行，以免被機警的白人發現而受懲罰。

皮查多在美國聯邦地區法院作證時解釋道，只有祭司可以執行獻祭，方式是俐落地一刀刺穿雞的頸動脈，這跟猶太及穆斯林的宗教律法所要求的相去不遠。之後放乾雞血，使其流入陶土罐中，再將之斬首。皮查多跟布魯克林的拉比艾波斯坦一樣，強調雞隻有受到良好照料，宰殺死亡的時間也非常短暫。動物權倡議者則以大量哈西迪派猶太教徒和桑特里阿教徒的案例反駁，在這些案例中，應該要有的人道對待全都被忽視了[53]。

桑特里阿教徒的情況又更加複雜，由於雞隻是用來從人身上吸取魔咒或疾病的，所以不能吃，必須棄置在外任其分解。邁阿密戴德郡法院的清潔人員必須清理各種儀式舉辦之後的無頭死雞，沿著邁阿密河慢跑的人偶爾也必須注意不要踩到腐爛的屍體[54]。對住在市區的美國人來說，這種情況可是讓人倍感困擾；但是在許多古巴移民眼中，這些死屍是生活中不可或缺的一部分。

一九九三年六月，美國最高法院的九位大法官，包括虔誠的天主教徒史卡利亞，一致強力支持皮查多和他的教眾進行其宗教儀式的權利。海厄利亞的官員們「沒有意識到，或者選擇忽視這樣的事實，即其官方行為違背了本國對宗教自由的根本承諾，」大法官安東尼．甘迺迪（Anthony Kennedy）在全體一致意見書中厲聲斥責。他寫道，「宗教儀式中的動物獻祭有其古老根源。」甘迺迪引述較早的一項判決補充說明，「儘管動物獻祭對某些人來說或許令人憎惡，『然而宗教信仰不需要成為對旁人而言是可接受的、有邏輯的、調和一致或是可理解的樣貌，即能得到憲法第一修正案的保護。』」[55]

就在海厄利亞案判決不久前，首席大法官威廉．倫奎斯特（William Rehnquist）監督柯林頓宣示就職美國總統的典禮，在那現場並沒有獻祭鳥禽，但美國境內的儀式性宰雞並不僅限於邁阿密及其郊區。美國的公園警察最近就在華府的岩溪公園（Rock Creek Park）找到獻祭後的死雞殘骸，距離最高法院只有幾公里之遙。皮查多及其教眾繼續修建他們的小教堂及社區中心，其他桑特里阿教聖殿也如雨後春筍般出現在全美各地，而圍繞這一傳統的恐懼和懷疑已大為減少。西塞羅在天之靈應該也會感到欣慰吧。

CHAPTER 10 農家庭院的毛衣女孩們

我最誠實的朋友，你願意拿雞蛋換取錢財嗎？

——莎士比亞，《冬天的故事》（*The Winter's Tale*）

在美國南方的非裔美國人社群裡，牧師有權在做完禮拜後優先享用餐桌上的雞肉。詩人馬雅・安傑洛（Maya Angelou）回想起虔誠又貪吃的牧師大人霍華德・湯瑪士（Howard Thomas）時，曾抱怨道：「每到禮拜天的大餐時刻，他總會吃掉最大、烤得最香、最美味的那塊雞肉。」雞常常被稱作傳道士之鳥或福音家禽，這也呼應了牠們在西非人社群、黑奴及其後代當中的神聖地位，繼而奠定了美國人對雞肉的熱愛，而這份熱愛正席捲全世界。

英國移民在一六〇七年把他們的雞帶到北美的詹姆士敦（Jamestown），比首批非洲奴隸抵達這處維吉尼亞州的海岸地帶還早了十幾年，艱困求生的殖民者在這些雞的幫助下才得以熬過難關。一六一〇年時，糧食生產短缺，總督下令凡未經許可而宰殺家禽家畜者，包括公雞和母雞，均得以處死[1]。在新英格蘭，雞隻是跟著五月花號一同抵達的，愛德華・溫斯洛（Edward

Winslow）於一六二三年把兩隻雞送給一位身體不適的原住民酋長，讓他們拿去煮湯治病[2]。事後，出於對這份異國禮物的感激之意，據說該酋長透露了另一個部落打算摧毀這個新生殖民地的密謀[3]。

然而，在殖民時期的美國，雞肉只能算是偶而才能嚐一下的食物。在溫斯洛的農場裡，考古學者所挖掘出的殘骸中，野鳥跟家雞的比例是三比一，而且大多數的殘骸主要是牛、羊、豬的骨頭[4]。在那個時期，維吉尼亞人享用的肉類來源包括火雞、鵝、鴿子、鷓鴣和鴨子，此外還有鹿肉、羊肉、豬肉、牛肉，以及真鰶（shad）、鱘魚跟甲殼類。《牛津美國飲食百科全書》記載：「十七、十八世紀時，對北美殖民地的飲食描述裡多半忽略了雞肉。」[5]

對被奴役的非裔美國人來說，雞的卑微地位倒成了受歡迎的恩惠。在發生幾起黑奴販售動物並以此獲利來贖身的事件後，維吉尼亞州議會於一六九二年宣布黑奴不得擁有馬、牛和豬[6]。此外，奴隸主也經常禁止其奴隸去釣魚打獵或種植菸草。一名前往喬治・華盛頓的居所維農山莊（Mount Vernon）的訪客提到，養雞成了「黑人唯一的樂趣，但飼養鴨、鵝或豬則是不被允許的。」[7]

隨著殖民地南方的農場擴張，當情況合適的時候，非裔美國人也開始養雞、買賣雞、拿雞打牙祭。在這個時期，主人通常允許奴隸種植自用蔬菜，並且用菜園廢料、餐桌上的殘渣以及玉米粉做成的粗飼料來餵雞。華盛頓原本是給維農山莊的黑奴們玉米粒，後來當他下令以玉米粉取代時，奴隸們怨聲四起，之所以抱怨，「跟其他原因一樣，都是因為如此一來就沒有外殼可拿來餵雞，」他寫道[8]。

調查發現，在馬里蘭州和維吉尼亞州的種植園裡，從非裔美國人的住處所找到的骨頭有三分之一是雞骨，而種植園的紀錄也顯示經常有人拿錢向奴隸買雞。奴隸主之所以願意授權給奴隸們養雞，是因為雞的經濟價值微不足道，養雞也可降低種植園人工所需的伙食費用，而且許多西非黑奴的後代都承襲了祖先的養雞技藝。比如維吉尼亞州的種植園主藍敦・卡特（Landon Carter），就提到曾「委託」他的奴工蘇奇（Sukey）幫他養了兩百隻雞[9]。

正如同歐洲猶太人獲得了被基督徒鄙視的借貸專業知識一般，畜養家禽也成了非裔美國人的特長。有些種植園主會要求奴隸把多餘的雞肉和雞蛋都賣給自己，以此限制其創業自由。早在一六六五年時，馬里蘭總督菲利浦・卡爾佛特（Phillip Calvert）就曾控告托馬斯・韋恩和伊莉莎白・韋恩（Thomas and Elizabeth Wynne），說他們從他的奴隸那兒買了十隻雞，而收益都進了奴隸的口袋裡[10]。一個世紀後，喬治・華盛頓的鄰居詹姆斯・莫瑟（James Mercer）曾寫道，非裔美國人「大致上都是雞販。」[11]在寫給工頭的一封信中，他說自己願意拿出好幾碼長的亞麻布「來償還他們說我積欠的買雞費用。」[12]

一七七五年時，湯瑪斯・傑佛遜曾用兩枚西班牙銀幣從兩名女黑奴手中買了三隻雞，這兩人是在他的沙德韋爾（Shadwell）種植園中工作的奴隸，這可能算是一次典型的交易[13]。到了十九世紀初，當傑佛遜出任美國總統，他的孫女安・卡芮・蘭多芙（Ann Cary Randolph）替他管理種植園時，記下了每筆採買的狀況：雞肉和雞蛋是奴隸最常賣給他們這戶白人家庭的東西；唯一跟家禽無關的買賣是廚子和傑佛遜的情婦，莎麗．海明斯（Sally Hemings）[14]。類似的商業往來也發生在南卡羅萊納州的稻米種植園，那裡的奴隸往往被要求種植糧食自給。一七二八年，一個名叫伊利亞斯．鮑爾（Elias Ball）的白人奴隸主以一鎊又十五先令的價格，從他的奴隸亞伯拉罕那兒買了十八隻雞。亞伯拉罕是個很上道的生意人，他還多送了一隻雞[15]。種植園主最多一次可從他們的奴隸手中買下七十隻雞。

「在他們的小住所旁，奴隸們普遍有個小菜園和養雞的庭院，這些全是他們的財產，」艾薩克．衛爾德（Isaac Weld）於一七九〇年代從英國造訪維吉尼亞時寫道。「他們的園子裡通常存貨充足，飼養的家禽也是成群結隊，為數眾多。」[16]無論是自由人還是奴隸，非裔美國人在種植園內外都建立起大規模的雞隻網絡，由自由黑人擔任中間人，把雞隻分銷到種植園之外。在美國革命前，一名途經維吉尼亞的旅人「被一大群黑人」嚇到，那群黑人出現在門口，熱切地想把家禽跟農產品賣給這位初來乍到的訪客[17]。據《南卡羅萊納報》報導，在查爾斯頓，黑人婦女在城市市場裡「夜以繼日」地兜售雞肉跟雞蛋。在當時的情況下，她們可以自由向白人買主收取高價並保有全部的收益[18]。「奴隸們販售雞蛋和雞肉，」一個在美國內戰之前遊歷南方的勇敢瑞典人斐德麗卡．布莉瑪（Fredrika Bremer）如此寫道，「他們經常存錢，我還聽說有人因此存了好幾百元。」[19]

雞在非裔美國人的地下經濟體系中，也充當過貨幣的角色。在維吉尼亞的一座農場裡，擁有大量雞隻的奴隸跟黑奴木匠簽訂契約，以雞隻換取為他們的小屋打造木凳[20]。到了美國內戰期間，非裔美國人販賣雞肉跟雞蛋的歷史已經超過兩個世紀之久。這項蓬勃發展的生意並未擴展至「深南部」*，因為那兒的環境往往較為艱苦，創業也更困難。內戰爆發前，一首南卡羅萊納州的歌謠是這麼寫的，奴隸主威脅要把那些惹麻煩的奴隸驅逐到「老密西西比去，那兒驕陽如炙，那兒可沒有雞，黑鬼只能吃土去。」[21]

參與養雞業的奴隸具有強烈的動機去鼓勵他們的主人多吃雞肉。由於黑人女性經常在種植園的廚房中負責做飯，因此西非的食物比如秋葵、羽衣甘藍等便逐漸端上餐桌。但正是因為一場胎死腹中的奴隸謀反事件，才讓炸雞在白人跟黑人之間成為備受歡迎的南方菜。

一八〇〇年，正當海地的奴隸們發動革命反抗其法國奴隸主之時，維吉尼亞州首府里奇蒙（Richmond）有個名叫加布里．普羅瑟（Gabriel Prosser）的黑奴鐵匠，也在當地組織了一場反叛活動。然而，計畫走漏風聲，他跟同謀全被押入大牢。上法院作證時，普羅瑟表示他曾有意在事成之後，冊封瑪麗．蘭多夫（Mary Randolph）為新的非裔美國政權的皇后[22]。瑪麗是白人，她是當時著名的維吉尼亞女奴隸主及大廚；其夫婿蘭多夫是里奇蒙的聯邦執法官，對此怒不可遏，要求處決所有密謀者。當時正在競選總統的傑佛遜勸告州長詹姆士．門羅（James Monroe）從輕發落，最終普羅瑟跟其他二十幾人被處絞刑，另外十人則被無罪釋放，蘭多夫夫婦的反對意見並未被採納。

*〔譯註〕Deep South，一般指阿拉巴馬州、喬治亞州、路易斯安那州、密西西比州和南卡羅萊納州這片地區。

由於菸草價格暴跌，因此傑佛遜上任後的新政府解除了蘭多夫的官職。蘭多夫這對夫妻檔損失了大部分的錢財，而瑪麗・蘭多夫——現在被人稱為「莫莉皇后」（Queen Molly）——只得在里奇蒙開了家供膳宿舍以貼補家用。她的廚藝聲名鵲起，一八二四年時出版了《維吉尼亞家庭主婦》（*The Virginia Housewife*），一般認為這是史上第一本美國南方菜的烹飪著作[23]。由於她原本就打算以這本書取代舊有的英國烹飪書，因此食譜清單結合了英國和非洲的傳統，使用美國的食材，其中就包括了第一份公開印行的南方炸雞食譜。她建議先把雞肉沾上麵粉，撒鹽，再用豬油炸至淺褐色。

炸雞並不是西非特產，古羅馬就有以胡椒等香料炸雞肉的食譜，而從蘇格蘭高地移民至新大陸的廚師也帶來一項傳統，即將雞肉片放到鐵鍋中以熱油烹之。但最終是瑪麗的食譜成了炸雞的範本，其作法是從非裔奴隸那兒抄來的，或可說深受黑奴的影響。一個世紀後，另一名出身自美國中西部的白人哈蘭德・桑德斯（Harland Sanders），將源自該食譜的作法稍加改變，然後結合科技創新產品壓力鍋，打造出全球獲利居次的連鎖速食店——肯德基[24]。非裔美國人三個世紀以來飼養雞隻、烹煮雞肉，並替當代家禽業奠定基礎，但就在炸雞成為美式食物的代表時，他們卻發現自己被邊緣化，還成了刻板印象中的偷雞賊。

↓ ↓ ↓

就在瑪麗的烹飪書出版四分之一世紀後，一股不可收拾的養雞熱潮從英國跨越大西洋吹送到美國的新英格蘭地區。一八四九年十一月，在一個寒冷的週四早晨，超過一萬人聚集在波士頓的公共花園（Public Garden），其中包括政客、商人、官僚，還有普羅大眾，他們全是來參加美國有史以來第一次舉辦的觀賞用家禽展覽會[25]。「所有人都來了，」現場目擊的喬治．柏訥姆（George Burnham）寫道[26]。當時美國最偉大的演說家，有著如同教堂管風琴般嗓音的丹尼爾．韋伯斯特（Daniel Webster）也帶著一對爪哇雞與會。群眾強力要求他現場演說，但他的聲音卻被公雞的嘈雜啼叫給掩蓋過去。當天有名男子花了十三美元購買兩隻雞，這價格在當時足可買到兩大桶麵粉了。

柏訥姆是個衣冠楚楚的流氓無賴，也是新聞從業人員，同時還是個禽類養殖者，美國人會對雞隻狂熱追捧，也是因為他推了一把。波士頓的展覽結束後一個月，柏訥姆從黑提斯柏瑞男爵那兒買了六隻交趾支那雞。黑提斯柏瑞男爵就是先前提過，馬鈴薯大饑荒最嚴重時期的愛爾蘭總督。他手上這批雞，跟維多利亞女王及其夫婿阿爾伯特親王所飼養的系出同源，前一年春天，女王伉儷才把養在溫莎堡雞舍裡的雞送往都柏林參展[27]。柏訥姆耗資九十美元買了這幾隻雞——相當於今天的兩千五百美元。

這幾隻雞抵達波士頓後造成一股轟動，當地報紙的報導稱其「非比尋常，極其特殊。」九個月後，原本那幾隻雞生了小雞，柏訥姆賣掉其中四隻，賺了六十五美金，證明他做了一筆相當明智的投資。一八五二年，他送了一對給維多利亞女王藉此炒作；為表感謝，女王以其自畫像回贈柏訥姆，整件事全都登上報紙[28]。在當時，工廠裡的工人平均時薪是七美分，而一對交趾雞的價格則飆升到一百五十至七百美金。

美國馬戲之王P．T．巴納姆*也被這些新奇的雞隻給迷住，他在紐約州北部的自家豪宅伊拉尼斯坦（Iranistan）中興建了大型雞舍，並擔任美國家禽學會（National Poultry Society）的主席[29]。支持廢奴的報社編輯霍勒斯．格里利（Horace Greeley）和柏納姆則擔任副主席。巴納姆在一八五四年二月籌辦了第一屆全國家禽展，利用這些鳥禽的風潮吸引民眾前往他位於紐約百老匯的博物館內參觀。《紐約時報》在二月十三日報導，「今晨日出之際，將充滿絕妙雞啼。」[30]巴納姆提供了五百美元的獎金，相當於今天的一萬三千五百美元，並宣傳道展場上「全都是國外剛進口的」雞隻。參觀人潮讓巴納姆把展覽延長了整整六天。該年十月，他又舉辦了另一次非常成功的家禽展，這次還找一位作曲家創作了一首〈全國大型家禽展波卡舞曲〉（National Grand Poultry Show Polka）[31]。跟柏訥姆一樣，這位馬戲之王也在這波養雞熱潮中發了大財。

鉅額資金、鋪天蓋地的宣傳，以及近乎歇斯底里的養雞熱潮，震驚了全美還保持清醒的農業媒體。在以穀類和大型牲畜為主體的男性農業文化中，雞只不過是附屬於女人的小角色。編輯們警告大眾，不要花費太多銀兩在「上海雞、吉大港雞（Chittagong）、交趾支那雞、蘆花雞（Plymouth Rock），以及其他好幾種中看不中用的品種上面。」[32]但這建議幾乎沒人理會。一份紐約州北部的報紙報導，有個農民以一對雞十美元和一打蛋四美元的價格出售他的交趾支那雞，一年就賺進四百三十三美元，這對一八五〇年代的小農來說是一筆鉅額財富[33]。新英格蘭地區的神職人員都在炒作吉大港雞和婆羅門雞，南方的白人則抱怨他們的奴隸可以拿到這些新的昂貴品種。在一八五三年，喬治亞州羅馬市（Rome）有個種植園主堅稱，他的黑人奴工去年養了五百隻胸肉結實的上海雞，「他們每天都沉醉在這些雞身上。」[34]

在當時，作家赫曼・梅爾維爾曾諷刺過十隻上海雞要價六百美元的現象。在他一八五三年創作的短篇小說〈喔喔啼叫！或高貴的公雞貝內文塔諾之啼鳴〉（Cock-a-Doodle-Doo! or The Crowing of the Noble Cock Beneventano）中，故事的主人公對一隻上海公雞十分著迷，乃至不惜抵押他的農場以求獲得那隻雞[35]。他寫道：

「這隻公雞，更像是一隻金鵰而非公雞。這隻公雞，更像是一名陸軍元帥……這樣的一隻公雞啊！他身材魁梧，以驕傲的雙足傲慢地站立著。他身上有紅，有金，還有白。紅色只在頭冠處，那巨大而對稱的雞冠，宛如描繪在古老盾牌上的赫克特（Hector）所戴之頭盔。他的羽色潔白似雪，綴著些許金色。他走在棚屋前方，就像個貴族；他豎起雞冠，挺起胸膛，身穿刺繡般的服飾在陽光下耀眼奪目。他的步伐如此美妙。他看起來就像是華麗義大利歌劇中的一位東方國王。」[36]

跟英國的養雞狂熱一樣，美國的泡沫也在一八五五年破滅。更加為人所知的加州淘金潮也在同一年大起大落，而養雞潮雖然持續時間不長，但卻帶來戲劇性的長期影響。等到美國內戰爆發時，新的雞隻品種已經遍布在梅森－迪克森線兩側的美國農場中了。而收藏家們原本追

*〔譯註〕P・T・Barnum，電影《大娛樂家》男主角休・傑克曼所飾演的角色便是巴納姆。

求的是帶有絢麗色彩和誇張羽飾的品種，現在也開始嘗試培育能夠生產更大更多雞蛋的多肉品種。當腥風血雨的南北戰爭結束後，美國的養雞狂熱者已經準備要創造出新的家雞品種，日後，牠們將在今日的全球家禽業佔有主要地位。

蘆花雞，當代最普遍的品種之一，最早在一八四九年的波士頓展場上亮相，是由約翰·庫克·班尼特（John Cook Bennett）所帶來的，他曾是摩門教運動的領袖，鼓吹自由戀愛，並推動使用氯仿（三氯甲烷）麻醉[37]。他帶來的這個新品種結合了英國多爾巾雞以及亞洲交趾雞和馬來雞的基因，有位家禽愛好者曾斥之為「沒啥價值的雜交種」。之後的蘆花雞又混入了多米尼克雞（Dominique）跟交趾雞或爪哇雞的基因，使之成為一個多肉且產蛋穩定的品種。

一八七五年，緬因州有名農夫培育出首批白蘆花雞，這種源自亞洲和歐洲品種的雞，爾後將會遍及世界各地。與此同時，還有羅德島紅雞（Rhode Island Red），這是亞洲的品種跟來亨雞雜交而來，來亨雞則是一八四〇年代進口自義大利。康沃爾雞和歐平頓雞（Orpington）等英國培育的雜交品種也同樣受到大眾歡迎。有些新品種是專門用來生蛋，有些則是為了提高雞肉產量[38]。

隨著工業革命如火如荼展開，鐵路、礦場、製造工廠等已遍布北方各州。都市人口暴漲，食物需求也跟著三級跳，而傳統農業生產方式也讓位給像是養牛業等新興產業。到了一八八〇年代，在德州畜養的牛隻已可運到芝加哥屠宰，最後送到紐約、倫敦、巴黎和柏林的餐盤上。養牛業靠著公路運輸、鐵路運輸、屠宰場、汽船運輸等複雜的體系，使得牛肉成為一個世紀來美國人的肉類首選。而豬肉生產者也盡其所能地效法養牛業的作法。

養雞就不同了。雞只需一處遮風避雨的籠舍，外加廚房菜園的殘渣便能生存。飼料跟飼養者——通常由農婦擔任——都不用多花錢，也因為如此，很難想像家禽養殖要如何形成產業化的規模。所以，有些十九世紀的美國人就向古羅馬人請益。古羅馬人雖然將雞視為聖鳥，但他們也愛吃烤雞。公元一世紀時，學者兼農夫馬庫斯·特倫提厄斯·瓦羅（Marcus Terentius Varro），便曾替「想要設立一座家禽養殖場……藉由應用知識與悉心照料來獲取高額利潤的人們」提供詳細的建言[39]。瓦羅建議他們在室內養兩百隻左右的雞，孔雀和珠雞也可順便養，但「要養到肥的主要還是雞。」他補充道，這些雞「要關在溫暖、狹窄、黑暗的地方，因為光線和牠們的運動會使其長不胖。」[40]或許牠們被視為神聖之鳥，但牠們卻沒有自由。

老普林尼和科魯邁拉（Columella）等作家對於產蛋率、某些品種的優點、會影響到雞隻的疾病等議題皆有深入探討，還論及如何提供住所、餵食、保護等方法。普林尼把雞養在小小的籠舍裡，大概就像我們今日所說的「格子籠」（battery cage，又稱層疊籠）那樣，如此一來牠們就會不斷進食。「我們不要深究希臘人養雞的主要目的，他們只是為了打鬥而訓練最兇猛的雞，」科魯邁拉解釋道，以此表達出一種羅馬貴族不贊成博奕的態度。「我們的目標則是給辛勤工作的家族男子帶來收入，而不是鬥雞訓練者。那些馴養鬥雞的人常因賭鬥雞賽而敗光家產。」[41]

儘管羅馬的養雞知識似乎大多來自希臘的提洛島，但在羅馬帝國鼎盛時期，忙碌喧囂的市場上到處都能看見雞的蹤影。提洛島是個收益豐厚的養雞大本營，而且自宅養雞營利的模式可能就源自於此。羅馬的港口奧斯蒂亞（Ostia）曾出土一塊公元二世紀的石板，上頭刻劃著生動的市集景象：一名販售現宰雞隻的婦女，把這些雞掛在一根木梁上[42]。

在羅馬帝國唯一流傳至今的烹飪食譜《阿皮希厄斯》（*Apicius*）中，記載了十七種雞肉烹調法，其中一種還得要活雞拔毛[43]，這手法至今仍可見於中國某些地區，因為人們相信這樣處理可讓雞肉更加美味。其作者是在公元五百年左右編纂成書，內容提到了餐盤上雞的所有部位，包括雞睪丸、尾羽附著處的油脂腺、切丁的雞腦，乃至煮熟的雞冠等。有些在不列顛和日耳曼的羅馬人跟凱爾特人還會以雞肉料理陪葬，因為墓穴中可見人骨混雜著雞骨。而後，羅馬帝國的衰亡也摧毀了羅馬的養雞業，因為養雞業需要費心的組織架構、堅固的建築和良好安全的道路作為發展支柱。要到十九世紀，該產業復甦的條件才趨於成熟。

大規模養雞的最大障礙，是繁殖。雞的胚胎需要三週時間才能發育成熟，為此母雞得用體溫孵蛋，並且每天翻動雞蛋三到五次，以確保胚胎正常發育。孵蛋時，雞蛋周遭的溫度必須保持在攝氏卅七點二到四十點六度之間，相對濕度則要接近百分之五十五，到最後幾天必須提高一些[44]。母雞要花這麼多時間顧蛋，相對能夠產下更多蛋的時間就少了，所以要養出一大群雞是相當費時的。

這個問題的解決之道，便是人工孵蛋器，它能模擬母雞孵蛋，從而提高母雞的產蛋量。然而，西方世界掌握這項基本技術並使其適應於歐美環境的行動卻異常緩慢。傑佛遜在一八一二年曾向朋友抱怨道，發明家們都還沒有把重點擺在可實際應用於孵蛋的科學之上[45]。但古埃及人和中國人最早在公元前第四世紀時，就已實行了人工孵化，他們採取的方法是焚燒稻草或駱駝糞，使得大房間內的溫度上升，並令侍從轉動蛋，或是在蛋上覆蓋腐爛的肥料，從而提供孵蛋時需要的溫度。這項技術最初在埃及主要是應用於鵝蛋，在中國則是鴨蛋[46]。然而隨著時間推移，雞逐漸取代其他鳥禽，因為母雞能比其他水禽下更多蛋，雞蛋孵化的速度也比較快。

到了中世紀時，歐洲人對於尼羅河三角洲的多隔層孵蛋器驚嘆不已，這種孵蛋器一次可以處理數千顆蛋。不過，這項技術的確切細節向來都是被嚴格保守的祕密，只在少數科普特人（Coptic）家族間代代相傳。在阿拉伯文中，孵蛋器一詞直譯過來便是「雞肉機器」[47]。梅迪奇家族有個人設法把一名埃及人帶到文藝復興時期的佛羅倫斯，並打造了一個孵化器；而在十五和十六世紀時，有兩名法國國王對於借助人工設施來提高家禽產量的努力都予以資助[48]。不過他們都失敗了，或許是因為歐洲寒冷而不穩定的氣候，也可能是因為明顯缺乏駱駝糞便。

一名法國博學之士瑞尼．瑞歐莫（René-Antoine Ferchault de Réaumur）曾遊覽埃及，據他估算，他所見到的三百八十六個孵蛋器每年可孵出九千兩百萬隻小雞，相當驚人[49]。到二十世紀之前，還沒有哪個西方國家能夠達到這般產量。瑞歐莫後來創造出一種新型孵蛋器，該孵蛋器是藉由一具木爐來加溫，由敏感的溫度計所控制。這個孵蛋器孵出來的小雞讓法王路易十五龍心大悅，但最終證實該發明並不具經濟效益[50]。

在十九世紀末，新技術使得能夠處理數千顆雞蛋的高效孵蛋器得以實現，這項發展正好跟歐洲人逃往北美的移民潮是同一個時期。一八八〇年，美國境內飼養的一億隻雞共生產五十五億顆雞蛋，價值一億五千萬美元。十年後，則有兩億八千萬隻雞，生產了一百億顆雞蛋，價值達二億七千五百萬美元[51]。紐約市的猶太族群成了最為單一集中的雞肉市場。《塔木德》要求猶太正統派教徒享受安息日，其中包括好好吃一頓[52]。不過，由於牛肉太貴，魚肉就成了逃離大屠殺和貧困的人們最愛的主菜，雞肉則緊跟在後。這樣的飲食偏好催生了新興的養雞產業。在一八八〇到一九一四年間，大約有兩百萬名猶太人——這是整個東歐猶太人口的三分之一——抵達美國，其中絕大多數定居於紐約市。

起初，紐約市大部分的活禽供應是從維吉尼亞沿岸地區用船載運而來，但是到了一八七〇年代，第一列滿載活雞的火車從中西部駛抵了曼哈頓的舊「西華盛頓市場」[53]。在這個迅速發展的都市裡，雞蛋是如此昂貴，以致有許多雞蛋得從國外進口。「過去九個月以來，這座港口已經收到了來自歐洲的二十萬打雞蛋，」《紐約時報》於一八八三年的報導寫道，「這些雞蛋是用稻草包裹後放在長箱子裡，每個箱子有一百二十打的雞蛋。」[54]美國內戰之前，南方的家禽市場是由非裔所掌控，而在這座全美最大的都市裡，猶太人——特別是猶太婦女——則成為最成功的家禽商。

猶太家庭主婦通常會從市場買活雞，再將之帶到符合猶太教規宰殺處由屠夫宰殺，但往往因為待宰雞隻太多，使得原本為了要避免動物痛苦，並對動物犧牲表達敬意的律法形同虛設，比如：按照規定宰雞的刀鋒要足夠鋒利。一八八七年，一位拉比曾大驚失色地寫道，「成河的鮮血混著泥沼」，人跟雞全擠在一起，屠夫「連轉身的空間都沒有」，只能不斷殺雞而沒有時間去管刀子是否還鋒利[55]。一九〇〇年，紐約市有一千五百家符合猶太教規的肉鋪，運到曼哈頓的活雞多達兩千節火車車廂，這些數字到了一九二〇年時成為四倍之多[56]。

非裔美國人為了逃離大屠殺和貧窮，開始紛紛逃離南方農村地區。到了一八九〇年代，南方頒布了種族隔離法案「吉姆・克勞法」(Jim Crow laws)，而會啃食棉花的棉鈴象鼻蟲此時也開始肆虐，成千上萬的非裔美國人被迫遠離家園，前往北方各州的工業化城鎮討生活。他們在逃亡的過程中備受屈辱，因為當時的火車禁止黑人進入餐車，餐車只限白人使用，黑人往往得自己打包食物，而西非的炸雞傳統也一路相隨。這些移民把載他們前往北方城市的火車稱作「雞骨快車」，一方面是因為那些啃完後亂丟在鐵軌上的雞骨，再者則是出於他們對雞的相關專長及熱愛[57]。

發展中的都市對雞肉跟雞蛋的需求，如漣漪般擴散開來，連阿帕拉契地區、中西部以及加州等地的農場也受到影響，而鄉村的婦女是滿足這些需求的關鍵。在美國，直到一九三〇年代，婦女仍是照料雞隻的主力，今天在發展中國家仍然如此。男人在田裡忙著種植經濟作物或是放牧，雞隻就交給妻女和母親去顧了。畢竟，雞只要宅在家就行了。雞喜歡在家附近活動，人們會拿剩飯剩菜跟廚房菜園裡的廚餘菜渣來餵雞，雞也會吃庭院的蟲子。

在十九與二十世紀之交，美國南方的家禽業發展遠遠落後加州和中西部地區，當時養雞已經成為除了種玉米和養牛之外，全美利潤最高的農業項目。在北卡羅萊納州，雖然九成的農場都有養雞，但平均每個農場只有廿二隻，反觀中西部，其農場裡的平均雞隻數量有三倍之多

[58]。由於養雞被認為是女人幹的活兒，加上雞又跟非裔族群有關連，因此即便能夠迅速獲利，還是無法打動南方的男性將其種植作物的農場改為養雞場。一九一七年時，北卡羅萊納的一名推廣員抱怨道，他的苦口婆心總是招來一番奚落。「家禽在大多數農場都被看作是不必要的麻煩。」[59]

倒是南方的婦女很快就看到了商機，這有一部分要歸功於識字率的提昇，以及低價農業雜誌的普及。一九〇九年，在北卡羅萊納州的西部山區，一位名叫莫莉・塔格曼（Mollie Tugman）的少女跟家人表示，她打算養雞賺更多錢，比家裡現在賺的還多。她家所在之地是美國境內極為貧困的地方，靠著在布滿岩石的丘陵地種玉米維生。她的父兄都嘲笑她，但她無視這些冷嘲熱諷，把十一歲的弟弟找來幫忙，加上兩頭牛，開始搭建柵欄和雞舍。其他家人被她的決心打動，後來一起攜手打拼[60]。

塔格曼是受到一本鄉村生活雜誌《進步農民》（*Progressive Farmer*）的文章——作者通常是女性——所鼓舞，文中提到了飼養家禽的種種竅門[61]。因此，她曉得要去種穀物來餵養雞隻，而不是只給牠們廚餘或糠糟就了事，並且要留意疾病的侵襲。等到她的雞下蛋後，她便購入一種俗稱「水玻璃」的化學物質矽酸鈉來保存雞蛋，等到冬天再以較高價格將蛋賣出。塔格曼隔年結婚，其收入已經使她在相當程度上獲得經濟獨立，這在那個年代的婦女中是很罕見的。

同樣來自卡羅萊納州的H・P・馬可佛森（H. P. McPherson）在一九〇七年寫道，雞的利潤比蔬菜、奶油或牛奶都還要好，而且使她擺脫了「依賴感」。她的結論是，「如果一個女人有地方可以養雞，那她就沒有缺錢的藉口。」[62]在一九一〇到一九二〇年之間，北卡羅萊納州的雞肉和雞蛋銷量翻了一倍，到了下一個十年又再翻了一倍。養雞成了該州發展最快速的畜牧業[63]。

第一次世界大戰把雞從穀倉旁的附屬品，轉變成國家安全的必需品。赫伯特．胡佛（Herbert Hoover）為了盡力維持美軍和歐洲平民的食物供應，因此鼓勵美國人養雞，他說這不但能夠展現愛國心，還能發大財。「保母雞，養母雞，吃雞蛋，吃公雞！」《舊金山紀事報》曾在一九一八年四月如此疾呼。報紙上，只見一個美國大兵舉著上了刺刀的步槍，上頭站著一隻大雞。「把更多的雞蛋、牛肉和豬肉送到歐洲去。船上載運更多食物，讓更多勇士在星條旗下殺敵。更多的士兵，意味著波茨坦（Potsdam）的惡人離末日更近了。大夥兒們，帶上你的母雞吧！」[64]還有一張畫著母雞的海報上寫著：「承平時期是掙錢的消遣，戰爭時期是愛國的責任。」[65]此時蛋價漲了一倍。

該年三月，美國郵局同意幫忙快遞全美兩百五十個孵化場的小雞，該項業務後來被美國戰爭部所接管，這項微不足道的官方決策，對雞的未來產生了深遠的影響[66]。許多農民在那個時期認為人工孵化是不道德的，因為這樣就把小雞跟母雞分開了。而在州議會，為了禁售六週齡以下的小雞和禁止以郵件方式運送小雞，正反雙方展開激烈攻防。戰爭部的舉措，突然間替孵化場打開了廣大的全國市場，而反對人工孵化的勢力也隨之瓦解。過了十年，全美已有一萬家孵化場，多數集中在加州北部和密蘇里州西部，全美超過一半的小雞是在孵蛋器裡破殼而出，而不是在農家院子裡。加州有位企業家在一九一九年出版了一本暢銷書，《我如何用四千二百隻母雞在一年內賺到一萬美元》（*How I Made $10,000 in One Year with 4200 Hens*）[67]，當時一萬美元等同現今的十二萬五千美元。

婦女們不再為了偶有得之的雞蛋而養雞。教會合作社如雨後春筍般成立，它們銷售雞蛋，並且把母雞清理好之後運往都市地區。北卡羅萊納州西部有名紡織業者，其妻擁有一座可同時孵十萬顆蛋的大型孵化場[68]。此外，還有一位女士創立了一家全新的公司，專門養雞提供肉用。一九二三年，德拉瓦州的希莉亞．史蒂爾（Celia Steele）向一家孵化場訂購五十隻小雞，但對方配送錯誤，結果她收到了五百隻。她並沒有將多出來的退回，反而把這些小雞養在小巧的方形木建築裡，裡頭只有一個煤爐。史蒂爾跟她擔任海巡的丈夫先把這些雞養大到可以宰殺賣肉的階段，然後拿著賣雞賺來的錢，她又大膽訂購了一千多隻現今我們稱作肉雞的品種。她的雞賣出後大部分被送到紐約市的猶太市場，巧的是那裡主要也是由女性經營[69]。

一九二五年時，在介於大西洋和切沙比克灣（Chesapeake Bay）的德瑪瓦半島（Delmarva Peninsula）上，農民們就養了五萬隻雞。十年後，這個數字增長到七百萬[70]。根據美國農業部於一九三〇年代的研究報告估計，每十隻抵達紐約的雞就有八隻是被猶太顧客買走，而猶太客戶的數量從一九〇〇年的五十萬，到了一九三〇年時成為四倍，兩百萬[71]。四分之一個世紀後，史蒂爾飼養第一批肉雞的那個小巧木造建築，被列進美國的國家史蹟名錄中。一九二八年，共和黨全國委員會發布了一則支持該黨總統候選人胡佛的廣告，標題就是「人人有雞吃」[72]。這句話可追溯到十六世紀法王亨利四世的誓言，但這一次聽起來似乎有機會實現。非裔美國人和鄉村白人婦女漸漸被排除在這個行業之外，因為大學裡紛紛成立家禽科學相關系所，華爾街的金融大亨們也注意到了不起眼的雞隻所帶來的利潤。

經濟大蕭條終於讓許多南方州的男性聽從妻子的建議，轉而飼養家禽。人造纖維和棉鈴象鼻蟲扼殺了主宰南方經濟的棉花產業，這是該地區許多農民的唯一收入來源，於是雞就成了這些赤貧家庭死馬當活馬醫的救生圈。一九三三年某一期《進步農民》中寫道，養雞一開始只不過是「無關緊要的農場雜活——撒一點穀子，撿幾顆雞蛋罷了，」現在竟成了「一項科學事業和農場收入的主要來源。」[73]在當時，儘管經濟發展低迷不振，每年還是有一萬節火車車廂滿載活雞開往北方，以滿足工業城市裡對雞肉和雞蛋的穩定需求[74]。不過人們仍然認為雞肉不如紅肉那麼誘人和美味，而且價格偏高，但在第二次世界大戰前夕，雞肉已經準備打進美國菜的核心位置了。

↓ ↓ ↓

一九五一年六月，一個晴空萬里的日子，位於費耶特維爾（Fayetteville）的阿肯色大學「刺背野豬球場」（Razorback Stadium）擠進了一萬名雞隻愛好者，這是全美舉國上下嘔心瀝血創造未來之雞的高潮時刻。在樂隊演奏和群眾歡呼聲中，副總統阿爾本・巴克利（Alben Barkley）親手把一張五千美元的支票交給一位名叫查爾斯・范翠斯（Charles Vantress）的加州農民，因為他培育的品種獲得了「明日之雞」（Chicken of Tomorrow）大賽的優勝[75]。

該獎項代表一個巨大新興產業的興起，以及家雞蛻變成如同飛彈、電晶體、熱核武器（在那六星期前美國才首次試爆氫彈）一般的科技奇蹟。優勝的品種並非因為血統純正或帶有異國情調而雀屏中選，而是因為牠最像是由一批家禽學者所設計出來的完美軀體的翻版。你現在所吃的三明治或卷餅裡的燒烤雞肉，幾乎都是來自范翠斯所培育品種的後代。

這種明日之雞跟核彈一樣，都是二次大戰的產物。在軍事衝突的期間，牛肉和豬肉是定量配給給軍隊的，而對平民百姓而言，雞肉就已經夠好了，因此聯邦政府刻意抬高雞肉價格，以鼓勵農民為大後方生產更多禽肉。跟第一次世界大戰時不同的是，二戰時期人們並非只關注雞蛋，由於肉雞產業方興未艾，因此大家也關注到雞肉本身。結果，當歐洲和太平洋的前線戰事進展遲緩之際，牛肉和豬肉的庫存減少，雞肉黑市則順勢興起。

《雞丁》*在戲院上映時，美國總統富蘭克林．羅斯福（Franklin Roosevelt）籌組了戰時糧食管理局，以因應糧食短缺[76]，而該單位隨即扣押了德瑪瓦地區的所有肉雞[77]。德瑪瓦是由德拉瓦州和部分的馬里蘭州和維吉尼亞州所組成的區域，是美國的家禽生產中心，也是當年史蒂爾開展肉雞生意之處。雞肉很快就成了調養身體的老兵和傷兵的標準食材，而在整個南方州的新兵訓練營中，來自北方州跟美西的士兵們則透過黑人廚師的手藝認識了炸雞的美味[78]。宣傳海報反覆向平民灌輸飼養家禽的美德，還有人說「洛克雞得」（Flockheed）大規模生產可用來抵禦外侮的雞隻，這其實是拿戰機製造商洛克希德（Lockheed）公司來開玩笑[79]。然而日裔美國人在二戰期間遭美國政府拘留一事，竟引發了一場出乎意料的家禽危機，因為在能夠熟練分辨小雞性別的農工中，大部分都是日裔美國人。某間公司曾說，「由於戰爭，使得合格的雛雞性別鑑定人才極為短缺。」[80]

到大戰結束時，美國人食用雞肉的量比開戰時增加近三倍，而雞肉是來自急遽增長的工業化農場[81]。大型孵化場每天孵出上千隻雛雞，這些雞被送到農民手上，他們把雞養在巨大的雞舍中，養到一定程度後就運到屠宰場宰殺上市。二十年前，史蒂爾才在德拉瓦州鄉間的一處木建築裡養了她的第一批肉雞，豈知二十年後，飼養肉雞不僅關係國家安全，也成了重要的工業企業。

就像曼哈頓計畫集結了大學裡的科學家、工業工程師和政府行政官員一起揭開原子的祕密一般，明日之雞這計畫也吸引了數千名家禽研究者、農民和農業推廣機構，他們希望創發出一種新的「高科技裝置」。但跟打造原子彈計畫不同的是，明日之雞大賽是完全公開的，這個主意最初是愛荷華州家禽學者霍華德·皮爾斯（Howard Pierce）想出來的，他是當時全美最大食品零售業者「大西洋和太平洋食品公司」（A&P）的高級經理，該公司就宛如現在的沃爾瑪。一九四五年，皮爾斯在加拿大參加會議時聽到了同事們的想法，他們擔憂隨著牛肉和豬肉不再配給供應，過不久家禽業也會大難臨頭。他提議道，這個產業跟消費者需要的是看起來像火雞的雞，那樣的雞將有著更寬闊厚實的雞胸，以及更多肉的大腿和棒腿[82]。

*〔譯註〕*Chicken Little*，二〇〇五年時，迪士尼公司曾據此創作一部同名的動畫長片，中文片名為《四眼天雞》。

皮爾斯說服自家公司的管理階層出資，一起向全國說服，以實現這一雄心勃勃的目標。這家主導超市發展趨勢的連鎖店當時正在尋找包裝食物的新方法，它於一九四六年開始在一些大型店面安裝冷凍櫃，以此販售冷凍肉品、海鮮和蔬菜。由於聯邦政府指控該公司圖謀壟斷零售食品業務，使他們頗受打擊，因而急於維持自己的聲譽。後來，皮爾斯總算讓美國所有主要的家禽組織、兩份商業雜誌以及美國農業部的雇員等全都齊心協力起來[83]。

在籌辦「明日之雞」相關活動的委員會中，完全沒有女性或非裔的成員；美國的養雞業在被黑人和女性主導了三個世紀後，現在是被白人男性專家給牢牢地掌握。家禽權威們為比賽建立了一套評分系統，製作了胸部豐滿的雞隻蠟像模型，並制定出嚴格的競賽規則[84]。比賽目標是希望利用小農以及大型商業化養殖業者的專業知識，培育出理想的肉雞品種——具有「厚實的胸肉，厚到能切成雞排。」[85]有鑒於當時的雞相對而言堪稱瘦骨嶙峋，因此這是個艱鉅的目標。

為了引起關注，大西洋和太平洋食品公司投資拍攝了一部短片，該片由當時全美最知名的新聞記者洛維爾・湯瑪斯（Lowell Thomas）擔任旁白，片中盡是身穿白袍、繫著領帶的男人，他們神情嚴肅地檢視著雞隻，而女性和黑人則在背景中做一些卑微的粗活，比如餵雞和去除內臟、清理雞肉之類的。由於過去通常只關注雞蛋的產量，「相對就沒什麼人會去設法培育更好的肉雞品種，」湯瑪斯解釋道[86]。委員會也跟其他組織共同發起「家雞狂熱支持者日」（Chicken Booster Day），活動內容包括在紐約市舉辦一場宴會，放映電影《快樂無疆》（*Chicken Every Sunday*）[87]。這是一部「二十世紀福斯公司」所發行的影片，由賽麗絲・荷姆（Celeste Holm）以及女童星娜妲麗・華（Natalie Wood）擔綱主演。當然，真正的主角是那頓讓一個破碎家庭避免傾家蕩產而重新團聚的晚餐。雞在一年之中有三季能夠下蛋，可讓鄉村婦女藉此賺點零用錢，偶而還能在特殊場合成為晚餐的菜色，因此被塑造成牛肉和豬肉的強力競爭對手。

全美本土四十八州有四十二州舉辦明日之雞競賽，之後再進行分區決賽和兩場全國總決賽[88]。參賽者所提供的已受精雞蛋都在相同條件下孵化，餵養同樣的食物，也接種相同的疫苗，最後秤重、宰殺並清除不能吃的部份[89]。從各大學、養雞業和政府部門聘來的評審們，分別從「生產經濟性」和「清理後的肉品」兩方面來打分數。范翠斯在一九四八年和一九五一年的全國大賽中都拿下優勝，他用來參賽的是由公的加州康沃爾雞（California Cornish）跟母的新罕布夏雞（New Hampshire）雜交育種而來。這種健壯的品種，其基因正是歐洲雞跟亞洲雞的最佳組合，平均體重超過四磅（一點八公斤），體型比當時一般家雞大了一倍。這種雞以驚人的速度成為養雞業裡的模範雞種，到了一九五〇年，絕大部分的商業肉雞都源自該品種和其他亞軍品種。《阿肯色農學家》（*Arkansas Agriculturalist*）在一九五一年某一期中宣稱，「瘦弱小雞的時代已經過去，」這都要感謝「明日之雞計畫中勝出的品種。」報紙把透過科學方法改造的雞隻稱作「這些農家庭院的毛衣女孩*們。」[90]

在戰後養雞業的美麗新世界裡，婦女和農家庭院已然成為歷史遺跡。現代的雞隻養在室

*〔譯註〕「毛衣女孩」（sweater girl）是美國一九四〇、五〇年代的流行語，形容當時一些好萊塢女星穿著緊身毛衣，凸顯出胸部的曲線而引領時尚。

內，吃著自動化飼料槽裡的加工飼料，攝取大量維生素，呼吸通風的空氣，並藉由疫苗和抗生素來預防疾病。其目標是盡可能高效率且廉價地將飼料轉換成雞肉——還真的實現了。當牛肉和豬肉的價格在二戰結束後的十年間暴漲時，雞肉價格則呈現戲劇性地跌落。此時大西洋和太平洋食品公司不僅擁有孵化場跟屠宰場，還擁有裡面的雞，並且兼顧飼料與醫藥。養雞戶把雞養在自家籠子（現在的籠子已演變為又長又低矮的倉庫型雞舍），等到雞完全長大，就準備裝運。

直到一九五〇年代早期，美國多數雞場裡的雞都不超過兩百隻，跟古羅馬農業作家所鼓吹的養殖規模差不多[91]。但在明日之雞的活動之後，農場開始飼養上萬隻雞，甚至達到十萬隻之多。原本一隻母雞可能在農場裡活個十幾年，現在只要短短六週就能養胖然後送去屠宰。

人類歷史上還未曾出現過此番場景。紀錄上，從來沒有哪種主要食物——肉類、乳製品、穀物、水果或蔬菜——增長的產量和規模如此快速。唯一的例外，或許是在同一時期迅速普及的濃縮柳橙汁，這得感謝科學的進步和聰明的廣告策略[92]。由於營養學及繁殖飼養技術的進步，此時養成一隻雞所花費的時間只需一九四〇年時的一半，而每磅雞肉的價格則從六十五美分降到了二十五美分[93]。

究竟是什麼因素讓雞跟其他牲畜——比方說牛好了——如此不同呢？由於牧場主長期以來有著根深蒂固的觀念，對於學院派的基因遺傳研究以及企業經營的那一套方法都不能很快就接受，而且對於激進的變革普遍抱持懷疑的態度。與之形成鮮明對比的是，正在崛起的這一代家禽業要角們非常歡迎科學家對雞的基因進行廣泛研究，以便創造出更具生產效率的品種。這些新興的養雞大亨大多不是農人，而是把雞從農場運送到城裡的中間商。

舉例來說，美國最大禽肉公司，也是目前全球最大肉類生產商的創辦人約翰・泰森（John Tyson），最初就是一名獨立接單的貨運司機[94]。在經濟大蕭條的初期，他僅能餬口度日，於是開始做起了把肉雞從阿肯色州運往堪薩斯市、聖路易和芝加哥等地的生意。運送途中他會提供飼料跟水給雞，這作法在當時還很罕見，因此他能夠把雞送到更遠的地方去[95]。第二次世界大戰期間，對雞的需求量暴增，泰森從經營失敗的養殖者那兒買下孵化場、飼料廠和肉雞場，首創養雞「生產流水線」系統，這已經成為當代養雞業的運作要點。

由於雞隻被大量集中圈養，疫病便有機會橫掃雞群，導致所有雞隻全軍覆沒，而且飼料價格也可能大起大落，結果只有規模最大的經營者得以倖存並蓬勃發展[96]。泰森是出了名的精明執拗，動不動就勃然大怒，對他養的雞也沒有半點感情。「事情簡單就好，」他曾說道，「把雞宰了，賣掉，然後數鈔票就是了。」[97]泰森的兒子唐（Don）在一九五二年進入公司擔任總經理前，是在阿肯色大學專攻農業營養[98]。在一九五〇年代，這對父子檔利用飼料、遺傳學和管理學的最新研究成果持續擴張他們的事業。維生素、疫苗和抗生素成了邁向成功的要件。「雞肉成為銷售產品」這件事，幾乎是個偶然。「我們並沒有致力於發展肉雞業務，」唐後來對一名記者說到，「我們只是全力關注該如何把投資出去的大把銀子給賺回來。」[99]

泰森一家是明日之雞的受益者，它取代了一個世紀之前由養雞熱潮所產生的傳統養殖文化。早期的品種也開始消失。就像汽車製造業者要求統一零件規格，新興養殖業者也希望能夠獲得餵養最少的飼料就能快速成熟，而且變異越少越好的雞種。因此，新一代的科學育種家便專注於培育具有「生物鎖定」（biological lock）性質的雜交種，以確保該品種的一致性[100]。這種方法能夠確保生物品種的高生產力及可預測性，但也意味著養殖者無法藉一己之力來培育出具有相同一致性的品種。這就跟雜交的玉米品種一樣，農民必須向掌控著特定基因性狀的公司購買種子才能繼續種出相同的玉米，育種公司把這些品種的特性視為最高機密，就像核子武器或桑德斯上校著名的肯德基炸雞配方一樣。

有些畜牧專家對這種變化的速度表示擔憂。「現代科學……具有成為教條的危險，」有人在一九六〇年代警告道。「我們或許該多鼓勵科學家們偶而要進到農場裡做做研究而非教學，或者用個不恰當的說法，去布道傳教。」他也指出，家禽業對於正在採用的新方法「不加批判且操之過急地全盤接受。」[101]當時，美國超過七成的養雞業都在南方州。

從阿肯色州的歐札克山區（Ozarks）到喬治亞州北邊的丘陵地，蓬勃發展的養雞業給美國境內最貧窮的一些地區帶來了工作機會。而在華府的「友人」們，則確保聯邦政府實施最低限度的監管措施。阿肯色州參議員威廉．傅爾布萊特（William Fulbright）成為國會中對養雞業的堅定支持者。當時國會提出一項法案，打算加強檢查家禽業，於是唐．泰森給傅爾布萊特寫了張短箋：「比爾，這會傷到養雞業。」[102]結果，提議的法案旋即夭折。到了一九六〇年，阿肯色的養雞戶有百分之九十五都跟泰森這類大型企業簽約[103]。養雞戶們私下抱怨自己的地位宛如當代佃農，但公然抱怨可能會導致合約取消，這樣一來馬上就會破產[104]。因此，雖然在中西部跟南方州都有養雞戶跟大型養雞場的工人試圖改變，但卻從未有太大的進展[105]。

雞肉比牛肉或豬肉還便宜，這是美國史上第一遭，消費者還能根據不同的分切部位購買包裝整潔的雞肉[106]。長期以來，拔掉細羽血羽、去除內臟跟雞腳這類費工的雜事，一直都是家庭主婦的工作，不管是在城裡還是鄉間。現在，她們不用去買整隻雞了，這使得雞肉不再只是禮拜天的豐盛大餐才會出現的菜色，而是逐漸普及的日常料理。事實證明，雞肉非常適合美國戰後的繁榮興盛，因為雞肉很容易包裝。「很快地，人們就發現肉雞和超市顯然是天生一對，」一位家禽專家觀察道[107]。與此同時，隨著人們越來越注意到紅肉中的脂肪所帶來的健康風險，相對低脂的禽肉成了更具吸引力的選擇。

泰森食品在一九六〇年的淨銷售額為一千萬美元，到了一九六〇年代末則攀升到六千萬美元，這反映了消費者口味的轉變[108]。自第二次世界大戰爆發以來，美國實際的肉雞數量在任何時刻都保持著驚人的穩定，但到了這個時候，每隻雞的重量是當初的兩倍，所需的飼料僅需一半，養到成熟的時間也只需一半[109]。此外，養雞場的數量也從超過五百萬家，減少到一九七〇年的五十萬家。

然而，不斷下跌的價格和微薄的利潤，使得整個行業不斷想方設法銷售其乏味的產品，從冷凍晚餐到預煮的陸軍口糧等不一而足。海外地區也打開了亟需雞肉的市場，一九六〇年之前，每年就有一億磅（將近五萬噸）的雞肉從美國運到西德[110]。跟其他主要的雞肉企業一樣，泰森也開始向墨西哥、歐洲、亞洲和南美洲銷售自家產品，並在這些地區擴展廠房和經營方式。

儘管整個美國的肉雞基本上沒什麼不同，但像是來自德瑪瓦半島的暴發戶商人佛蘭克．珀度（Frank Perdue）卻開創性地買廣告做宣傳，從而打出了自家雞肉的品牌——這是牛肉行業尚未成功仿效的行銷策略[111]。

長期以來，養雞一直被蔑視為女人在幹的活，因此珀度想要消除認為這一行不夠陽剛的所有質疑。「只有硬漢才能煮出軟嫩的雞肉，」他在一九七〇年代時，向電視觀眾說出這句名言——距離該產業踉嗆跨出第一步，已經過了一個世紀[112]。當然，這還是需要幕後的女性和少數族裔付出努力才行。在全美二十五萬名養雞場工人中，超過一半是女性，百分之五十是拉丁美洲裔，另外據估計，每五個養雞工就有一個是非法移民[113]。這份工作往往令人生厭，收入低又危險，正如報紙文章、政府報告以及在養雞場臥底工作的作家所寫的書籍詳實記載的那樣[114]。但正因如此，才使廉價雞肉得以廣泛提供給消費者，包括那些等著去骨雞胸肉打折促銷、好買回去存放在冰箱裡的人。

舉辦明日之雞大賽的五十年之後，雞肉取代牛肉，成為美國人的首選肉類[115]。一九八〇年代時，麥當勞推出麥克雞塊，加上其他像是雞柳條、雞肉餅跟雞肉熱狗之類的高度加工雞肉產品問世，這些都把雞肉推向顛峰。食品科學家發現，這種雞肉比豬肉或牛肉更容易吸收味道，非常容易料理，是速食餐點的完美選擇。到了二〇〇一年，每個美國人每年平均吃掉超過三十六公斤的雞肉，是一九五〇年的四倍[116]。

至今，這個數字已經來到四十五公斤。二〇一二年，泰森食品的銷售金額達到三千多億美金，每週最高可從六十座養雞場生產出四千一百萬隻雞[117]。肉雞產業在美國及世界各國迅速發展。由泰森開創的垂直整合模式，快速擴展到正在都市化的南美、印度和中國，而養牛及豬肉產業也都急於仿效該模式。雞隻曾經被許多農業部門忽視和輕視，如今卻已成為價值數十億美元的國際複合事業，替全球農業經濟立下標竿。

從傅爾布萊特高速公路下交流道，一塊紀念牌匾就立在費耶特維爾市區的阿肯色大學校園內，離當年明日之雞的決賽處不遠。該牌匾是為了紀念「把阿肯色州的養雞業打造成世界經濟重要力量的企業家們。」[118]紀念牌匾在刺背野豬球場附近，位於楓葉街的約翰泰森大樓（John W. Tyson Building）入口處，那是讓人印象深刻的現代複合建築，裡頭有上百間研究室，一座佔地一萬平方英呎（約九百三十平方公尺）的實驗加工廠，還有許多教室，以及簡介手冊中所提到，用來「進行感官品評的試吃小間（tasting booths for sensory evaluation）」[119]。這棟造價兩千萬美元的鋼筋水泥建築，是由聯邦政府、家禽公司以及公投批准的州債券出資興建，相當現代化且整潔，本身就是慶祝科學和工業勝利的紀念物。不過，你在這兒看不到活雞的蹤影。

CHAPTER 11 原雞群島

威廉對養雞業並無好感，認為這一行甚為不祥。在途中，他常經過一些養雞場。那些龐大的木造建築蔓生在荒蕪的田野上；它們宛如監獄。裡頭的燈光徹夜通明，好誘騙可憐的母雞下蛋。然後，便是屠宰。假如把所有被屠宰完的雞籠給堆疊起來，只消一週就會高過聖母峰。雞血會填滿墨西哥灣。雞屎跟尿酸則會炙燒著大地。

——索爾・貝婁（Saul Bellow），《只爭朝夕》（*Seize the Day*）

當代的家雞品種沒有名字，只有型號名稱。像是樂斯308（Ross 308）、哈伯德富來（Hubbard Flex）、科寶500（Cobb 500）等。科寶500的育種者是這麼向買家宣傳的：這是「世上生產效率最高的肉雞」，牠們的「飼料轉換率最佳，生長速率最快，能在低密度與低成本的營養條件下成長茁壯。」因此，該品種「每公斤或每磅活體重的成本最低，在全球日益增加的消費人口中具有競爭優勢。」[1]

就跟汽車一樣，新的家雞品種型號也會定期推陳出新。科寶700在二〇〇七年首次亮相，它是科寶500的輕度強化版本。科寶700是專為迅速增長的南美市場所培育出來的，他們渴望以盡可能的低價獲取最高的收益[2]。二〇一〇年時，隨著後院養雞風潮盛行，科寶撒索150（CobbSasso 150）應運而生，「非常適合傳統式、自由放養和有機農法。」[3]所有的新型號都是為特定市場精心培育出來的。

全世界都盯著美國看，引頸期盼著最新款的肉雞品種型號，就如同人們期待雪佛蘭（Chevy）或奧茲摩比（Oldsmobile）推出新年度的車款一樣。全球有三大育種公司掌控了超過八成的肉雞市場供應量，其中兩家就是美國公司[4]。比如科寶700就是由泰森食品旗下的科寶－范翠斯（Cobb-Vantress）所出產。該公司的總部跟其母公司泰森一樣都在阿肯色州，而且世界各地都有科寶－范翠斯的子公司，但它最初是在一九一六年創立於新英格蘭的一間小企業，後來收購了范翠斯為了明日之雞大賽所發展出來的肉雞業務[5]。

在二〇一〇年，美國三百多家育種孵化場孵出的肉雞就超過九十億隻[6]。肉雞上市的重量在幾十年來不斷提昇，而死亡率跟飼料量則是逐年下降。一九五〇年，在明日之雞競賽舉辦之前，一隻肉雞平均要七十天才能長到三點一磅（約一點四公斤）的平均體重，而雞隻每長一磅就要耗掉三磅的飼料[7]。到二〇一〇年，一隻雞養到五點七磅（二點六公斤）只需四十七天，所需飼料不到兩磅[8]。這樣的革命性轉變絕非培育能獨攬全功，要知道，對雞來說，尤其是密集飼養的雞群，是很容易罹患各種疾病的。對雞病大量研究而開發出來的各種疫苗，在這六十年間將雞的死亡率降低了一半，達到百分之四[9]。把當年的雞隻轉型成現代這模樣的第三個要素，是營養的改進，特別是在飼料中添加了關鍵的維生素。

養雞業穩定提高了生產率並且降低飼料成本，在歷史上，還沒有哪種畜牧養殖計畫能望其項背。一個世紀之前，雞讓威廉·畢比印象深刻的那種「活生生有機黏土」的特性，在此又得到印證。然而，不顧一切地追求以最少飼料生產最多肉量，背後所付出的代價卻不是消費者能夠得知的。舉例而言，在一九九〇年代，有批精蟲衝腦的公雞流入了肉雞養殖場裡，這些富有攻擊性的公雞要嘛是不曉得常見的求偶舞，要嘛是因為胸肌太厚而無法交配，於是把怒氣出在母雞身上，過程中有時還會殺死母雞[10]。

培育成快速長肉的這些品種，由於骨架跟不上肌肉發育速度，造成骨骼發育不良，進而帶來腿部和臀部病變，傷害到雞隻健康，有些肉雞甚至因此無法走到飼料跟飲水的供給處。而且有跡象顯示，不少雞隻都有慢性疼痛的問題；一份研究指出，肉雞能夠學會藉由取食含藥的飼料從而自主攝入止痛藥。在這一行，新的想法總是有用武之地。最近有支以色列團隊利用加州飼養的一個變異品系，培育出一種無毛雞，可以減少處理成本。但這雞全身光禿的照片立刻在全球引起公憤。其他科學家指出，沒有羽毛的雞隻其實不切實際，因為牠們可能在交配時受傷，容易發生皮膚病，對於溫度的波動也更加敏感[11]。

有些學術研究者，比如加拿大貴爾福大學（University of Guelph）的伊恩·鄧肯（Ian Duncan），將肉雞的遺傳問題歸咎於養雞業想培育具有更多胸肉家雞品種的執著。現代家雞品種的選擇使得利潤得以最大化，同時消費者也能保持低開銷，但卻以犧牲每隻雞作為代價。即便養雞業的代表也說，在減少飼料同時提高產肉率這方面，他們可能已經到達極限了[12]。

就像法國人帶著典型的法式真誠所說的，工業化養雞是打從「夢幻想像」以來那股養雞狂潮的終點。時至今日，這種曾一度用來治病，令人喜愛、敬畏的禽類，卻帶來令人不自在的問題：我們是誰？我們吃些什麼？我們應該如何照顧動物？跟動物之間又該維持什麼樣的關係呢？即便你不是嚴格的素食主義者，你也會去想，為了滿足對於雞肉沙拉和魔鬼蛋的口腹之慾，而讓另一個物種處於沒完沒了的痛苦之中，這樣是否正確？我向來都不是個吃素的人，但我發現我會避免讓一些書名看來不安和沮喪的書籍出現在我的書架上，比如《被囚的雞，有毒的蛋》（*Prisoned Chickens, Poisoned Eggs*）、《鳥的命運就是人的命運》（*Their Fate Is Our Fate*），或是《雞：美國最愛的食物之危險轉型》（*Chicken: The Dangerous Transformation of America's Favorite Food*）[13]。

最後，我開車踏上一段公路旅行，從首都華盛頓特區出發，先去拜訪美國養雞協會（National Chicken Council），對現代工業化養雞的宏圖大業探索一番。該協會的英文名稱聽起來頗為搞笑，不禁讓人聯想到《紐約客》雜誌的漫畫中，一群叼著雪茄的雞圍坐在會議室裡開會的場景。在離白宮幾個街區的一棟鋼骨玻璃帷幕大樓，寂靜的協會辦公室位居高樓，看起來一本正經而且絕對找不到半隻雞。會議室裡，擺放著幾隻小小的絨毛玩具牛，上面寫著敦促參訪者多吃點雞肉的標語，這些標語來自連鎖速食業者「福來雞」（Chick-fil-A），他們靠這些標語以及其他宣傳活動，成功地讓原本嗜吃牛肉的人轉而愛上雞肉。

這個協會是在一九五四年由肉雞業的巨頭們——全都是白人男性，而且絕大多數來自南方州——所成立，全美雞肉生產相關企業裡，有九成五是該協會的會員。這個規模龐大的產業聘僱了三十萬名員工，每年把九十億隻雞變成三百七十億磅（約一百六十八億公斤）、市價達七百億美元的雞肉，然後賣給全球各地的消費者。另外還有二十萬人，他們在三萬間農場和成千上萬輛卡車中養雞、運送雞隻。美國的肉雞產業規模是全球之最，並且在最近成為第二大肉雞出口國，僅次於巴西。這些肉類生產商在政治和經濟方面的實力，已經遠遠超越二十世紀時的牧場主[14]。

包括泰森食品、匹爾古林普萊德（Pilgrim's Pride）、普度農場（Perdue Farms）等全球數一數二的食品生產商都是協會的重量級成員，所以該協會的意見對華府的政治掮客來說相當有份量。德拉瓦州參議員克里斯・康斯（Chris Coons）和喬治亞州參議員強尼・艾薩克森（Johnny Isakson）——分別是主要雞肉生產大州的民主黨及共和黨議員——近來籌組了「參議院雞肉產業協商會議」（Senate Chicken Caucus），跟眾議院早兩年所成立的協商會議相呼應，而眾議院的那個組織現今已有五十名成員了。在國家廣場（National Mall）附近某高級飯店的宴會廳裡，康斯跟協商會議的成員說道，組織的目標是為了讓其他參議員了解美國雞肉生產商所作出的貢獻及其憂慮，希望華府的議員們能多替該產業發聲。協商會議的主席麥克・布朗（Mike Brown）說道：「這裡跟眾議院一樣，協商會議給雞肉業者一致的意見，因為在接下來的幾個月裡，我們要為這個產業的許多重大議題找到正確的應對之道。」這番解釋有助於讓我們了解狀況。這些議題可說不勝枚舉，從勞資爭議到聯邦檢查程序的改變，再到影響雞飼料價格的乙醇生產等，不一而足[15]。

要說誰能搞定養雞業所面臨的諸多棘手問題，此人非比爾・羅尼克（Bill Roenigk）莫屬。早在麥克雞塊還沒問世的一九七四年，他就已經加入養雞協會，當時還沒有人在酒吧裡賣雞翅，美國人對牛肉的愛好也更甚於雞肉。他現在的身分是顧問，但依然相當積極參與這個行業的事務。羅尼克走進協會的會議室跟我碰面時，儘管他身穿整潔西裝，頸繫鮮豔領帶，足履光亮黑皮鞋，但仍掩蓋不住濃眉之下飽經風霜的面容。他成長於匹茲堡郊區的一座農場，十歲時的某天早晨，他父親對他說，「起床來幫忙啦。」除了種植玉米和南瓜，他們還養了豬跟牛，每天早上去上學前，羅尼克都要幫忙家務，他走過走廊時都還有一股肥料味跟著他。「那時我很勢利，只看得上大動物，」他跟我說，「根本不想和那些不起眼的雞攪和在一起。」[16]

後來，他希望到世界各地見識見識，正好美國農業部海外服務署（Foreign Agricultural Service）有一份工作可讓他如願以償，但他妻子對於前往非洲任職一事相當猶豫。他最終是以華府官員的旋轉門方式，從政府部門退休，然後到原本受自己監管的民營公司轉任顧問。一九九〇年代初期，俄羅斯到處在鬧饑荒，他協助加速將美國的雞腿賣到俄國；現在則是支持另一個具有爭議的想法，亦即把美國宰好的雞運到中國，然後在中國烹煮並重新包裝後，再運回去賣給美國消費者。（「這是打開中國市場大門的好辦法。」）

跟所有經驗老到的說客一樣，羅尼克太過精明自信，以致於在談論爭議性議題時，常無法認清自己處於防守的態勢。家禽業是個由上而下交織緊密的行業，曾多次成功化解政府試圖加強對該行業進行勞動及檢驗業務的努力，這行業基本上不擔心批評家說三道四。在會議室裡，羅尼克靠在他的椅子上，和藹地對我解釋道，在家禽中所使用的抗生素對人體健康並無威脅，通風系統可確保肉雞養殖場內的空氣品質，而且美國的屠宰方式比歐洲所採用的方式還要更為人道。

即便如此，他也承認在美國和世界各地，大眾對於食品污染和動物福利的擔憂日增且勢不可擋。最近有個由日本家禽業要員所組成的代表團前來拜訪，他們憂心忡忡地討論著該如何應對日本境內一個批評日益尖銳的動物權團體。就在一個星期前，加州有間雞場爆發沙門桿菌感染，這事上了全國頭條，整個產業為之震驚不安。我拜訪後不久，聯邦食品暨藥物管理局就禁用了雞飼料中三種砷化合物的其中兩種，其作用是促進消化；此外，對於禽畜抗生素的使用也加以限定，用抗生素的目的並不僅僅是為了維持健康，更重要的是為了提高生產力[17]。

儘管有來自政治的影響，但現在養雞業發現他們自己越來越受到無情的關注。這一行不再像過去那般隱居幕後低調無聲，其適應力也遠不如雞隻。羅尼克表示，「我們必須更加公開透明，讓人們知道這一行是如何運作的，」我相信他是真誠的。然而，儘管我在幾週之前就已提出申請，美國養雞協會卻找不到任何一家公司願意讓我參訪他們位於東岸地區（Eastern Shore）的養雞場，那兒隔著切沙比克灣跟華府相望，幾十家養雞場我竟不得其門而入。

↓ ↓ ↓

隔日早晨，秋高氣爽，我開車跨過連接安納波利斯（Annapolis）及德瑪瓦的海灣大橋。在美國，每十五隻雞就有一隻在德瑪瓦半島上出生，也在那兒被宰殺。這座長達二七四公里的半島在德拉瓦州境內向外鼓起，往馬里蘭州方向逐漸變細，然後於維吉尼亞州境內延伸出去，最後在查爾斯角（Cape Charles）收尾，也是大西洋和切沙比克灣交會之處。

儘管這座半島的周圍都是大都市——北有威爾名頓（Wilmington）及費城，西邊是華府和巴爾的摩，南鄰諾福克與維吉尼亞海灘——但這片以船工和農民為主的地區依然頑強地保持農村風格，貧困且保守。四分之三個世紀以來，家禽業一直是這座半島低迷經濟的骨幹。五家大公司所擁有的數百座長形肉雞場和十幾間大型屠宰場，就星羅棋布地散落在這片平坦且布滿沼澤的地區。在這僅有五十萬人口的區域，每個星期竟可處理一千兩百萬隻雞[18]。

我的第一站，是位於單調乏味的多佛近郊。在德拉瓦農業博物館暨農業村（Delaware Agricultural Museum and Village）裡，有個希莉亞・史蒂爾的紙板像，前方有鐵絲網圍住，後面是一幢木建築，只有一間車庫那麼大。史蒂爾看起來還不到中年，有著豐滿的嘴唇和鼻子，身上穿著維多利亞時代的上衣，袖子挽了起來。她伸出右手像是要拿什麼東西，深色的眼眸露出一絲慧黠。在這真人大小的黑白紙板前面，是一塊小小的塑膠解說牌，上頭介紹史蒂爾是蘇謝克斯郡（Sussex County）的家禽養殖業先驅。這稱得上是最樸素的紀念碑了。

然而，在海景鎮（Ocean View）這個位於多佛東南方八十公里出頭的海濱小鎮上，史蒂爾從自家後院所展開的業務，事實上戲劇性地改變了兩個物種的命運。史蒂爾的肉雞生意奠定了一個全球產業的基礎，預示了人類飲食將發生根本改變，同時也打開一個潘朵拉的盒子，裡頭充斥著讓人頭痛萬分的倫理、勞工、環境和健康議題。在當代，雞每年為人類提供一億噸雞肉，是二十年前的兩倍；產蛋量在同一時期也多了一倍，每年有七十億隻母雞產下一兆顆雞蛋[19]。如今，家雞已是現代工業社會中不可或缺的日常必需品。這種快速且戲劇性的擴散能力，跟全球人口往都市遷移的現象不謀而合，現今是人類史上首次城市人口超過農村人口。畢竟，史蒂爾的成功是仰賴於鄰近的紐約市場，而紐約正是在她開始做肉雞買賣的兩年之後，超越了倫敦成為全球最大都市[20]。

如今，雞在我們的都市生活中佔據如此重要的地位，以致於當價格上漲和供給出問題時，在政治上都可能快速轉為嚴重的威脅。如同一八四〇年代的英國國會議員們擔心馬鈴薯疫病會點燃革命一般，現今開發中國家的政治人物也會害怕要是人民吃不到雞的話會犯眾怒。目前，沙烏地阿拉伯的領導人會給予進口養雞飼料大量政府補貼，此舉乃是為了保持雞肉低價，好讓那些可能會焦躁不安的群眾心裡舒服些[21]。

就像十九世紀的倫敦人和二十世紀的紐約人一樣，非洲人、亞洲人和南美洲人紛紛湧入二十一世紀的超大都市，比如拉哥斯（Lagos）、馬尼拉、聖保羅，這些都會區對雞肉的需求很快就發展到難以滿足的程度，這是史蒂爾那個年代無法想像的規模。為了滿足這樣的需求，各養雞公司紛紛仿效泰森食品全面控制供應鏈的作法。這個由各大公司所形成的體系環環相扣，所涉及的不僅僅是運輸已經處理完畢的雞肉而已，還包括配種、孵化、養殖、宰殺以及銷售[22]。現在看來，英文裡「雞飼料」這個慣用詞聽起來好像用錯了*，畢竟這其實是一項數十億美元規模的國際買賣，還包括雞的醫藥以及各種用於安置、餵養和加工等設備的產業。

沿著德瑪瓦的公路跟鄉間小路開下來，一路上我連一隻雞都沒看到。這樣的場景在史蒂爾的時代也是難以想像的，儘管當時該地區的雞隻數量只有現在的九牛一毛。隨著雞隻數量越來越多，照理說應該更容易見到才對，但事實卻正好相反。新式的超大規模養雞場，真實反映了人類還在擴張成長的大城市。這些遍布亞洲、非洲、澳洲、美洲和歐洲的「鏡像城市」，一般都蓋在我們的城市世界之外的鄉村地區，那裡的人口逐漸減少，就像德瑪瓦的景象一樣。

這些養雞的大型綜合設施跟人類的城市一樣，需要電力、水、食物、排水系統，以及道路、鐵路、船舶和航空器來畜養並運輸上百萬隻肉雞。許多美國的雞場，比如在德瑪瓦的那些，每個星期可以宰殺、處理的肉雞高達百萬隻[23]。在沙烏地阿拉伯，不斷擴張的法其家禽農場（Fakieh Poultry Farms）再過不久就有能力每天生產一百萬隻肉雞和三百萬顆雞蛋[24]。這些私人擁有的家禽王國通常不讓外人入內，而且各國的管制措施也大異其趣。現在我們可以住在都市裡，每天吃著雞肉和雞蛋，卻完全看不到下蛋或殺雞的過程，即便連隻活雞都看不到。

人類和家雞這兩個物種之間突如其來的隔離，這件事幾乎跟雞的數量暴增一樣讓人為之驚嘆。兩千五百年前的中國聖賢孟子曾說：「君子之於禽獸也，見其生，不忍見其死；聞其聲，不忍食其肉。是以君子遠庖廚也。」[25]長期以來，遠離廚房這事兒是只有富裕人家才能享受的奢侈待遇。在《追憶似水年華》（*Remembrance of Things Past*）一書中，作者馬塞爾・普魯斯特提到廚娘的廚藝，她能把雞烤到「肉質軟嫩而富含油脂」，表皮「金黃宛如繡金的霞披」。然而，有天他卻偷看到廚娘在後院一邊殘忍地殺雞，一邊厲聲喊著：「骯髒的畜生！骯髒的畜生！」要不是他惟恐吃不到廚娘用這隻宰掉的雞所做成的佳餚，恐怕他就立刻讓這廚娘回家吃自己了。「在這種情況下，每個人都會打出這種卑劣的小算盤。」[26]

二次大戰結束後，很長一段時間裡，被宰殺拔毛之後的雞通常還是連頭帶腳含內臟地進入美國人的廚房——這樣的雞到現在仍被稱作「紐約式生全雞」（New York dressed chicken）。這種情況在一九六〇年代末發生了改變，哈力農場（Holly Farms）在當時推出了分切包裝的雞肉。即便是雞胸、雞翅和雞腿等這些可以明確辨別出來的部位，也已經衍生出上百種看不出跟原來形體像在哪裡的產品了，比如麥克雞塊。

雖然我們吃掉的雞肉比史蒂爾那個時代要多得多，我們對雞的了解卻少得多。長久以來被人類所讚揚的特質，比如勇氣和顧家，都不再以雞作為模範。當我們感到憤怒（get our hackles up）或怕老婆（feel henpecked）時，人類再也不會發自內心地跟鬥雞場或農家庭院產生連結。豬跟牛被宰掉後，英文會用不同單字來指涉豬肉跟牛肉，但是雞跟雞肉一樣都是「chicken」，而且這單字在今天更常被拿來指雞肉，而非雞這種動物。即便家雞的數量激增，但牠們已經消失在我們的視野中了。當我們把雞放進購物籃或餐盤時，我們只能相信這隻雞是被人道對待、以合乎安全的規範處理，並且經過了仔細檢驗。

*〔譯註〕在英語中，「chicken feed」亦指微不足道的款項。

我一路從多佛開車往南抵達蘇謝克斯郡，跟德拉瓦大學的推廣員比爾・布朗（Bill Brown）在一九四八年首次舉辦明日之雞比賽的地點會面，這兒離小鎮喬治敦（Georgetown）並不遠。他答應在僅僅幾個小時前才臨時通知的情況下，帶我簡單參觀一下一座小型肉雞場，該處養雞場坐落於平坦田野間的鄉村研究站內。布朗的個子矮壯結實，留著山羊鬍，他從車子的行李箱翻出一件像是有害物質防護衣之類的白色套裝遞給我。在今天，肉雞的頭號威脅並非獵食者，而是疾病，因為這些雞是大規模集中飼養，而且在免疫系統完全發育成熟之前就送去宰殺了。我鞋子上所攜帶的微生物就有可能把整個場子裡的雞給滅了。著裝完畢後，他帶我通過一道金屬門，進入一間開放式的倉庫。「這裡只有這一小群，」他語帶歉意，「大概兩千四百隻吧。」語氣聽來不像是在說笑。他和太太跟普度農場簽訂合約，在自家的六個雞舍養了兩萬隻雞，這數字放在今天實在算不了什麼[27]。

一陣溫暖潮溼的空氣迅速取代了十月的寒意，環繞在我周遭的，是剛出生一天的雛雞所發出的尖銳啾啾聲。頭頂明亮的燈光照亮長長的輸送管道，鮮紅色的飼料飲水供給設施從管道垂下，周圍擠滿了毛茸茸的黃色小雞。布朗說，目前空間看起來還很寬敞，但很快就會擁擠不堪，因為這些小雞再過一個星期體重就會變成四倍。不到兩個月的時間，牠們就會被送到加工廠，屆時離性成熟還要三個月。布朗和緩地踏步向前，這些小雞似乎完全不會害怕。他撈起一隻放在掌心，向我說明這些雞是某個實驗的一部分，該實驗正在收集阿摩尼亞的數據，此時我的眼睛已經被熏到刺痛了。這種有毒氣體是小雞尿液的副產品，家禽科學家希望找到較好的方式來中和其影響，像是改變飼料成分或將其從空氣中澱析出來。見我猛眨眼睛，他說道，「你會習慣的。」

我們走到外頭，四周突然安靜下來，我滿懷感激地吸了一大口新鮮空氣。布朗跟我說，雞被送往屠宰場、清空雞舍之後，留下來的雞糞是最麻煩的問題。德瑪瓦地區六億隻雞所產生的廢棄物比整個洛杉磯的廢棄物還多[28]。雞糞肥富含磷和鉀，施用效率是商業肥料的兩倍多，相當適合貧瘠的田地使用。有些研究人員認為，雞糞肥中高含量的磷能夠牢牢結合明礬、石灰和其他物質，進而防止污染物排入河川溪流中。但土壤學者表示，目前我們對於地下水吸收搬運磷的機制仍不十分清楚。隨著養雞場的擴張，德瑪瓦半島上的雞糞越來越多，但能處理這些廢棄物的土地卻越來越少。漁夫擔心這些雞糞會導致螃蟹跟魚死亡，但清運雞糞要價不菲。普度農場曾試著把雞糞製成顆粒狀以便運到中西部，但一番努力之後還是因為成本過高而放棄了，至於將雞糞轉為可燃氣的嘗試則尚無成果。對這日益嚴重的雞糞問題，由於州跟郡的相關法規不清不楚，因此在政治上不太可能得到解決，技術上也很難處理。

我繼續開車往南穿過馬里蘭州，進入逐漸收窄的維吉尼亞東岸地區，在天普倫思維爾（Temperanceville）村外停下，吃了頓軟殼蟹當午餐。這個村子還不到四百人，自一八二四年以來，村裡就禁止公開販售威士忌[29]。再往前開一段路，公路的右手邊有棟長度跟美式足球場相仿的低矮建築，前面是一片修剪整齊的寬闊草坪。該建築隸屬於泰森食品，裡面雇用了一千多名員工，每個星期可宰殺、包裝一百萬隻雞。一九九〇年代時，切沙比克灣發生過一連串大規模魚類暴斃事件，環保人士認為這間工廠是污染最為嚴重的家禽處理場[30]。我沒有許可證明，無法進入參訪，只得繼續往前開了將近六十五公里，幾乎都快到半島的末端了。路過一處規模宏大的普度農場所屬工廠時，我開下公路，經過幾輛生鏽的拖車，停放拖車的場地堆滿兒童玩具，之後開到一棟殖民復興風格建築外的草地上。這棟建於一九二〇年代的的建築，是關懷家禽聯盟（United Poultry Concerns）的總部。

雖然我是受邀而來，卻不免有些惴惴不安。我第一次聯絡凱倫．戴維絲（Karen Davis）時，她只回了封很簡短的電子信件，說我在雜誌上所寫的一篇關於雞的文章「令人憎惡」。凱倫．戴維絲是這個動物權團體的創辦人，也是唯一的全職員工。她說我需要的是「從完全不同的視角、情懷和態度來面對雞隻。」而她願意撥出時間來跟我見面。我壓抑住一肚子的火，敲了敲她的門。然而，前來開門的不是滿臉怒氣的社會運動鬥士，而是一名身材瘦小、面帶笑容，頂著一頭濃密黑髮的女士。她穿著一件與之相配的黑色防風外套，上頭一顆扣子寫著：「捍衛雞隻」[31]。

我本來預期她會對我長篇大論一番，但沒有。她反倒要我去看看她養的雞，像是個驕傲地拿自家小孩出來炫耀的父母一般。我跟著她穿過客廳及廚房——映入眼簾的到處都是跟雞有關的裝飾品、圖片和海報——接著走過門廊，最後進到後院。這個樹蔭環繞的院子用籬笆圍住，高大的籠舍就在其中。她向我介紹亨蒂小姐、佩絲小姐、矮牽牛小姐、太妃糖小姐、芭菲小姐和餅乾小姐，並將這幾隻雞的故事娓娓道來——這隻是從普度的雞場救出來的，那隻是從諾福克的實驗室帶回的，另一隻則是在查抄密西西比州的某鬥雞場救出來的——說著說著，她揮動一柄耙子，把脾氣火爆的公雞比斯魁克從我身旁趕開。有些雞還沒取名字，就先養在門前的臺階上。打從一九九八年她從華府市郊搬到此地，她這片兩畝大的小小避難所，就成了這些擺脫原處境的雞隻安居之處。

在德拉瓦我被肉雞場內的一致性驚呆之後，戴維絲每隻雞的獨特性又讓我驚愕且緊張不安。從養雞場救出的這隻雞有著鼓起的胸部和細長的雙腿，跟一旁那隻敏捷精瘦的鬥雞相比顯得有些詭異。商業化養殖的蛋雞，嘴喙尖端通常會被灼燒，以避免牠們互相啄傷。有隻雞在草地上啄著，看起來有點慘，牠顯然無法以那前端鈍掉的嘴喙去戳到蟲子。一隻從屠宰場救出、上了年紀的肉雞坐在籠舍的一角，牠因過重且跛腳乃至寸步難行。天普．葛蘭丁（Temple Grandin）曾寫道，「養雞業創造出了患有慢性疼痛的雞隻，只為了讓這些雞生長到超越生物學的極限。」[32]她是科羅拉多州（Colorado）的畜牧學家，動物福利制度的先驅人物。戴維絲的後院，正是現代養雞業殘酷現實中的一個赤裸裸教訓。

作為一名動物權運動者，戴維絲的長期經驗讓她了解，帶人親自參觀要比任何說教來得有效。關於動物福利的議題，同儕審閱的科學期刊、動物權期刊和書籍裡頭就已經有看不完的悲慘描述或幻想情節了[33]。剪喙通常是以熱刀來完成，會讓雞失去最主要的感官，這件事就算沒有搞砸，對雞而言依然是個痛苦的過程。雞在屠宰過程中，有很高的比例不是死於利刃，而是被拔毛的熱水桶給燙死。美國大多數的放牧雞和有機養殖雞，其實跟牠們在工業化養殖場裡的親戚一樣，都是從未見過太陽、沒吃過蟲子、沒挑過配偶，當然也沒有養育過後代。此外，我還驚訝地發現，美國政府所有規範動物福利的法規中，沒有一條可適用於養來吃的家禽。戴維絲問道：「很多人把雞當成蔬菜和機械所構成的詭異混合物，這怎麼會奇怪呢？」親眼目睹這種制度下被傷害的倖存者後，她完全明白問題的嚴重性。

我們登上門廊的臺階，戴維絲指著一片保留給老雞的空間，那裡就像是家禽的老人安養院。她的客廳裡到處都是雞的小飾品，她說她並不是伴著雞群長大的，但小時候看過鄰居殺雞的一幕，那場景至今仍讓她心有餘悸。她的童年是在賓州的阿爾圖納（Altoona）度過，就在羅尼克長大的農場東邊。一九八〇年代時，戴維絲被動物權運動所吸引，她很快就迷上了雞。「珠雞不會跟你坐在一起，也不會站到你的肩膀上，但是家雞對人是很有感情的，」她對我說道。「牠們總是讓人感到愉悅，相當友善，喜歡跟你待在一起。牠們會雙眼直視著你，另外還有一項魅力是，牠們同樣過著自主的社交生活——牠們不會等你來幫牠找樂子。此外，」她笑著繼續說道，「牠們輕快踏過草地時的步伐，實在太像在跳芭蕾了。」

雖然她極富詩意的描述充滿感情——比斯魁克很顯然想要來啄我一口——但就解釋雞跟人之間的緊密關係這方面來說，這絕對是我所聽過最簡潔的說明。她有件長袖運動衫，上面寫著：「我夢想中的社會，是個雞隻可以任意穿越馬路而不會被質疑動機的社會。」

戴維絲是個不折不扣的純素主義者，他們相信人類完全沒必要去吃動物，即便一顆蛋也不例外。「我們可以從植物中獲取人體所需的所有蛋白質，還可以把素食做出雞肉的風味和口感。

我們具備這番聰明才智，我們替自己所能做到的事感到自豪。根本沒有殺雞的必要。」戴維絲雖然年近七十，外表看起來卻是年輕的多，她仍然致力於推動立法，隨時閱讀最新科學文獻，在部落格上發表義憤填膺的意見，而且每年都會抗議德瑪瓦雞肉節（Delmarva Chicken Festival）以及猶太贖罪日前夕於布魯克林所舉辦的喀帕羅獻祭儀式。

她相當實事求是，毫不諱言她的努力終將徒勞。「雞的命運是在劫難逃了，」她毫不猶豫地說到，「這是關於繁殖擴散的劫數，而非滅絕，但我想這比滅絕還要糟糕。我認為目前雞都是生活在地獄裡，牠們也無法逃出生天；牠們已經身處地獄了，而且只會有更多的雞被推進去，只要人們繼續追求幾十億顆的蛋跟幾百萬公斤的雞肉。試想，這些被當做產品的雞隻是如何送到幾百萬消費者手中的？過程定然是擁擠跟殘忍——這已成定局，你無法擺脫這樣的局面。」她再次停頓片刻。「然後我們吃下的每一口，都是牠們的悲慘與不幸。」

在澳洲哲學家彼得．辛格（Peter Singer）於一九七五年出版《動物解放》（*Animal Liberation*）之前，這就已經是一句反覆被人提起而深植人心的話語[34]。當代動物權運動便是在《動物解放》這本書的推波助瀾下開展起來的。戴維絲的言論跟古代數學家和神祕主義者畢達哥拉斯相呼應，據說當第一批雞隻抵達希臘時，他便是一名道德素食主義者（ethical vegetarian）[35]。數千年來，虔誠的耆那教徒、印度教徒和佛教徒都拒絕吃肉，因為其信仰認為動物和人類有著相同的魂魄。「不，僅僅為了那點肉，我們剝奪了牠們的陽光、牠們的生命，這些牠們與生俱來的權利，」公元一世紀的希臘散文作家普魯塔克為文寫下他對農場動物的想法，「吃肉不僅就身體來說違背自然，從精神而言也讓我們粗俗……毋庸置疑，吃肉並非為了補充營養，也不是生活中不可或缺的必需品。」[36]

不久前，作家柯慈（J. M. Coetzee）警告道，「我們被如此墮落、殘暴、嗜殺成性的事業所圍繞，唯有第三帝國（Third Reich）差堪比擬，其實即便納粹也要相形見絀，因為我們的這個事業是無窮無盡的，它具備自我再生的能力，持續不斷地將兔子、老鼠、家禽家畜帶到這個世界上，其目的只是為了將之殺害。」[37]長遠來看，命運悲慘、倍受折磨的動物並不會讓人類更幸福，也不會讓世界更完善。古代有種把炙熱鐵矛刺進活豬喉嚨的作法，時人相信這能使豬肉更柔嫩，要是我們親眼目睹這場面，大多數人都會像普魯塔克當初看到一樣嚇得目瞪口呆。我們這年代的大型雞場內所發生的種種，儘管大部分都被隔絕於公眾的視域之外，但有朝一日也可能會被大眾以相同的眼光看待。

戴維絲承認自己的立場不切實際，她的所作所為也是徒勞無功，而她對雞的觀點更是過於擬人化。但不可否認的是，她擇善固執的作風就像家禽業的唐吉訶德——她一方面直接槓上泰森和普度，另一方面則是悉心照料那些已經失去原本用處的雞隻，對此我認為相當值得關注並予以尊重。秋季薄暮中，我駕車離開這裡，腦中有點不自在地思忖著自己身為食用雞肉者的告解，戴維絲則是轉身往後院走去，把雞嘘回籠舍裡準備過夜。

↓ ↓ ↓

美式工業化養雞場正在全球遍地開花，勢不可擋，但仍會遭遇一些頑強的抵抗。有些國家的消費者仍然偏好更加美味的在地土雞，而不願購買比較便宜的進口雞肉。再說，即便沒有高科技的動物工程設計，雞都能發揮相同的功能。有個來自西方國家的援助組織，曾將羅德島紅雞（Rhode Island Red）引進撒哈拉以南的非洲國家——馬利的農村地區，結果完全失敗了。對於一隻垂死的雞，當地村民會加以觀察，看看牠最後會倒向左邊還是右邊，藉此問卜求卦。但這新引入的品種在占卜方面卻毫無用處，因為牠們總是先以厚實的胸脯著地[38]。

在法國東部的布雷斯（Bresse），雞具有近乎神話般的影響力，而工業化養殖的雞還沒能打破這樣的神話。在拉丁文中，公雞和法國都是同一個字——*gallus*，儘管語言學家說這僅是巧合，但這個地區的古凱爾特部族確實將公雞視為聖鳥，公雞經常伴隨神祇希索尼爾斯（Cissonius）一同現身[39]。在這個天主教國家，雞在中世紀的基督徒中具有崇高的地位，而其兇狠的打鬥能力最終使其成為法國的象徵。這只有在拿破崙執政的一段短暫期間例外，因為拿破崙不喜歡公雞，而鵰又被哈布斯堡王朝和日耳曼拿去用了。根據一份文獻記載，拿破崙時期的法國最高行政法院曾發生過一次「關於動物的激烈爭論」，最後決定選擇公雞作為政府的象徵。「這只不過是農家庭園在養的玩意兒罷了！」拿破崙譏笑道，之後他廢除這項決議，改採羅馬的鵰作為象徵[40]。

一七八九年法國大革命期間，起義的市民高舉著以公雞圖案為飾的旗幟；到一八三〇年，公雞取代百合花飾成為法國國徽[41]。法國的官方印章就是自由女神坐在舵柄旁，柄上飾有一隻自豪的公雞[42]。公雞還出現在硬幣和戰爭紀念碑上，在巴黎的法國總統府愛麗舍宮（Élysée Palace）的大門上也有雞，甚至法國總統辦公桌上的金筆頂端都有公雞形象[43]。

法國總統這個職位的福利之一，便是耶誕大餐時可享用四份法國境內最好吃的雞肉[44]。這些雞都來自布雷斯這個歷史悠久的法國省份，其西南邊是里昂市（Lyon），東邊則是瑞士邊界。布雷斯長期以來都以出產美食而聞名。作家暨詩人葛楚・史坦（Gertrude Stein）的伴侶愛麗絲・B・托克拉斯（Alice B. Toklas）在《愛麗絲・B・托克拉斯食譜》（*The Alice B. Toklas Cookbook*）中寫道，「我們給畢卡索夫婦拍了一封電報，說我們會晚點到。」這對愛侶和畢卡索夫婦在一九二○年代的某個夏日一起從巴黎前往地中海地區出遊避暑，他們在通往瑞士阿爾卑斯山區的山腳下時，邂逅了這片鄉村地區及其美食。他們在布雷斯堡（Bourg-en-Bresse）熙來攘往的市集停留，「該地因為出產雞胸寬大厚實、雞腿矮短的雞隻而享有盛譽。」[45]

這種雞最早在一五九一年時，就在布雷斯堡的檔案中被提及。那時有個當地的封建領主從入侵者手中拯救了這座城市，市民們便將二十多隻這種雞贈予該領主以示感恩。十年後，法王亨利四世來到此地，這雞的美味令他大為讚賞[46]。亨利四世就是那位發誓要讓每位農民在星期天都有雞肉吃的國王。一八二五年，著名的美食作家安帖牡・布利亞－薩瓦杭（Anthem Brillat-Savarin）盛讚布雷斯雞，稱其為「雞肉中的皇后，王者之雞。」[47]一八六二年，當地一名伯爵籌辦一場比賽，要從黑色、灰色及白色的品種之間選出最美味的雞肉。最後勝出的是一隻比例勻稱的白雞，這隻雞的雞冠鮮紅、雙腳暗藍，正好是法國國旗的三種顏色[48]。多虧了鐵路，布雷斯雞很快就流行起來，從巴黎到聖彼得堡（St. Petersburg），這種雞肉成了菁英階層的最愛。除了一般的雞，當地農民還特別擅長古老而困難的技藝，一是閹割年輕的公雞，從而生產柔嫩的閹雞肉，另外還有替年輕的母雞絕育，法文稱之為「*poulardes*」。

布雷斯雞引起了威廉．特蓋特邁爾的注意，他是達爾文的合作者。他最初並未對這種看上去跟一般歐洲家雞沒啥不同的品種留下印象，而且跟新引進的亞洲品種相比，這種雞的體型也較小。然而在一八六七年時，有個法國同僚向他解釋道，該品種美味出眾的秘密在於「布雷斯在地農民代代相傳的技藝和習慣。」關鍵是，布雷斯地區特殊的土質，以當地出產的玉米、小麥和乳清精心餵養，以及獨到的屠宰手法。為了避免疾病傳染，當地都是小群飼養，而在宰殺前幾週會將牠們放進籠內飼養肥育，宰殺時則以刀刃迅速刺入顎部以求高效放血[49]。

在養雞熱潮風起雲湧的那段期間，布雷斯的農民把像是交趾雞之類的亞洲品種跟他們原有體型較小的品種雜交，生出來的雞雖然比原本大隻，但卻風味盡失。接下來的一個半世紀裡，他們並未選擇犧牲口感而換取產量——在特蓋特邁爾收集雞隻的年代，一隻上等閹雞可以賣到相當於今天一百美元的高價——而是默默地堅守傳統作法，飼養傳統品種。每年十二月，該地區會舉辦四場稱為「布雷斯之光」（Les Glorieuses de Bresse）的競賽，名稱甚為隆重，競賽內容則是要選出品質最好的雞隻[50]。優勝的雞會在平安夜前送抵愛麗舍宮，盛況可比美國人在紐約洛克菲勒中心（Rockefeller Center）前等待耶誕樹的點亮儀式。

到今天，布雷斯的雞和香檳區所產的氣泡酒（即香檳酒）以及洛克福村的洛克福藍黴起司

（Roquefort）一樣，都被授與法國原產地命名控制（appellation d'origine contrôlée, AOC）認證的標章，以此確保布雷斯雞都是在此地區內按照嚴格的傳統標準所飼養[51]。布雷斯雞是在一九五七年經由法國國民議會（French National Assembly）授與AOC標章，這是第一種也是唯一一種榮獲該標章的肉類——直到索姆（Somme）鹽沼地出產的羊肉於二〇〇六年也獲此標章認證為止。巴斯卡・沙奈（Pascal Chanel）是住在布雷斯堡附近的養雞戶，當我坐在他家餐桌旁聽他描述養雞的方法時，我非常驚訝，因為他述說的方法幾乎和告知特蓋特邁爾相關訊息的法國人講的一樣，距今時間之久遠，當時美國還沒從內戰中恢復元氣呢！

沙奈養的雞曾勇奪三次布雷斯之光，他將傳統上由法國總統——當時是賈克・席哈克（Jacques Chirac）——贈為謝禮的藍色花瓶連同其他獎牌獎狀放在後門旁的陳列櫃裡，花瓶擺放的位置最為醒目，而這道後門是通往養雞的庭院。沙奈的鬍子刮得乾乾淨淨，頭髮有些稀疏，鼻子就如典型法國人那樣高挺。他跟我說，他養的雞都必須出自布雷斯當地的孵化場，而且一群雞不能養超過五百隻。出生滿月後，在接下來的四個月裡都得確保每隻雞擁有至少三十平方英呎（約二點八平方公尺）的空地可以活動。牠們絕不能吃基因改造穀類，只能用當地玉米、小麥和脫脂牛奶以精心調配過的比例來餵食。由於飼料中的蛋白質有限，因此雞群會在沙奈這片十二公頃大的草地上自行覓食，沙奈也在這塊地種植作為雞飼料的穀物。「我喜歡看到我養的雞去吃蟲子，而不是吞抗生素，」他說道。生病的雞隻可以投藥治療，但這需要獸醫師寫報告然後由官方批准才行。

我們離開廚房，走到壁爐前，先讓熊熊大火把我們烤暖，再踏入十一月的寒冷細雨中。起先，我不確定我看到的是什麼。隨後我才意識到，散布在前方那片綠地上的並非離我遙遠的綿羊，而是近在咫尺的雞。在先前的所有參訪行程中，我從未見過如此一大群雞放養在戶外開闊地。「最大的問題是捕食者，」當我們看到一旁散落著近期受害者所遺留的羽毛和骨頭時，他說道。每五隻就有一隻是死於鷹和狐狸，然而最危險的捕食者卻是人類。由於一隻布雷斯雞的價格高達每磅（約四百五十克）三十美金，一隻閹雞全雞能賣到二百七十五美金，因此偷竊事件層出不窮。

最後的幾個星期，這些雞會整群養在籠舍裡肥育。「若是讓牠們繼續待在外頭，肉質會太硬，」我跟沙奈走到一處小型木製籠舍時，他解釋道。有八十隻雞待在這種法文稱作 *épinettes* 的木製籠舍，它看似層疊籠，只不過其木製框架和條板看起來更具鄉村風格。在這個通風良好的籠舍裡，我沒聞到阿摩尼亞的刺鼻味道。每一籠關著四隻雞上下——每隻雞都要有站立和走動的空間——牠們偶爾會伸出頭來啄食打成泥狀的飼料，然後朝我們這邊瞥一眼。「這是歡樂時光，」他透過我的翻譯對我說道。我的翻譯是位來自里昂的女士，穿著高跟鞋。我露出疑惑的表情看著她。她像對一個孩子那樣笑著解說道，因為這些雞在牠們生命最後的十天半個月裡，可以盡情休息、放鬆、進食。她將 *épinettes* 形容成某種休閒養生中心，有著幽微的燈光和無限量供給的食物。當地有個網站，以迷人的轉化法斷言道，待在 *épinettes* 的雞隻「經常享用著富含乳清的麥片粥，牠們對這樣的伺候甚為喜愛。」

一旁的木製雞籠關著幾十隻閹雞，沙奈示意我保持安靜。我從門縫之間看過去，這些閹雞體型碩大，約莫是其他雞隻的兩倍，而且沒有雞冠，不過牠們也沒有我先前看過的美國肉雞那種畸形胸部和腿部。如果牠們待在外頭，每隻都必須擁有六十平方英呎（約五點六平方公尺）的草地供其活動；在*épinettes*時，則是待在各自的專屬雞籠裡。當沙奈走進時，牠們僅發出輕微的咯咯聲，但當我低下頭進去後，牠們卻突然驚慌失措，瘋狂拍動翅膀，我只得趕緊退出去。沙奈說，要是沒了生殖腺，牠們便不會啼鳴，也缺少一般公雞與生俱來的兇狠鬥性。現在是由獸醫師進行閹割手術，沙奈估計手術後的死亡率約百分之一。這些九個月大的雞，是法國耶誕大餐中最珍貴的一道菜。宰殺之後，需以手工拔毛並清洗，然後再費工縫進亞麻布製成的束身包裝中。這麼做能將脂肪伸展至肉的四周，並限制雞肉暴露在空氣中以利保存。以前從布雷斯到巴黎的市集需要兩週的時間，因此這種作法有其必要性，至今這仍是呈現這種雞肉的常見方式。

當我們蹣跚踏過沙奈家門口的泥濘車道時，我無意間聽到我的翻譯似乎說她準備十二月時要再過來買一隻閹雞。「跟沙奈直接買比在里昂買便宜多了，」她告訴我，「我到時會帶我孩子來，讓他們看看這農場。」沙奈跟美國一般的養雞戶不同，他是個真正的獨立養雞戶，可以選擇客戶，但也必須承擔所有的財務風險。他說他每年養四千隻雞，只要不去計算工時，日子算是過得相當不錯。夏季辛苦些，因為這些雞得到晚上十點天黑之後才會去睡覺。為了照顧這些雞，所有的飼料也是他親自種植的，說著，他指了指那個塞滿玉米穗的穀倉。AOC標章要求飼主提供詳細的飼養紀錄，而政府主管單位也會經常前來檢視。這些散布四處的籠舍不適合自動化作業，沙奈擔心年輕一代會對這些養雞的苦差事失了興趣。「這跟養小孩一樣，」他苦笑著說道。我問他停在穀倉旁邊的巴士是做什麼的，他說那是他額外收入的一部分，「我當校車司機已經有二十五年了。」

在這裡，每年大約有一百二十萬隻布雷斯雞產自二百五十座農場[52]，相較之下，泰森食品在天普倫思維爾的廠房一週所處理的雞就快接近這個數字了。每三百隻法國出產的雞裡頭，只有一隻是布雷斯雞，而牠們其中一支腳上都有獨特的標籤和金屬環。由於布雷斯雞的生產成本高昂，因此主要是供應給高檔餐廳和肉商。二〇〇六年爆發的一場禽流感大恐慌，迫使損失慘重的養雞戶把他們的雞全關起來，也使得這項法國傳統產業的前景一度被打上問號。「問題是要找到夠多的養雞戶，」布雷斯家禽貿易委員會主席喬治・布朗（Georges Blanc）說道[53]。美食雜誌習慣稱他為「傳奇布朗」，因為他是一位聲名遠播的主廚，在布雷斯堡外的小鎮沃納斯（Vonnas）擁有一間米其林三星餐廳及高檔水療俱樂部。

在他那棟價值數百萬美元的木骨架建築裡，雖然他只穿著樸素的白色廚師服坐在一張大桌子後面，但卻散發出一種封建的神態[54]。在廣場對面的商店內，你可以購買喬治・布朗出品的葡萄酒、蝸牛肝醬（snail pâté）、雉雞肉醬（pheasant terrine）以及蘋果白蘭地（Calvados）燉牛肚。附近的公園裡，有一幢仿造傳統鴿舍的建築。與其說採訪，我們之間的談話更像是我當聽眾。布朗跟我說，一九七〇年代時，曾有養雞戶試圖降低飼養布雷斯雞的標準，這樣就能養更多的雞來賣，但在他極力反對下總算沒有成真。「那是場傳統與變革的對決，結果是我們贏了，」他繼續說道，像是個廚房裡的三星將軍在講述一場艱困的戰事一般。當我問他是否曾用過工業化農場養出來的雞作為食材時，他露出不可置信的表情說道：「我從來沒有煮過任何工業化農場養出來的雞！」布朗帶著一絲法國人的怒氣說道，只有最頂級的食材才會出現在他的料理中。

他每週會吃二到三次布雷斯雞。儘管他對布雷斯雞的產量有些憂慮，但他堅信這個品種在雞肉愛好者心中的頂級地位不會動搖，有些愛好者甚至遠從日本前來品嚐他的名菜。地方政府也提供創業基金給願意投入這項傳統產業的年輕農民。布朗補充道，他的業務是替特定客戶提供餐飲服務，而非擔憂工業化養殖雞隻的未來發展。

布朗看了看錶，我連忙表示歉意。他沒有請我留下來吃晚餐，我也吃不起他餐廳菜單上要價一百二十二美金的布雷斯雞肉，不過這價格是包含了鵝肝醬和香檳酒。我回到布雷斯堡，在市中心一家名為「Le Français」的餐館悠閒地吃了一頓。這間老派的法式餐館採用「美好年代」*的裝潢風格，比起布朗那間沈悶的餐廳要來得親切活潑。在這個十一月的週二夜，天候寒冷潮溼，我坐進店裡沒多久，餐廳裡就已高朋滿座了。

隨後上的這道菜讓我有點驚訝——盤上就單單一根烤雞腿，淋著白色醬汁，腿骨末端還透著紫色，整根大喇喇地擺著，沒有其他蔬菜或配菜。我吃了一口，隱約有點火雞的口感，但更為濃郁多汁。跟一般的雞肉相比，這雞腿的皮嚐起來像是塗了奶油一般，甚至連肌腱嚐起來都相當美味。先前我對布雷斯雞的種種炒作宣傳深感懷疑，但現在嚐到這出乎意料的美味，我完全信了。這種雞肉嚐起來確實不像尋常的雞肉，太感激了。

布雷斯雞永遠無法成為全世界所有人的食材，甚至地位超越布朗的許多人、他那些有錢的顧客、一小批揮霍無度的富豪等也沒辦法天天吃到。不過，同樣需要在寬闊的戶外長時間放養、細心餵食，以及具備當地管控措施的其他法國雞肉品牌，市佔率已經達到法國肉雞消費量的四分之一。有個名叫朗恩・喬伊斯（Ron Joyce）的美國商人，由於厭倦了美國的工業食品體系，他希望改變美國人購買和食用雞肉的方式，而實踐這個遠大夢想的其中一步，便是試圖將法國這套養雞觀念引入美國。當我從布雷斯返回美國後，便前往北卡羅萊納州溫斯敦－撒冷（Winston-Salem）郊區的喬伊斯農場（Joyce Farms），拜訪朗恩・喬伊斯。

喬伊斯看上去不像是個改革者。他是在北卡羅萊納州西部一片佔地十二公頃大的農場裡長大的，他的父親原本替哈力農場工作——就是那間最早分切包裝雞肉賣到超市去的創新肉雞業者——後來則是開創了自己的事業，替像是堡簡閣（Bojangles'）之類的速食連鎖店運送雞肉。喬伊斯現年五十七歲，他父親在一九八一年過世時，他便接手父親留下的業務。不久，泰森食品大舉進軍市場，收購了哈力農場，開始跟另一家業界巨頭康尼格拉食品（ConAgra Foods）爭奪快速增長的速食市場主導權。喬伊斯把手頭上的事業賣給了康尼格拉，開始思考做些與眾不同的生意[55]。

*〔譯註〕belle epoque，指歐洲在普法戰爭結束後到第一次世界大戰爆發之前的承平年代。

接著，在十年前，他去了一趟巴黎。「那趟旅程讓我很火大，」他操著卡羅萊納口音說道，而在辦公室窗戶外頭，一輛輛卡車呼嘯駛過四十號州際公路。「我吃到了前所未聞的美食。肉鋪裡，堆滿琳琅滿目的新鮮禽肉任君選購，品種之多讓人眼花撩亂。但當我回到美國這個全球最富裕的國家時，竟然大家都吃同個品種的雞肉——經由基因選擇後越長越快的康沃爾雞，而且這種雞吃起來沒啥風味。」

喬伊斯跟許多慢食推廣者和動物權人士不同，他把美國家禽業的慘狀歸咎於消費者的冷漠，而非大公司的貪婪。「人們是拿錢包去投票。在歐洲，他們願意為了食物付出更高的價錢；但在這裡，要是你把去骨雞胸肉標上美金一塊九毛九做促銷，銷量反倒會多兩倍。」對一般美國人而言，不管是雞肉還是胡蘿蔔，一切都是價格至上，而各家供應商無不競相迎合消費者的偏好。家禽業的利潤空間跟製藥或其他製造業相比實在是少得可憐，而且深受一些更大規模的因子所影響，比如天氣和穀物價格。所以各家公司只得削減成本、降低售價，以求保有競爭優勢。「我希望消費者負起責任，」他說道。最近，當他的孩子在路上想要停下來買個三十九美分的塔可餅時，喬伊斯不禁打了個寒顫。「我告訴他們，我完全不想要什麼三十九美分的塔可餅。我的意思是，這食物的價格到底能低到什麼程度呢？」

濫用抗生素、在飼料中增添促進消化的砷化合物、將雞隻屠體浸到骯髒的氯化水（chlorinated water）中然後再加入化學藥劑殺死危險的細菌等，這些都是不斷追求降低成本的後果。而胸脯太大、雙腳孱弱的雞隻也是如此，由於牠們站不起來，無法走到食盆和水盆處，因而只得安樂死。「把一隻美國的雞丟到戶外，牠根本活不了，」喬伊斯竭力克制自己的滿腔怒火對我說道。「牠們的免疫系統在六週大時根本還沒發育成熟，此時牠們就會被送到加工廠。」這種作法，尤其是浸泡氯化水的過程，解釋了為何歐盟全面禁止美國雞肉輸入。美國養雞協會正試圖推翻這項禁令，以獲得進入有利可圖的大型歐洲市場的機會，比如法國。

為了在這種逐底競爭（race to the bottom）的養雞業中另謀出路，也為了找尋一個尚未被大企業佔據的利基市場，喬伊斯決定要仿效法國那套養雞模式。他先是販賣有機放養的雞肉，但他很快就意識到不管他用什麼方式餵養照料，這些美國雞的基因都是一樣的，肉質同樣毫無風味可言。要讓雞肉增添風味，只能先醃過。隨後，他發現了法國紅標認證（Label Rouge）的雞肉，那是比布雷斯雞低一檔的雞肉，價格也親民得多。我曾在布雷斯堡商家的展示櫃中看過這類雞肉，跟名氣較響的布雷斯雞相比，售價大約只要一半。布雷司堡鎮上活禽市場對街一家肉鋪的老闆跟我說，「這些雞也是養在戶外，只是空間沒那麼大，而且養到十或十二週大就會宰殺，不會養到十六週。」

一開始，喬伊斯先去找幾位上了年紀的卡羅萊納農夫，他們曾在明日之雞比賽之前養過原有的土雞品種。接著，他從法國進口雞蛋到美國，不過法國那邊的供應商對此深表懷疑。「他們笑說美國人絕對不會花大錢購買的。」喬伊斯比照紅標認證的作法來照料、餵養，然後人工宰殺處理。之後，他推出了「Poulet Rouge de Fermier du Piedmont」，意思是北卡羅萊納中部紅色農場雞，聽起來還是法語好些。喬伊斯到美國東岸去跟當地的大廚們打交道，他們之中有很多人都不知道他們所選用的雞肉跟賣給麥當勞的雞肉從基因來看是一樣的。單憑醬汁，能夠增加多少價值呢？喬伊斯希望針對那些在美國食品體系中有影響力的主要參與者加以宣導，讓越來越多人改吃味道更好、飼養過程更人道的雞肉。

進口雞蛋、飼養的雞群數量較少、餵養的飼料較多，加上近乎兩倍的飼育時間，這意味著在價格上喬伊斯的雞肉比泰森食品的雞肉起碼要高出一倍。喬伊斯打賭稱雞肉風味的提高，是吸引顧客上門的主要推動力。不過，讓世界農場動物福利協會（Compassion in World Farming）美國辦事處主任莉亞．加爾希絲（Leah Garces）真正印象深刻的，是喬伊斯這套養雞系統中關於動物福利的種種措施。她說，若要改善美國雞隻的生活處境，重點在於更好的生活條件和更長的飼育期[56]。喬伊斯將原本四十五天的飼育期加倍，這是確保雞隻在開始增肥前骨骼能夠充分發育的關鍵。此外，他還提供自然光線、更大的空間、更多的變化——稻草捆、厚木板和梯子等讓雞隻在雞舍裡可以找到事情做——這讓他的雞所受到的待遇在業界中名列前茅。喬伊斯的雞並不是古傳品種（heritage variety），因為牠們仍然來自於掌控所有家雞種原八成的三大企業之一。但牠們確實屬於一支較為古老的品種，稱作紅裸頸雞，跟那些比例不勻稱、胸肥腿瘦的美國肉雞大為不同。

喬伊斯的兒子在隔壁辦公室工作，他介紹我們兩個認識，隨後我們三人就一起前往養殖暨屠宰場參觀。他們坦率隨性的態度，跟那些養雞巨擘形成強烈對比。他們不僅讓我參觀我想看的東西，對我提出的問題也都毫不遲疑地解說答覆，甚至還歡迎我拍照錄影。我們的第一站，是停車場對面的孵化場，裡頭有兩個人正在把雞蛋從孵蛋器裡拿出來。這個孵化場可容納一萬五千顆雞蛋，這以業界水準來說算是小規模了。之後我們走到屠宰區。屠宰作業是在上午進行，兩名穿著鮮藍色工作服的員工正在擦拭一台光潔閃亮的不鏽鋼設備。送來的雞都養在車程一個半小時以內的範圍，因此運送時間非常短，這對動物福利以及肉質來說都是重要因素。卡車倒車進入裝卸區，員工把活雞頭下腳上抓起後將之電擊致昏，接著割開喉嚨，之後放進熱水中脫毛，不過水溫還不致於滾燙到把雞肉的風味給去除掉。最後則是手工去除內臟。

如果雞隻宰殺後沒有經歷過僵直反應（rigor mortis，又稱屍僵），那這肉煮起來的口感會很硬，因此美國的屠宰場會把雞隻屠體浸入冰冷的氯化水中使其冷卻。過程中，屠體會吸收水份，這能增加重量——意味著賣到更高的價錢——但也把水槽中不受歡迎的細菌給帶了上來，所以通常會以噴灑化學藥劑的方式來消毒殺菌。喬伊斯跟許多歐洲人的作法一樣，利用風扇來給屠體降溫，這雖然耗時較長，但卻更加衛生。在隔壁的大廳裡，女工們正在手工去骨，去骨後的雞肉被包裝、裝箱，然後運送各地賣到消費者手中。儘管這裡有現代化的機械設備，但過程中仍須大量人力以手工處理。跟地區內一些大型家禽處理廠相比，這裡的步調較慢，產量也少，每個星期只能出產五千隻「紅雞」。而在幾個小時車程外，有間規模在全球排行數一數二大的肉雞屠宰場，隸屬於蒙泰爾農場（Mountaire Farms），那裡每個月宰殺的雞高達數百萬隻。

在這個選擇少得可憐，要嘛吃工業化雞肉要嘛吃素的國家裡，喬伊斯算是提供了另一個選擇，即便規模甚小，而理念是如此菁英化。他還把業務擴展到像是珠雞和火雞等其他家禽，並且跟育種人員合作，在維持動物福利的條件下對家禽的風味進行改良。去溫斯敦－撒冷的養殖場訪問後，過沒幾個星期，我在自家鎮上的一間餐廳內，赫然發現環頸雉出現在菜單上。這種禽類是在一八八〇年代從中國所引進的，目的是供美國西部的獵戶們打獵用。沒錯！女服務生跟廚房問過後，這雉雞是來自喬伊斯農場。我相信這些環頸雉生前的日子過得比其他工業化養殖的雞還要好，而且也感謝有其他選項可供選擇，所以我點了這道菜。嗯，吃起來肉質柔嫩，風味濃郁，卻沒有尋常野味那般太重的羶腥，果然美味。

CHAPTER 12 有著達人等級的物理直覺

我一直看著那隻雞，大為不解。動物奧祕的面紗之下，究竟藏著些什麼呢？

——威廉・古力米斯（William Grimes），《我的美羽朋友》（*My Fine Feathered Friend*）

母雞或許有些神經質，而公雞可能性喜漁色，但在上古及中古世界裡，很少人會認為雞是愚蠢的。無論是在皇家動物園、宗教儀式或治病方劑，雞所扮演的角色在在使得牠們值得尊敬、效法，甚至敬畏。一八四七年，當「夢幻想像」風潮席捲英美之際，紐約有家雜誌刊了一則腦筋急轉彎，但內容並不是要嘲笑雞。「雞為什麼要過馬路呢？」這答案啊，不消說，「因為牠要去對面啊！」[1]在李曼・法蘭克・鮑姆（L. Frank Baum）於一九〇七年出版的《奧茲國女王》（*Ozma of Oz*）中，主人公桃樂絲・蓋爾（Dorothy Gale）在一場海難倖存下來，這得感謝一個雞籠和一隻聰明機智的母雞比利娜（Billina），是牠帶領這個天真無邪的堪薩斯女孩穿過一片陌生的土地[2]。

這種認為雞是睿智動物的觀點可以追溯到伊索，但在第一次世界大戰爆發以及大規模養雞業興起後，這樣的看法越來越少。隨著美國人從鄉村遷往都市，然後家裡買了冰箱，活雞便漸漸消失在日常生活中，人們對雞的態度也日趨冷淡。埃德蒙・威爾森（Edmund Wilson）在一九二九年出版的小說《我想起了黛西》（*I Thought of Daisy*）裡，其中一位角色呼喊道：「滾開，你這個笨蛋！」[3]在英文中，「birdbrain」一詞最早出現於一九三六年[4]，而帶有辱罵意味的詞組像是「to chicken out」跟「chickenshit」*，最早是被使用在第二次世界大戰期間[5]。電影《雞丁》在一九四三年首次登上大螢幕，片中是以歇斯底里的雞隻代替被希特勒操弄的德國人。唯一比雞還蠢的是一個反常的傢伙，那是個會把雞頭咬掉的雜耍怪胎[6]。說到「geek」這詞，是在一九四六年出版的某本小說與一九四七年由泰隆・鮑華（Tyrone Power）主演的一部黑色電影上映後才流行起來的。

在這種動物成為笑柄的四分之三個世紀後，科學家發現，人類跟這些不起眼的雞竟然有著為數眾多的共同特徵。舉例來說，義大利神經科學家喬治・瓦洛帝嘉拉（Giorgio Vallortigara）最近經實驗證明，剛出生的小雞天生就是個數學家，牠們能夠追蹤出現之後繼而消失在不同擋板後方的小塑膠球，即便當他試圖將塑膠球移到另一個擋板後方時，小雞也不會被騙。而人類通常在四歲之前都無法完成這項任務[7]。

小雞不僅懂得加減法，牠們還能理解幾何圖形、辨識人臉、保持記憶，以及進行邏輯推理，甚至瓦洛帝嘉拉還堅稱牠們有些能力超越了他所指導的一些研究生。其他神經科學家發現，雞能夠練習自我控制，改變訊息以適應接收者，在某些情況下還能感同身受。在這些認知能力中，有部分跟靈長類相當，甚至有過之而無不及。此外，雞很可能擁有某種原始的自我意識。

義大利的阿爾卑斯山麓有個城鎮叫羅韋雷托（Rovereto），瓦洛帝嘉拉的研究室就位於該城鎮一處十六世紀的女修道院地窖內。會面時，瓦洛帝嘉拉身穿淺藍襯衫搭配絲質領帶，看起來衣冠楚楚。他是在羅韋雷托出生的，當時第二次世界大戰剛結束十多年，義大利還很貧窮，牲畜是村民賴以為生的命脈。「沒有雞就沒有蛋，」他說道，而沒有雞跟蛋往往意味著要挨餓。當他還小的時候，就對動物如何看待這個世界充滿好奇。

自從十七世紀法國哲學家笛卡爾斷言動物缺乏心靈、理性與靈魂以來，關於「動物具有類似於人類心智能力」的這個想法就一直存在爭議。他指出，動物可藉由聲音來表達憤怒、恐懼或是飢餓，但牠們不會說話，因而缺乏「內心獨白」（inner voice，又稱內心言語），而這正是人類思維的基礎。他的名言「我思故我在」，或許更適合改為「我說故我在」。動物也許能夠感受到疼痛或歡愉（「我不否認動物擁有感覺」，他寫道），但牠們缺乏更進一步的覺察或認知等人類具有的特質[8]。自此，哲學家、科學家、宗教人士和動物保護人士便針對這一點爭辯不休。

瓦洛帝嘉拉等神經科學家們著手收集動物知覺的相關確切資料，至今他們已經發現，雞在看待世界的深度和細節要比人類深入、豐富得多。哺乳類最初是夜行性動物，以躲避像是喜歡在白天活動的恐龍等獵食者；鳥類則偏好陽光，因此擁有較為發達的彩色視覺。紅原雞有著鮮豔的紅、藍、綠羽色，但在這種鳥的眼中，牠們所看到的卻是眩目耀眼、擴展到紫外光譜的色

*〔譯註〕「birdbrain」指蠢蛋、輕佻的人；「to chicken out」的意思是臨陣脫逃；「chickenshit」則有微不足道、一文不值、膽小鬼等含義。

彩組合，超出了人類肉眼的辨色力。雞的雙眼也有各自的用途，牠們可讓一隻眼睛盯著某個物體（比如：可能的食物）但同時讓另一隻眼留意獵食者的動靜。這就能說明為何雞的頭會出現奇怪的突然抽動了[9]。

人們曾經認為雞的優異視覺是由於缺乏嗅覺所產生的感官補償，不過最近有支團隊對一群家雞進行研究，發現把大象和羚羊糞便放在牠們周圍時，牠們不為所動，但如果換成野狗跟老虎的糞便，牠們便會開始警戒並停止進食。雞跟人類一樣較為依賴視覺而非嗅覺，可是牠們確實能夠嗅出危險的氣味[10]。雞還能回想起人類和雞的面容，並依據先前的經驗對該個體做出反應。比方說，當一隻公雞看到心儀的母雞時，公雞體內的精子生產量便會突然增加[11]。

科學家們曾對「雞隻具有精密複雜的溝通方式」這一觀點嗤之以鼻。「就算雞的世界有一套語法系統，」認知心理學家大衛．普雷馬克（David Premack）在一九七〇年代寫道，「牠們也沒有什麼有趣的可說。」[12]在那之後，有位德國語言學家得出這樣的結論，他認為所有的雞隻都有大約三十種不同的聲音，可個別對應到特定的具體行為。例如，雞會用不同的叫聲來表達獵食者是從地面或是由空中襲來[13]。

瓦洛帝嘉拉之所以會以雞為研究對象，主要是因為牠們不貴，耐受性高，而且容易飼養。大部分的鳥類跟哺乳類一樣，得投入大量精力養育幼雛，但是雞在破殼之後，就具有高度自理能力，而且在外界環境影響其行為之前就能參與實驗。在這個古老修道院地窖內的研究團隊是由七名博士生及多位碩士生所組成，他們穿著橘鞋及白色實驗衣，在狹窄但燈光明亮的走廊上忙進忙出，儘管如此，這裡還是有一股地牢的氣息。瓦洛帝嘉拉先帶我去一間昏暗溫暖的房間，裡面全是已受精的雞蛋，這些蛋不久就會成為實驗的對象。

實驗焦點是放在「子代銘印」(filial imprinting)，這是指剛孵出的小雞會讓自己依附到牠們所看見的第一個移動物體。研究人員會把一些特定的物體拿給新生小雞看，比如紅色圓柱體，然後把小雞放在透明圍欄中，再設置兩片不透明的擋板，把該圓柱體藏在其中一片擋板後方。接著，遮蔽透明圍欄，一分鐘後，讓小雞自己去選擋板。小雞第一次嘗試就能找到那個銘印的物體，說明牠們具有相當好的記憶力。在另一個實驗裡，圓柱體會被擋板完全擋住，而一旁的擋板則有不同的高度或寬度，可以露出一部分的物體。在這實驗中，小雞每次都選了把圓柱體隱藏起來的擋板，這是瓦洛帝嘉拉稱為「某種直覺物理」(an intuitive physics)的徵象。

雞還會做加減運算[14]。研究者讓一隻小雞看一個一樣的圓柱體，然後放在一片擋板後方，之後又把幾個相同的圓柱體放在另一片擋板後面，這隻小雞會走向藏比較多個圓柱體的那片擋板。如果研究者把一個圓柱體從一片擋板移到另一片的後方去，使第二片擋板後面有比較多的圓柱體，這時雞就會走到第二片擋板。另一項實驗中，六個相同的容器沿著圓弧線放置，每個容器跟小雞都是等距的，但其中只有一個容器裡面有放飼料，之後就讓小雞去找出有飼料的容器。接下來把有飼料的容器跟其他容器調換位置後，小雞仍然能夠選對容器。

瓦洛帝嘉拉和研究同仁最近還發現，雞的大腦左右葉各不相同，這點長久以來一直被認為是人類獨具的屬性。我們大腦的左半球掌控著語言，這是讓笛卡爾深信人類之所以有別於其他生物的工具，而右半球則讓我們在周遭人物和環境中可以定位自己。研究人員把發育中的雞胚胎左眼遮住，再讓右眼朝向蛋殼。在接近孵化的最後三天，將胚胎右眼暴露在光源下，從而削弱這隻雞的視覺處理能力。當牠孵化後，讓牠面向混著穀物的小圓石，此時正常發育的雛雞左腦能夠辨別哪些是穀物哪些是石子，但被動過手腳的小雞則無法分辨這兩種物體。

雞可以用左右大腦半球執行不同的任務，此外，瓦洛帝嘉拉認為，牠們還能分辨出有生命和無生命的物體。另一個實驗中，研究者讓小雞看隨機排列的光點，以及模擬母雞、貓或其他動物走動的光點。無一例外地，小雞總是偏愛模仿動物運動的光點，即便光點排列跟母雞的形象不同也無妨。正常的人類嬰兒在兩天大時也能做出這種區別，但許多自閉症兒童和青少年卻沒辦法。瓦洛帝嘉拉的團隊正在研究這種自閉症的症狀是否跟理解生物動作的本能有關。藉由確切找出哪些基因在小雞認知生物動作的過程中實際參與運作，他希望這可以讓我們了解自閉症患者中可能出問題的機制，從而踏出治療自閉症的第一步。

二〇一二年時，一位澳洲哲學家評閱了瓦洛帝嘉拉的該篇研究報告後，推論道：「似乎我們所熟悉的物種，雞……展現出原始的自我意識。」據此，他補充道：「雞具備一定的道德地位，雖不如人類所享有的那樣，但卻比僅僅具有意識的實體所具備的道德地位來得高。」[15] 雞隻不僅對自身的感覺有所知覺——就像笛卡爾了解的那樣——牠們也知道自己的存在，並且也因而會感受到痛苦。

瓦洛帝嘉拉研究的是什麼機制讓小雞做出選擇，而其他學者則是探究在當今的工業化家禽產業中，雞隻對其生活環境的感受是如何。動物權活動人士和蛋業公司在應該如何對待母雞這問題彼此槓上，相關研究結果可能會決定將來幾十年內數十億隻雞的命運。

出生於愛荷華州的現代蛋雞之父亨利．瓦歷斯（Henry Wallace），是個動物愛好者、和平主義者，有時也是個素食者。他曾在富蘭克林．羅斯福總統任內當過部會首長，也在第二次世界大戰期間出任過副總統。在經濟大蕭條期間，身為農民的瓦歷斯對於鄉村地區普遍吃不飽的現象極為憂慮，他堅信要是能夠培育出一種生產效率更高的雞，將有助於消除貧窮。他在一九二六年創辦了海布雷得穀物公司（Hi-Bred Corn Company），而他的兒子則在一九三六年開始培育商用混種蛋雞。到了第二次世界大戰中期，這間公司就已在販售產蛋用的來亨雞。後來繼承相關業務的海蘭國際公司（Hy-Line International），目前是全球專門育種蛋雞的公司中規模最大的一間[16]。現今世上有兩大蛋雞品種，一是產白殼蛋的白色來亨雞，另一種是產紅殼蛋的羅德島紅雞。美國的孵化場一年可以孵出五億隻蛋雞，而瓦歷斯老家愛荷華州的雞蛋產量跟其他各州相比，起碼多了快一倍[17]。這些蛋雞每年生出的雞蛋超過七百五十億顆[18]。

在美國，有九成的蛋雞是被養在鐵絲圍成的層疊籠中[19]，每個籠子可塞進八隻雞，連展翅的空間都沒有。這些格子籠層層疊起，蛋雞的頭可以伸出籠外，伸出的距離剛好可啄到沿著籠邊架設的飼料槽，其排泄物則從籠子的鐵絲之間掉落到下方的輸送帶上[20]。在這樣的格子籠裡，沒有地方給雞抓著枝條棲息，無處進行沙浴，也沒有不受干擾的空間給雞下蛋，這些正好是所有母雞的常見行為。養在這樣的狹小空間，經常造成雞隻彼此發狠狂啄、歇斯底里、離奇死亡，甚至是同類相食[21]。因此，為了減少蛋雞在下蛋時受到的傷害，所有蛋雞都會在沒有麻醉的情況下被斷喙[22]。其他像是脂肪肝、腫頭症候群（swollen head syndrome）、口腔潰瘍和腳部畸形等令飼主苦惱的狀況也不時出現。在這裡，嘈雜聲震耳欲聾，空氣中瀰漫著阿摩尼亞，雞隻看上去都處於受苦中的狂野狀態[23]。

一位研究家禽的專家總結道：「雞有複雜的神經系統，可形成大量記憶並做出複雜的決定，而這樣的生活條件絕不可能滿足雞隻需求的。」[24]還有一名震驚不已的德州博物學家，認為典型的蛋雞場一言以蔽之就是「關著雞的瘋人院」[25]。雖然瓦歷斯希望提供平價雞蛋給美國消費者的願景已實現，但卻有越來越多消費者對美國每年數十億顆雞蛋的生產方式感到不安。

在美國，人道對待肉用動物的相關法規中並未把雞納入，也沒有任何其他的國際法規予以規範[26]。歐盟已經禁用層疊籠，美國也有越來越多州逐步淘汰使用這種格子籠[27]。好市多（Costco）及沃爾瑪的自有品牌雞蛋只用「非籠飼雞蛋」，而漢堡王（Burger King）跟Subway等其他餐飲業者也承諾不使用層疊籠飼所生產的雞蛋[28]。然而，各種監禁方式對雞隻會造成哪些影響，科學家對此所知甚少。那些標註著產自非籠飼環境雞蛋的標籤，可能會讓人聯想到快樂的母雞在陽光明媚的草地上漫步的畫面，然而這些蛋雞的生活環境絕大部分都跟肉雞類似，都是在巨大的封閉式平面棚舍或多層籠舍內，很容易受到暴力、疾病以及精神官能症的折磨。我們或許覺得非籠飼比較好，可是雞呢？

位於東蘭辛（East Lansing）的密西根州立大學（Michigan State University）裡，有個價值一百八十萬美元的新穎研究設施可用來回答這個問題[29]。動物福利科學家婕妮絲．希格佛德（Janice Siegford）就在校園外圍的這棟四四方方建築物裡做實驗，身為新一代的研究人員，她希望從科學的角度來改善雞隻的處境，同時又能兼顧消費者及產業經濟的現實情況[30]。希格佛德擔憂的是，針對層疊籠的種種爭辯是出於情緒或經濟考量，而非根據研究數據，因此她開始追蹤養在三種不同籠舍系統中的蛋雞，記錄牠們的行為表現。

我跟體態健美、留著短髮的希格佛德會面時，她正準備帶大一跟大二的學生參觀這處設施。這位神經科學家的學術生涯起初是對長爪沙鼠（Mongolian gerbil）的脊髓進行實驗，以了解神經元是如何產生的，這項研究工作或可替治療人類癱瘓提供線索。由於該領域傾向於把任何研究對象都拆分為零組件來看待，而非考量生物整體，她因而頗為氣餒，於是轉到了動物福利研究領域。「幫助癱瘓患者是件非常酷的事情，」她說道，「但我想，要是我在研究中會用到動物，那麼我希望我的研究可以直接讓牠們受益。」

學生們到來後，希格佛德對他們解釋她研究計畫的目標，然後丟出一些困難的問題要他們思考一番。「我們的想法是要找出什麼是對雞隻有益的，好讓牠們有較好的生活品質。參觀的同時，你們要思考一下雞的健康跟你們的健康之間種種利弊得失，還有經濟的影響也要考慮

——可以思考的問題相當多。」我們在前廳穿上白色工作服，這可保護裡頭七千兩百隻雞免於感染疾病，之後走進一間寬敞的大廳，從這裡可通往十幾個不同的房間。其中四個裡頭有雞舍，籠子一層一層疊著，在籠子的一側有一片空地；另外八個房間裡則是內有棲架、沙浴墊、分隔式巢箱的雞籠——家禽業的用語稱為「豐富籠」（"enriched" cages）。這兩大系統是肉雞養殖場或層疊籠飼養模式的主要替代方案。

希格佛德帶我進入一間亮著詭異粉紅燈光的雞舍（aviary），迎面而來的是一股令人作嘔的暖意，只見裡頭疊了三層雞籠，而另一邊是塊開放的空地，地上養著白來亨雞。這些雞可以在地板上漫步，踩踏著雞糞，這樣固然有更多自由活動的機會，但是雞蛋沾染到有害微生物的機會也提高了。開放空間分為人工草坪、鋸屑、麥桿和混凝土空地，研究人員便可判定哪種環境最受母雞青睞，並檢測各種地板鋪面的微生物量。一群學生走進了房間，有人問：「為什麼有些雞身上禿了一塊？」希格佛德回應道：「雞不是斯文友善的動物，牠們會互啄，把對方的羽毛拔掉。母雞在下蛋時，泄殖腔會向外突出並呈現鮮紅色。這在一大群白色的蛋雞之間看起來極為顯眼，可能會誘使其他雞隻去啄這泄殖腔。有些禿斑則是因為牠們摩擦籠子所造成。」

隔壁房間的豐富籠相較於層疊籠，雞隻在籠裡有更大的活動空間，不過沒有供牠們聚集的開放空地。籠中有亮橘色的簾幕隔開巢箱，母雞可以坐在小小的棲架上，這是層疊籠所缺乏的設施。另一個豐富籠中放置了更加多樣的棲架和巢箱，還有一片可用來進行沙浴的塑膠墊。希格佛德想知道多大的巢箱才能確保母雞的隱密性，以及棲架的最適高度是多高。處理這類小細節可不能出錯，如此方能確保雞隻的舒適與心理健康。

希格佛德表示，母雞較有可能死在雞舍裡，或淪為同類相食的受害者，或是因為高濃度的阿摩尼亞及各種動作所揚起的沙塵而活受罪。在這環境中要撿拾雞蛋對工人來說也比較困難，因為他們得拿耙子在母雞肚子周遭輕輕耙動才行。相較之下，豐富籠中的雞似乎在頸部有更多的禿斑。「這隻的羽毛被啄得很厲害，」她往籠舍裡看時，注意到其中一隻雞。「噢，這太糟了。」

這個研究計畫尚在初期階段，所以她還沒有確切的結論，但她對於開放式飼養能否全面改善雞隻福利則是抱持懷疑的態度。「雞舍可以讓雞隻擁有較多自由，」她說道，「但我不認為牠們總是能夠明智地利用那樣的自由。」希格佛德擔心，在搞清楚雞舍是否確實是更好的飼養方式之前，動物權團體、各州以及養雞業就全改用雞舍。她相信就實用性以及動物福利而言，豐富籠會是較佳的選擇，因為養雞業已經習慣管理籠飼雞了。而一隻雞需要多大的空間才能舒適地生活，這仍是動物保護人士跟養雞業之間的爭議點，希格佛德希望她的研究能夠提供更為明確的答案。養在這設施裡的每隻雞都被秤重、標記，並按其生活福利品質打分數，相關資料或許可以揭露何時會因過度擁擠而引發更多暴力和疾病。我們還不清楚雞的社會結構——也就是「啄序」(pecking order)——到什麼階段會分崩離析，不過希格佛德估計一群五十隻是啄序崩潰的臨界點。

我們走回大廳，希格佛德用手指向一面控制板，那裡可以調節每個房間的飲水、飼料和室溫。她希望加裝一個感測器，當雞群全體陷入靜默或恐慌之際，可向操作人員發出警報，這裝置或可納入商業蛋雞飼養的管理流程。觀察一群雞的行為要比在數千隻雞裡頭追蹤某一隻來得容易，因此她和一名同校的工程師求助於軍用感測技術，這技術是利用電子線束（electronic harnesses）在戰場上追蹤士兵的位置和狀態。但該設備用在雞身上太大也太貴了，所以他們倆設計了一種微型感測器，然後去寵物店買了一百條吉娃娃用的胸背帶——「店員以為我們瘋了」——這些胸背帶可能會從雞身上滑下來。這類裝置最終可用來找出食慾不振或啄食增加的個體，在這些異常現象達到流行的程度之前，就先對雞隻的健康或行為問題發出預警。

更人性化的飼養環境以及更好的監控對蛋雞是有好處的，但這些並無法解決當今工業化農業中某些最令人憂慮的問題。蛋雞孵化場會把所有公雞都淘汰掉，而美國政府對於應該如何執行相關工作並沒有任何規範。沒有哪條法律能夠避免這種「無用」的動物遭到虐待。蛋雞養殖業經常會以限制食物攝取量或是讓大齡母雞餓肚子的方式讓雞隻加速換羽，如此一來就能更快地再次產下雞蛋。

通常一隻蛋雞在一到兩年內，生蛋的產能就會消耗殆盡。「我們選了這些雞來下蛋，而代價是損害牠們自己的身體，」希格佛德說道，「到了產蛋週期尾聲的母雞沒有一隻的身體是健康的，無論你提供什麼樣的極樂世界給牠們都一樣。牠們的身體就是一直驅使牠們不停生蛋。」無論給母雞多少棲架、沙浴墊或開放空間，蛋雞基因的運作方式就是會讓牠們不好過。等到生不出蛋的時候，也沒有什麼法規管你怎麼除掉牠們，除了做成肥料或寵物食品，這些雞幾乎沒有任何經濟價值。

我們走到外面，學生也離開了，此刻希格佛德的信念——科學能夠搭起一座橋樑來改善雞隻福利——開始軟化。商業化蛋雞養殖的規模大到她難以理解。「當你站在養雞場望著一排一排的雞籠時，你是看不到盡頭的。到底養了多少雞？牠們的福利狀態又要如何追蹤記錄呢？讓我深感困擾的是，我們跟這些生物之間的關係是如此斷裂，但我們又是打著追求效率和廉價食品的名義扮演牠們的看護員。」而且跟牛或豬相比，她補充道，雞不太能引起人們的興趣及同情。「牠們就像背景噪音。但如果你仔細觀察，就會發現並非如此。雞會利用太陽來報時，牠們的社會交際相當複雜，而且雞是除了靈長類以外，少數會改變訊息以適應其受眾的動物。」

↓ ↓ ↓

喬莫肯雅塔農業技術大學（Jomo Kenyatta University of Agriculture and Technology）位於肯亞首都奈洛比的郊區，這裡遠離了市區的噪音和繁忙交通，校園內鬱鬱蔥蔥、樹木成蔭。希拉．歐梅（Sheila Ommeh）跟我在學校大門口碰面，即便不穿她的黑色綁帶高跟涼鞋，她的個子依然相當高挑。這位分子生物學家可說是非洲的亨利．瓦歷斯，一心一意推廣家禽養殖的她，給自己的使命是讓雞在祖國和非洲大陸的發展過程中成為主角[31]。

「雞或許個頭不大，但如果好好利用牠們，就能產生很大的影響，」她說道，「牠們具有極大的潛力來嘉惠非洲農民。」在肯亞，只有一成的雞隻是出自工業規模的養雞場，但土雞對大多數的城鄉居民來說又太貴了。一隻公雞可以賣到二十美元，這對一個平均年薪低於一千美元、失業率高達百分之四十的國家來說，可不是一筆小數目。歐梅任職的大學跟肯亞國家博物館（National Museums）、肯亞野生生物署（Kenya Wildlife Service）和肯亞畜牧發展部（Ministry of Livestock Development）等單位在她的領軍下共同努力，希望把原本昂貴且被人忽視的雞隻，轉變成肯亞貧窮民眾的蛋白質及收入來源，她還希望把這樣的模式推廣到非洲其他地區。

她的實驗室裡正好有十幾個研究生在上微生物學的課，所以歐梅帶我穿過塵土飛揚的道路來到一處空雞舍。之前的研究人員曾在此飼養過由一家法國公司培育出的蛋雞，這種蛋雞帶有當地土雞的基因，但後來發現養這種雞成本太高了，需要疫苗跟特殊飼料，這在該國多數鄉村地區都很難取得。歐梅打算用更強健、更便宜的在地品種取而代之，這品種雖然沒有工業化品種的產蛋量，但是較能適應肯亞的農牧現況。

「雞養在這裡有充足的空間在陽光下活動，」她指著雞舍一旁的空地說道。歐梅成長於肯亞西部的一個村莊，村子位在高達四千兩百多公尺的埃爾貢山山坡上。長大成為一名青年生物學家後，她在奈洛比聲名卓著的國際畜牧研究所（International Livestock Research Institute）謀得一職，該研究所主要研究牛隻這類大型牲畜。「我來自一個養雞的家庭，我祖母養的雞生病時，她束手無策，只能眼睜睜地看著雞病死。她若還在，肯定會對我說，『你是個科學家，卻不來幫我們！』我意識到我可以藉由研究雞隻來更進一步造福我的鄉里。」由於無法說服該研究所把研究重心放到家禽身上，她在二〇一一年時離開了她在大學中頗具聲望的職位，開始向學界、發展專員和政治人物尋求支持。

一九七〇年代時，西方援助機構曾引進羅德島紅雞跟其他工業化品種，並將引入種跟當地土雞雜交，但雜交品種很快就死光了。由此產生的雜交品種對熱帶疾病缺乏耐受性，導致當地雞群的數量銳減。歐梅正在尋找少數帶有夠多本土基因的肯亞雞隻，牠們可在乾旱季節和肯亞特有的禽病中存活下來。「確保牠們能夠忍受疾病和乾旱，這比去談產肉量還重要，」她說道，「而且我們的動作要快，不然就太晚了。」

歐梅把目標放在印度洋岸的城鎮拉穆（Lamu），那裡鄰近索馬利亞邊界，希望在該地找到僅存的純種肯亞土雞。拉穆是該國持續有人居住的城市中最古老的一個，當地現在宛如一灘死水，但過去曾是個繁忙的港口，到處都是非洲、印度和東南亞的商人。她發現有個稱作庫奇（Kuchi）的當地品種，體型大且色彩繽紛，在那兒被當成觀賞雞或鬥雞來養。她還前往圖爾卡納湖（Lake Turkana）周遭的偏遠地區考察，該湖泊位於肯亞的西北部，鄰近衣索比亞和南蘇丹。當地部落居民主要以放牧牛群為業，不過雞湯和雞蛋是他們相當重要的食物來源。這種白色的雞體型雖小，卻極為強健，在這個氣溫經常超過攝氏四十二度的嚴酷環境中依然族群興旺。

在實驗室裡，歐梅拿起她在野外採集雞隻樣本的工具——一支三星智慧型手機。「這比筆記型電腦還方便——充飽電就能上工了。」在拉穆和圖爾卡納地區，她會用手機來輸入重要資訊，比如樣本採集地點的座標、雞的產蛋量以及適應特性等。她還會將血液樣本滴在化學處理過的卡片上，這些特殊卡片不需冷藏保存，然後掃描每張卡上頭的條碼，把樣本跟手機裡的資料連結起來。

回到實驗室後，她對採集到的雞血進行基因組成分析，以便確切找出這些雞之所以能夠抵抗疾病和極端環境條件的背後機制。歐梅希望研究結果能夠找出更容易飼養、成本低廉，而且能夠適應肯亞鄉村的品種。她笑著把手機放進口袋裡，說道：「我祖母要是知道我正在做這些實用性的研究，她一定會很高興的。」

CHAPTER 13 最終的動機

人類和非人類已經這樣子持續多久？

——愛麗絲・華克（Alice Walker），《雞的編年史》（*The Chicken Chronicles*）

在越南肥沃的紅河河谷兩岸，阮東鐘（Nguyen Dong Chung）居住的村莊就坐落在綠油油的稻田之間。身穿白襯衫黑褲子的阮東鐘是個身材瘦小的中年男子，他是胡鎮雞（Ho chicken）的守護者[1]。在二十世紀爆發震撼越南的革命及戰爭之前，最好的一對胡鎮雞會在農曆新年時送到鄰近的河內，進貢給君王和皇后。在特殊場合裡，人們也會宰殺這種雞，烹煮之後用來拜祖先，最後給子孫食用。「我祖父跟他的祖父都養胡鎮雞，」他透過翻譯說道，「我們對這些雞相當自豪。我們認為這些雞是非常重要的。」

阮東鐘繼承了胡鎮雞的賺錢家業，客戶遍及整個河內地區。他帶我穿過幾條擁擠的小巷，來到他養雞的籠舍前。這種雞其貌不揚，兩隻巨腳支撐著一副大而瘦的骨架，有著深色羽毛和紅色裸皮，頭上頂著瑰紅色的雞冠。「這種雞又大又漂亮，而且肉質鮮美，」阮東鐘說道。胡鎮雞的蛋很貴，一顆要三塊美金，小雞則能賣到五塊美金。附近的商店裡，他的胡鎮鬥雞每隻的售價高達兩百到三百美金。

世上僅存的古老家雞品種不多，胡鎮雞是其中之一。西方世界的土雞品種以及現代工業化養殖的品種，全是十九世紀英美養雞熱潮時雜交培育出的後代。相較之下，像胡鎮雞這類鄉下品種的血統已經延續了數百年甚至上千年。越南境內就有十六個不同品種的土雞，該國所養的雞有四分之三都是這些本地品種。隨著工業化肉雞和蛋雞在世界各地大量養殖，這些鄉村土雞正在悄然消失。中國生物學家韓建林對此現象憂心忡忡，他為此收集了許多像胡鎮雞這類土雞品種的基因資料，認識阮東鐘也是他牽的線。「這個體系的變化很快，老的品種可能會隨著老一輩的凋零而消失，」當我們回到煙霧繚繞的河內時，他說道[2]。一旦牠們消失，當地養雞戶在數千代的雞身上所培育出的各種有用性狀也不復存在。

韓建林跟歐梅一樣，想要保存這些或許能夠嘉惠全球窮困農民的土雞性狀。打從二〇〇一年起，他跟同事已經收集了將近三萬份來自鄉村地區的土雞樣本，地點從非洲的安哥拉到菲律賓都有。韓建林的肩膀寬闊、頭髮濃密，說著一口流利的英語，他在北京有間十分先進的生物實驗室，但大部分的時間都待在田野，拜訪像是阮東鐘這樣的養雞戶，仔細觀察他們如何培育出能夠充分適應特殊氣候、生態環境以及不同口味偏好的品種。我跟他一起前往位於河內南郊的越南國家畜產試驗所（National Institute of Animal Husbandry），他要在這兒檢查一些最新實驗的進展。我們在入口處穿上橡膠鞋和白色外套，走在一列列長型的混凝土養雞棚之間，棚上加蓋著鐵皮屋頂，這兒便是越南的家禽研究室。他的目標是育種出既美味，又能抵抗地區疾病，而且比現有品種更加多產的新雜交種來。如果某個新品系看似有點希望，這些雞就會分發給越南各地的村民和農民。

韓建林於一九六〇年代在中國西部的甘肅省長大，那時就已對鄉村土雞萌發熱情。當時在共產黨毛澤東主席統治下的中國，私人養雞是非法的，數百萬人死於饑荒。毛澤東死後，一九七〇年代晚期放寬了相關限制，韓建林也養了一群雞，他會把雞蛋撿走並藏起來，不讓飢餓的妹妹發現，然後定期到市場把蛋賣掉，再用賺來的錢去買上學所需的書本和鉛筆。這讓他最終上了大學，拿到生物學博士學位，也使他堅信家禽比大型牲畜還更具優勢。

亞洲南部有三分之一的人口面臨營養不良或不足的問題，超過一半的撒哈拉以南非洲居民也是，這些面臨營養問題的民眾大部分都是住在鄉村地區[3]。若只仰賴像是稻米等穀物維生，會讓孕婦及幼童更容易罹患疾病。雞肉和雞蛋可提供大量蛋白質和維生素與礦物質，像是離胺酸、蘇胺酸（羥丁胺酸）和其他重要的胺基酸，可降低罹患黃斑部病變和白內障的風險[4]。食用鄉村土雞可降低兒童死亡率，改善孕婦健康，而且這些土雞會去吃昆蟲。由於許多疾病是由昆蟲所傳播，因此養雞也有助於公共衛生。牠們不會像豬一樣跟人爭奪有限的食物，養雞也不太需要什麼基礎建設。

韓建林的個人經驗讓他深深明白，雞跟雞蛋可以幫助家庭支付學費和添購其他超出他們經濟能力的物資。當他發現儘管雞是世上被研究最多的動物，可是鄉村的土雞仍然普遍被業界和學界的家禽專家所忽略，所以他開始著手尋找、編目和研究這些被遺忘的家禽。

隔天早晨，我跟韓建林以及畜產試驗所的一位資深科學家黎氏水（Le Thi Thuy）一同前往越南西北部山區，這趟考察之旅要去拜訪幾個研究站，說不定還有機會跟紅原雞在其自然棲地內不期而遇。這個偏遠的鄉下地區跟寮國和中國接壤，以其肉質鮮美的土雞品種而聞名。隔天晚上，在高山的城鎮裡，我們去一間大受歡迎的餐廳品嚐三種不同的雞，每種雞都被切成塊狀，包括皮、骨、脂肪、軟骨以及肉，還有煮熟的雞冠。有一盤肉色呈現蜜色，另一盤是金屬灰，最後一盤是黑色。黎氏水正大快朵頤之際，韓建林問我：「你最喜歡哪一道？」我很老實地說，肉色越深，我就覺得越不好吃。他笑著解釋道，這越油越黑的肉啊，價格就越高。

在越南，雞不單單是種料理而已。有個叫赫蒙雞的品種，其內臟、骨頭、血液、羽毛還有肉都是黑的，這種雞在越南北部相當有名，當地認為牠們能夠增強活力、提昇性慾，還能治療心臟病。越南南部的竹子雞（Tre chicken）是個倍受喜愛的鬥雞品種，在鬥雞場上極為兇狠。在越南中部培育的竹子雞，個子矮小，廣受歡迎。

越南的經濟發展和人口成長都相當迅速，在過去五十年間，人口就增加了兩倍，很快就會超過一億人，因此越南人跟雞之間長久以來的關係也會發生轉變[5]。從一九九五年到二〇一〇年，越南養的雞隻數量每年都成長一倍，來到兩億隻[6]。雖然在地的土雞品種仍然佔多數，但其市佔率卻逐漸被工業化品種奪走，因為城裡的越南年輕人常去肯德基之類的速食店報到，前不久肯德基才在越南開了第一百家分店。

越南是全世界第四大工業化雞肉進口國，僅次於中國、沙烏地阿拉伯和新加坡[7]。儘管進口數量龐大的雞，但看起來還是不夠，這個國家好像要把自己的土地也吃掉一樣。從我們搭乘的貨車裡，韓建林指著窗外，只見鮮橘色的條帶把西北部山區劃出一條條褶痕來。他說由於豬肉和雞肉在越南飲食中越來越常見，為了飼養工業化畜牧場的豬和雞，農民會在陡峭的山坡地砍樹種玉米，然而收成幾次後，薄薄的土壤層就會被熱帶傾盆大雨沖刷帶走，留下橘色的溝壑，森林很難再長回來。

那些體型碩大、胸肉蒼白的工業化品種雞肉，甚至在遠離河內超市的鄉村地區也能看到。在鄰近寮國邊境的一處市集裡，某個市場攤販的桌子角落就擺著兩隻拔了毛的工業化飼養雞。雖然這兩隻雞的售價比這攤販賣的其他當地土雞便宜得多，但卻乏人問津。「沒人喜歡吃這種雞，」攤販老闆說道，「吃起來沒啥滋味。」然而工業化飼養雞在此出現仍代表著一種變化，韓建林認為這種變化正席捲著其他從非洲到印度的鄉村地區。

相較於肯德基，東南亞的禽流感對傳統鄉村土雞的威脅或許有過之而無不及。一八七〇年代，義大利人在中國雞隻開始輸入義大利後就曾首次描述這種疾病，但直到最近，才有較多的科學家懷疑這種致命的病毒會從雞隻跨物種傳染到人類身上。近期的研究顯示，一九一八年那場導致五千萬人死亡、全球約三分之一總人口染病的流感大爆發，其病毒很可能源於雞隻，然後跨到豬的身上，最後傳染給人類[8]。一九九〇年代末期，一種讓香港水禽染病的病毒株H5N1跨物種傳給人類，造成六人死亡[9]，隨後全港撲殺了一百六十萬隻活禽以防堵疫情擴散[10]。六年後，泰國北部和中國南方開始出現雞隻死亡案例。「從雞冠頂端到腳上的爪，這雞真的整隻都融掉了，」一名驚駭不已的西方科學家如此描述道。該病毒再次跨物種傳染。一百多位被感染的患者中有一半死亡──這死亡率高得嚇人──整個地區有上千萬隻雞被撲殺以控制疫情，其中越南遭受的打擊尤其嚴重[11]。

疫病的威脅促進了工業化養雞企業的勃興，而傳統後院養雞和活禽市場則淪為犧牲的代價。在封閉和隔離的設施中養雞，嚴格限制牠們與外界任何事物接觸，比如鴨、豬、人類等，從而降低了致命性的跨物種傳播風險。這一態勢也鼓勵各國政府以公共衛生的名義支持大規模、集中化的家禽養殖營運。二〇〇四年，當時的泰國總理塔克辛·欽那瓦（Thaksin Shinawatra）揚言要禁止村民養母雞跟鬥雞，這項政策受到大型雞肉生產商的支持，比如總部位於曼谷的卜蜂集團（Charoen Pokphand）[12]。卜蜂雇用的員工超過十萬人，其營業規模約佔泰國國內生產毛額的百分之十。大規模捕殺鄉村土雞的政令激怒了泰國各地的小農戶，他們之中有許多人養的昂貴鬥雞被宰殺後，只拿到一小筆補償費。有些研究人員懷疑，快速增長的工業化家禽養殖業跟這場危機的產生也脫不了干係，因為禽流感病毒大肆傳播的期間正好也是該產業開始擴張的時期。

二〇一三年，一株新型的H7N9病毒在中國造成一百三十五人感染，最終超過三分之一的患者死亡[13]。由於這些患者多半接觸過活禽，因此很可能是由雞隻直接傳染的。但科學家發現，該病毒株很快就產生突變體，因而擔心它會演變成人傳人的病毒。有些研究人員認為，最佳解決之道就是關閉中國的活禽市場[14]。根據一篇發表在醫學期刊《刺胳針》(*The Lancet*)的研究報告顯示，這項激進的措施在上海、南京、杭州和湖州等地實施後，確實阻止了疫情擴散[15]。由於活禽市場在傳統上是中國社會結構的一部分，因此也有研究人員表示，只要每週消毒家禽市場一次，便可在不破壞活禽買賣的前提下減少病毒傳播[16]。千年以來，這些地區性家禽跟市場都是東南亞鄉村生活的一部分，如今在經濟因素和公共衛生的雙重考量下，家禽和其市場已然面臨威脅。

在韓建林看來，工業化雞隻的前景雖然不幸，但也難以阻擋。他前不久回中國西部的老家一趟，驚訝地發現看不見村裡的雞跟豬了，因為當地家庭現在都從超市購買肉類。隨著進口雞肉的下跌和口味的改變，他甚至懷疑阮東鐘在河內外圍飼養的胡鎮雞在經濟上是否還具可行性。有些生物學者擔心，由於人類只依賴少數幾個品種的雞，這會讓我們重要的糧食供應面臨災難，因為只要疫情大流行，便能把諸如羅德島紅雞或白來亨雞給消滅大半。

韓建林倒是對這種末日般的情景抱持懷疑態度。儘管他極力鼓吹保存漸趨消失的鄉村土雞，但他表示工業化雞隻其實保留了相當高的基因多樣性，所以這種災難情節不大可能會發生。跟威廉．畢比一樣，即便不相信人類有做出明智選擇的能力，韓建林也相信雞隻具有適應人類需求的驚人能力。

隨著人類開始種植並食用穀物，家雞也進入了人類的生活之中。大部分像玉米之類的穀物都缺乏重要營養素，特別是離胺酸和蘇胺酸等胺基酸，但是雞肉和雞蛋卻富含這類必需胺基酸。「母雞下蛋時能夠在蛋裡產下人體無法合成的胺基酸，雞的這種代謝特徵在人跟雞的演化過程中都扮演了重要的角色，」有兩名學者曾如此寫道，「只要在餐點裡偶爾加個蛋，一頓不起眼的飯就可能脫胎換骨成為營養滿點的好料。」[17]

如果人類在二十一世紀要繼續吃肉，那麼選擇工業化飼養的雞肉要比豬肉或牛肉都來得好些，雞對於土地、水與能源投入的需求比起豬或牛都少。生產一公斤雞肉只需不到兩公斤的飼料，其他動物若要長出同樣多的肉，所需的飼料可是要多更多了，雞的飼料換肉率只有養殖的鮭魚比得過[18]。全球每年排放到大氣的溫室氣體中，肉類生產過程所製造的佔了近兩成；農業活動所生產的溫室氣體則有超過八成是來自肉類生產活動。以相同的重量來比較，雞肉生產過程所排放的溫室氣體僅有漢堡牛肉餅等紅肉的十分之一而已[19]。

英國經濟學家馬爾薩斯在兩個世紀前警告道，人口不停增長將會超過人類生產糧食的能力[20]。但他絕對無法預料到亞洲家禽的引進、遺傳學的進展、廉價能源和大型企業的崛起，這些都把他那個時代骨瘦如柴的雞隻轉變為大規模生產的便宜商品。每年跨國流通的雞高達十億隻，總重超過一千兩百萬噸[21]。產自荷蘭的雞肉在科威特王公的銀盤上滋滋作響；安哥拉的部落居民在當地市場上以物易物換購阿肯色州來的雞；巴西養的雞可以在北京的超大型賣場內買到。從二〇〇八年到二〇一三年，全球家禽出口量增加了四分之一，其中絕大部份都是在撒哈拉以南非洲和中東地區。在二〇一二年，迦納就進口超過二十萬噸冷凍雞肉，這進口量是十年前的三倍[22]。

美國人對雞肉的需求持續增長，而且其需求量超過其他所有主要國家，美國消費者吃掉的雞肉是全球平均的四倍[23]。墨西哥則是消費最多雞蛋的國家，每人每年吃掉超過四百顆蛋，幾乎是全球平均的三倍[24]。在中國，每人每年消耗的雞肉約十公斤，這只有美國人的四分之一，但這數字每年都在上升，而中國也是全球最大的雞肉進口市場[25]。二〇一二年時，中國消費的雞肉量首度超越美國[26]。跟韓建林小時候相比，這樣的變化相當驚人，當時的中國幾乎沒什麼家禽產業。福建聖農發展股份有限公司（Fujian Sunner Development Co.）的董事長傅光明是名億萬富翁，該公司在其垂直整合的肉雞業務就聘了一萬名員工[27]。泰森食品打算未來幾年內在中國設立九十座養雞廠，每座養雞場可同時飼養超過三十萬隻雞，以便在中國這個當今最大的雞肉市場中分得一杯羹[28]。不止泰森，像是嘉吉（Cargill）等其他美國公司也都忙著興建自己的養雞場跟屠宰加工場。難怪韓建林的老家現在都看不到雞了。二〇一四年時，中國政府宣布將在二〇二〇年之前將一億的農村人口都市化，屆時全國人口將有六成是都市人口[29]。

馬爾薩斯也沒有預料到由於人類跟家雞之間的全新關係，我們竟會面臨環境、勞工、健康、動物福利等令人生畏的議題。今天的家禽產業，就跟巨型都市的擴張以及人類引起的氣候變遷一樣，無論從規模或範圍來看都是前所未有的實驗。在這項充滿活力的國際貿易中，仍籠罩著水道被污染、工人身處危險環境、食安問題以及駭人聽聞的動物福利議題等陰影。主導該產業的幾家公司往往規模龐大，政治上也深具影響力，有能力擋掉那些可能會增加成本的政府法規，或降低其衝擊。

也許，有朝一日我們會不想再吃雞肉。歐洲和美國的市場上陸續出現替代品，比如雞肉風味的豆腐或菇類，這類食品吃起來就像工業化雞肉一樣，平淡無味。「超越肉類」（Beyond Meat）這間加州公司的老闆對外承諾，可以透過加熱、冷卻、擠壓植物性蛋白質來製造一種擺脫抗生素、砷和禽流感的人造雞肉，到時就能製作出便宜的墨西哥辣醬玉米餅肉餡[30]。超越肉類公司所生產的「無雞肉雞柳條」，現在在全食連鎖超市（Whole Foods）裡就能買到。另一家加州新創公司漢普頓庫里克（Hampton Creek）則希望用純素原料來取代雞蛋，這個點子要實現，得感謝PayPal共同創辦人彼得．提爾（Peter Thiel）以及微軟創辦人比爾．蓋茲的投資。該公司推出的第一項產品是無蛋美乃滋，叫「Just Mayo」，現已上市[31]。雖然這些替代品有許多嚐起來跟它們想取代的食物一樣平淡無味，但它們都已準備在歐美市場打下江山。

不過，隨著巨型都市（比如河內跟奈洛比）的成長、印度及南美洲的中產階級不斷增加，以及鄉村土雞養殖的凋零，在未來幾十年內，雞肉似乎仍會繼續成為速食店的主食以及城市的必需品。雞曾是皇室的寵物，是太陽的神聖象徵和復活的使者，雞替我們洗滌罪惡，並作為我們崇尚英勇和自我犧牲的榜樣，如今卻迅速轉變成至關重要的食材。比方說，雞在中國長期以來被視為文、武、勇、仁、信兼備的五德之禽[32]，但在現今，雞的主要功能就是餵養中國一百五十個人口破百萬的城市——這城市數量到二〇三〇年可能還會加倍。

若能在培育雞隻品種、產業各項環節、設定雞隻生活條件等各方面都更加人性化，便能減輕我們對這些同伴動物最為惡劣的虐待，而且這樣一來，雞隻提供城市廉價動物性蛋白質的流程也不會被過分干擾。比如裝蛋的紙盒上，可用簡單的圖像明確指出蛋雞的生活條件。就我在布雷斯堡所見，法國相關法規要求蛋盒上要根據這批蛋雞所處的飼養環境予以清楚標示。雞糞肥可以被好好利用，施加在地力衰竭的土壤上，正如復活節島民幾個世紀前所做的那樣。勞權運動者可以仿效孟加拉和中國等國針對紡織業和電子業的作法，揭露諸多家禽業工人所承受的惡劣工作條件，並要求改善。大廚們可以堅持使用更美味的雞肉來代替工業化雞肉，即便這樣可能會略微提高成本。此外，針對抗生素使用、飼料安全、沙門氏菌和其他細菌威脅所訂定的種種國際參照準則，也能確保消費者在購買任何產地的便宜工業化雞肉時，都不會像是拿健康當賭注一樣。

工業化雞肉也許是人類未來生活中不可避免的一部分，但我們可以重塑我們飼養、對待和屠宰這些雞隻的方式，同時也讓我們在餐廳和超市有更多元的選擇。

歐洲和美國興起的後院養雞運動是個充滿希望的徵兆，因為這表示「chicken」這個字所代表的含意不再只有拿來吃的「雞肉」而已。一九四〇年代時，懷特曾警告道：「切莫將你對雞的熱情傳達他人。」[33]但在今天，養雞卻是值得誇耀的興趣。儘管養雞為樂的人還不多，而且這股風潮可能一瞬即逝，但全美已有幾十個城市的社區聯合起來，要求當局放寬市區養雞的規定，如此一來可讓許多跟雞不熟的民眾認識雞的魅力和優點。雞越來越受歡迎——還有雜誌整版的主題都是在談家禽——這在全美小農經濟復甦的浪潮中發揮了關鍵作用。而在二十一世紀初期的養雞熱潮之後，緊跟著風行在自家種植蔬菜。

專賣精品的高檔百貨公司內曼・馬庫斯（Neiman Marcus）最近推出一款終極奢華禮品——要價十萬美元的雞舍，還附贈水晶吊燈跟傳統品種的雞隻。這項產品的設計師表示：「我們會攜著未來農民的手，教他們如何養出一群健康的雞，如何把雞舍裡的雞糞拿到園圃裡做堆肥，然後種蔬菜跟草藥給自己和雞群吃，還有孵育豆子跟飼料作物，輪替使用不同的草料托盤，體驗樸門農藝（permaculture，或稱永續栽培）所帶來的獎賞。」[34]

但就像維多利亞時期的養雞熱潮退燒一樣，現在這波後院養雞風終會失寵，被棄養在市區公園或動物收容所裡的家雞數量正在增加[35]。然而，這項運動也可能幫我們重新定位、再次恢復我們跟雞隻之間的關係。我們可以先停下腳步，認真面對我們把雞當成工業機器以來所造成的種種問題。當我們在想晚餐要吃什麼的時候，可以靜心思考一下，就算只有片刻也好。我們也許會記得，雞除了提供便宜的肉，牠們也是活生生的動物，有著既引人入勝又令人敬畏的歷史。

↓ ↓ ↓

黎氏水、韓建林和我——分別來自先前互相敵對的越、中、美三國——策劃了一場前往東南亞叢林原生棲地尋找紅原雞的活動，感覺馬克思和列寧在這過程中頻頻從他們構建的思想框架裡頭，嚴厲地注視著我們。若要觀察這種以機警聞名的野鳥，最佳時刻是清晨和黃昏。當地人會以另一隻被抓到的紅原雞當誘餌，把目標從藏身之處給引誘出來。「圈套是一個像是籃子的容器，裡頭往往還有個隔間，用來放當做誘餌的公雞，」費伊－庫珀．科爾（Fay-Cooper Cole）如此寫道，他開創了芝加哥大學人類學系，並於一九二〇年代在菲律賓研究伊特尼格人（Tinguian）。「搭好陷阱，讓陷阱可以圍成一個方形或三角形的空間，然後把一隻馴養的公雞放在裡面。這隻雞的啼鳴會引來野雞注意進而前來打鬥。用不了多久，在打鬥的激情間，雞會被套索套住，越掙扎就套越緊。」[36]

此刻，這活餌是隻幾週前從野外抓到的紅原雞，看似有些不爽地被放在一輛俄製吉普車後座的小鐵絲籠內等著，車子停在越南北部某村莊的社區會堂外頭。

手機急忙聯絡過之後，由於熱帶地區的天色晚得快，我們便立刻坐上吉普車出發。鋸齒狀的山脈擠壓著蓊鬱的山谷，公路在山谷間蜿蜒而過。韓建林指著外頭那一排排種在陡峭坡地上被大片沖走的玉米田說道，種玉米本是為了餵養在越南數量不斷增加的工業化雞隻，但如此一來野生紅原雞的棲地也被摧毀殆盡。我們在半路接了嚮導盧雲香（Lo Van Huong）上車，他是黑泰族人。之後便遵循著嚮導的指示行進，他在指路時總是只發出個單音。我們駛離鋪面道路後，車子顛簸地開過崎嶇小徑，涉過一條布滿岩塊的溪床，然後穿過一個村莊，村裡的房舍都是高腳木屋。我們的車子掛上低速檔，沿著一條陡峭的小路艱困地往上爬，途中還超車了幾台緩慢移動的手推車，上頭裝滿剛收割的稻穀。高大端莊的黑泰婦女頭戴繡著鮮豔圖樣的黑色頭飾，騎著閃閃發亮的摩托車急馳而過。其中一位婦女騎過時，手上還抓著一隻死雞，在摩托車手把下方有節奏地搖動著。

道路變得異常陡峭，我們開進了一處被岩壁包圍的淺碟型山谷，路邊一個戴著斗笠的農人正獨自收割著稻穀。嚮導把籠子綁在背後，沿一條繞過岩石的路徑很快地走上去，我急忙跟上，韓建林和黎氏水則在下方等候。到了山峰附近的一條小溪旁，嚮導把雞籠放在地上，隨後我們便躲到附近的灌木叢中。籠裡的公雞羽毛在餘暉照耀下熠熠生輝，但看起來這個誘餌並未吸引野生紅原雞的注意。夜幕低垂，我們只得先收兵，隔日破曉之前再回來。

天色漸明後，盧雲香熟練地以植物搭起一道屏障，之後便悄然無聲地隱身在幾株灌木之後。透過一道開口，我可以看到那隻籠子裡的紅原雞直挺挺地站在裡頭。遠方公路上的卡車狂按喇叭，我的身旁則是蚊子嗡嗡作響，就這樣過了漫長的半小時。此時，籠中公雞突然抖動羽毛，昂起頭，發出響亮而低沈的啼鳴，結尾還多加了一個音。

附近有隻野生的公紅原雞回應了籠中雞的啼聲，不遠處的山脊上也有另一隻啼叫回應。隨後，籠中雞再度陷入了半小時的沉默。隨著旭日迅速東升，發現野生紅原雞的機會也快速減少。盧雲香走出藏身灌叢，竟連一根細枝也沒碰斷，之後我倆小心翼翼走過巨石，抓著藤蔓，一路走回稻田裡。到了貨車旁，他跟黎氏水很快地講了幾句話。「這一帶其實有很多紅原雞，」她翻譯給我聽，「但你發出太多聲響了。」我低聲抱怨我又不是威廉．畢比。然後她又加了一句，說她剛剛講手機時，看到一隻紅原雞飛過小山谷。

跟盧雲香道別後，我們驅車深入崎嶇的山地，當我們抵達山羅市（Son La）郊的一座農場時，日已低懸，我們的腿也要抽筋了。農場庭院裡掛著一個竹籠，籠中關著一隻紅原雞。身材精瘦的農場工人阮國俊（Nguyen Quir Tuan）是赫蒙族人*，他說這隻雞是從高山抓來的，一般人和家雞難以到達[37]。他打開籠子，從腳抓住這隻老大不情願的雞，只見雞距銳利如刀，長度更甚我最長的指頭。

「由於森林砍伐以及獵捕壓力，牠們現在的數量沒那麼多了，」阮國俊一邊說著，一邊把雞放回籠子裡去。「多年以前，老虎還很多時，紅原雞甚至還會棲息到山谷裡，」他指著周遭的田野說道。如今只剩幾處孤立的山頭還保持原始狀態，他補充道。言談之間，可以明顯感受到阮國俊對這種鳥心懷敬畏。他說紅原雞很聰明，行蹤隱密，要是被關到籠子裡，會衝撞籠條、折斷脖子，立即死去。雖然紅原雞個頭小，但他說，打鬥時卻有能力擊敗馴養的鬥雞，而且還會飛。

接下來幾天我們都在鄉間參訪，這期間我發現被捕獲的紅原雞在農家之間具有崇高的地位。在一個名叫呈銀（Chieng Ngan）的小鎮，一位地方公務員帶我們拜訪一戶農家，他們有一小片咖啡園，還養了一隻野生紅原雞當寵物。「牠們壽命可達二十年，」這名官員在我們爬上高腳木板屋的樓梯時說道，木板屋的屋頂相當平緩。一名年輕的父親抱著一個還在學步的幼兒

*〔譯註〕Hmong，在中國稱為苗族。

前來歡迎我們——這景象在當地的母系文化中並不罕見。在敞開的窗戶邊，站著一隻腳上綁著細繩的年輕紅原雞公鳥，旁邊擺了兩個切開的塑膠瓶，分別裝著米和水。飼主說，他是為了雞鳴聲才養這隻雞的。

在越南，獵殺或捕捉紅原雞都是違法的，所以村民們在解釋為何家裡會出現紅原雞時，說法往往很有創意，不然就是含糊其詞。一名婦女說，她丈夫是在找菌菇時無意中發現一顆紅原雞的蛋；另一人則說，紅原雞很喜歡來找她養的雞群玩，所以才被抓起來。所有人都說他們特別喜歡紅原雞的啼聲，他們發現野生紅原雞叫起來比家雞的啼聲更悅耳。不過，沒有人會跟你說這些被抓的野雞是用來打鬥或當做食材的。但當我們跟那位公務員揮手道別後，黎氏水卻笑了出來，因為他對黎氏水說，沒什麼東西比紅原雞更好吃了，他一年大概會吃個二十隻吧。

隔天一早，我們造訪山羅的露天市場，有一攤擺出了商業養殖的紅殼雞蛋，以及價格較高的在地土雞蛋、鴨蛋。「你有賣紅原雞蛋嗎？」這攤販一聽，立刻從凳子上跳了起來，非常大膽地湊過來打量著我的筆記本，於是我把我的筆遞給她。她潦草地寫了些東西，說：「沒有蛋，可是你能預訂一隻紅原雞。」她還說，價格大約一百美元，並留下她的手機號碼。整個亞洲南部大概還有幾千隻紅原雞，但隨著人口增加以及森林覆蓋率減少，其數量正不斷下降，而且其中絕大部分都混到了家雞的基因。「有些紅原雞看起來像是野生的，其實不然，」在我們返回河內的漫漫長路上，韓建林如此說道。

當天晚上，我從河內住宿的旅館把紅原雞的照片寄給南卡羅萊納的生態學家列爾・布里斯賓。「看起來太過鎮定了，」他回信道，「可能不是純種的。」然後他請我拔一些紅原雞的羽毛羽管，裝在密封袋裡，再帶回去檢測DNA。

布里斯賓是曾在一九七〇年代把嘉德納．邦普的印度紅原雞搶救下來的專家，他正在招募新一代的研究人員，以確保邦普留下來的紅原雞能在未來繁衍得更好[38]。而在維吉尼亞理工學院（Virginia Tech），為了在未來幾年還能維持紅原雞群延續下去，生物學家們最近孵化了一批蛋，這些蛋是來自列基特．強森所飼養的野生紅原雞，牠們都是邦普那批純種紅原雞的後代。布里斯賓長期以來鍥而不捨地搶救紅原雞，所投入的努力總算開花結果。

那次從強森的喬治亞農場參訪回來的路上，布里斯賓對我描繪了他的夢想：用他所認為這些僅存的純種紅原雞，重新恢復亞洲南部的紅原雞族群。如果從印度到越南都能重新造林並且再引入邦普所留下的紅原雞，如此不僅可以阻止野生紅原雞的基因滅絕，甚至還能扭轉頹勢。他的目標並非為了提供獵物給獵戶，他也不認為保存野生紅原雞有助於未來的家禽養殖戶。說實話，他的理由跟生態保育、繁殖飼養、野生動物的崇高神聖等等完全無關。車子奮力開上他家那段崎嶇的車道時，布里斯賓抱怨道：「多數人對雞的經驗就只有商店裡被收縮膜包裝起來的雞肉而已，他們甚至不認為雞是一種鳥。」

他的目標很簡單，就是把純種的紅原雞——連同牠們既有的神經質和敏銳感官——送回原生的森林和叢林裡。這樣的作為其實是在對雞隻表達敬意，因為牠們已經證明自己是人類最堅定不移的夥伴，也是用途最廣泛的夥伴。「這就是我想承擔這件工作的最終動機，」他一邊說著，一邊把車停在前門口，然後伸手到後座拿他的手杖還有袋子，袋裡裝著他在公路上撿回的死松鼠。布里斯賓想搶救紅原雞，並非為了科學或產業，也不是為了後代子孫，他這麼做，只是想對牠們說聲感謝。

致謝

封面所列的名字並未完整呈現許多內文沒有提到的人，沒有他們，這本書就難以誕生，他們是：珍妮・庫克（Jenny Cook）、大衛・安博（David Amber）、湯姆・杭特・阿亞帝（Tom Hunter Aryati）、維延・阿利阿提（Wayan Ariati）、賽奇・威廉斯－佛森（Psyche Williams-Forson）、崔絲塔那・布里吉（Tristana Brizzi）、托馬斯・康登（Tomas Condon）、路迪・貝倫泰（Rudy Ballentine）、柯林・布朗（Collin Brown）、馬克・弗雷明（Mark Fleming）、艾德・里哈希克（Ed Rihacek）、伊度瓦多・蒙帖羅（Eduardo Montero）、保羅・法拉戈（Paul Farago）、內森・立利（Nathan Lilly），以及Tod's公司全體員工、AMC的員工、我的經紀人伊森・巴索夫（Ethan Bassoff）、編輯雷司利・梅若迪思（Leslie Meredith）、潔西卡・欽（Jessica Chin）、史黛芬尼・艾凡絲・畢金斯（Stephanie Evans Biggins），以及提出本書構想的馬翰・卡爾帕・喀爾薩（Mahan Kalpa Khalsa）。對於所有曾經耐心與我分享他們關於雞隻的經驗和知識的朋友，我深表感激。

左岸科學人文　307

雞冠天下 一部自然史，雞如何壯闊世界，和人類共創文明

WHY DID THE CHICKEN CROSS THE WORLD?

The Epic Saga of the Bird that Powers Civilization

作　　者　安德魯・勞勒 Andrew Lawler
譯　　者　吳建龍
總 編 輯　黃秀如
責任編輯　林巧玲
行銷企劃　蔡竣宇
封面設計　廖　韡

社　　長　郭重興
發行人暨出版總監　曾大福
出　　版　左岸文化／遠足文化事業股份有限公司
發　　行　遠足文化事業股份有限公司
231新北市新店區民權路108-2號9樓
電　　話　(02) 2218-1417
傳　　真　(02) 2218-8057
客服專線　0800-221-029
E-Mail　rivegauche2002@gmail.com
左岸臉書　facebook.com/RiveGauchePublishingHouse
法律顧問　華洋法律事務所　蘇文生律師
印　　刷　呈靖彩藝有限公司
初版一刷　2020年3月
初版二刷　2022年9月
定　　價　450元
I S B N　978-986-98656-1-6
歡迎團體訂購，另有優惠，請洽業務部，(02) 2218-1417分機1124、1135

雞冠天下：一部自然史，雞如何壯闊世界，
和人類共創文明／
安德魯・勞勒（Andrew Lawler）著；吳建龍譯.
－初版.－新北市：左岸文化，2020.03
面；　公分.（左岸科學人文；307）
譯自：Why did the chicken cross the world?
the epic saga of the bird that powers civilization
ISBN 978-986-98656-1-6（平裝）
1.雞 2.文明史 3.自然史
388.895　　109001789

本書僅代表作者言論，不代表本社立場

註釋

前言

1 *Revista*, "Bergoglio: El Cardenal Que No le Teme al Poder," July 26, 2009, accessed March 25, 2014, http://www.lanacion.com.ar/1153060-bergoglio-el-cardenal-que-no-le-teme-al-poder.

2 Introduction of Non- Native Species in the Antarctic Treaty Area: An Increasing Problem" (paper presented to the XXII ATCM, Tromso, Norway, May 1998), World Conservation Union.

3 Julian Simon, ed., *The Economics of Population: Classic Writings* (New Brunswick, NJ: Transaction Publishers, 1998), 110.

4 Jared M. Diamond, *Guns, Germs, and Steel: The Fates of Human Societies* (New York: W. W. Norton & Company, 1999), 158.

5 E. B. White and Martha White, *In the Words of E. B. White: Quotations from America's Most Companionable of Writers* (Ithaca, NY: Cornell University Press, 2011), 77.

6 Susan Orlean,"The It Bird," *New Yorker*, September 28, 2009.

7 William Booth, "The Great Egg Crisis Hits Mexico," *Washington Post*, September 5, 2012.

8 David D. Kirkpatrick and David E. Sanger, "A Tunisian-Egyptian Link That Shook Arab History," *New York Times*, February 13, 2011.

9 Reuters, "Iran's Chicken Crisis Is Simmering Political Issue," July 22, 2012.

10 Nicholas Mirzoeff, *The Visual Culture Reader* (London: Routledge, 2002), 122.

11 George Steiner, *George Steiner: A Reader* (New York: Oxford University Press, 1984), 219.

CHAPTER 1——自然界的蛋頭先生

1 William Beebe, *A Monograph of the Pheasants* (London: published under the Auspices of the New York Zoological Society by Witherby & Co., 1918–1922), 172.

2 Edmund Saul Dixon, *Ornamental and Domestic Poultry: Their History and Management* (London: At the Office of the Gardeners' Chronicle, 1850), 80.

3 Melinda A. Zeder, "Pathways to Animal Domestication," in BoneCommons, Item #1838, 2012, accessed May 15, 2014, http://alexandria archive.org/bonecommons/items/show/1838.

4 William Beebe, *A Monograph of the Pheasants*, vii.

5 Kelly Enright, *The Maximum of Wilderness: Naturalists & The Image of the Jungle in American Culture* , Rutgers University dissertation, 2009, 130.

6 Henry Fairfield Osborn Jr., "My Most Unforgettable Character," *Reader's Digest*, July 1968, 93.

7 William Beebe, *A Monograph of the Pheasants*, 2:34.
8 Ibid., Plate XL.
9 Ibid., 179.
10 Ibid., 191.
11 Thomas Hunt Morgan, "Chromosomes and Associative Inheritance," *Science* 34, no. 880 (November 10, 1911): 638.
12 William Beebe, *A Monograph of the Pheasants*, 2:191.
13 Genome Sequencing Center, Washington University School of Medicine, "Sequence and Comparative Analysis of the Chicken Genome Provide Unique Perspectives on Vertebrate Evolution," *Nature* 432, no. 7018 (December 9, 2004): 695.
14 William Beebe, *A Monograph of the Pheasants*, 2:209.
15 Jeff Sypeck, *Becoming Charlemagne: Europe, Baghdad, and the Empires of A.D. 800* (New York: Ecco, 2006), 161.
16 Dian Olson Belanger and Adrian Kinnane, *Managing American Wildlife* (Rockville, MD: Montrose Press, 2002), 45.
17 Federal Aid in Wildlife Restoration Act, 16 USC 669–669i, 50 Stat. 917 (1937).
18 *The Thirty-Eighth Convention of the International Association of Game, Fish and Conservation Commissioners: September 15, 16, and 17, 1948, Haddon Hall Hotel, Atlantic City, New Jersey*, International Association of Game, Fish and Conservation Commissioners (Washington, DC: The Association, 1949), 138.
19 "Interior scientist and wife search for foreign game birds," news release, U.S. Department of Interior, Department Information Service, April 29, 1949.
20 "Reports on the Foreign Game Introduction Program," U.S. Department of Interior, 1960.
21 G. Bumps, "Field report of foreign game introduction program activities, Reports 6–8," Branch of Wildlife Research, Bureau of Sport Fisheries and Wildlife, Washington, D.C., 1960.
22 "Reports on the Foreign Game Introduction Program," U.S. Department of Interior, 1960. 按：披肩榛雞分布於北美溫帶森林，狩獵榛雞時，突然驚飛的榛雞通常也會嚇到獵手，霎那間要瞄準擊中是相當具有挑戰性的。邦普曾與人合著過《披肩榛雞：生活史、繁殖及經營管理》(*The Ruffed Grouse: Life History, Propagation, Management*)。
23 I. Lehr Brisbin Jr., interview by Andrew Lawler, 2012.
24 "Pan Am Firsts," Pan Am Historical Foundation, July 26, 2000, accessed March 25, 2014, http://www.panamair.org/OLDSITE/History/firsts.htm.
25 Brisbin, interview.
26 I. Lehr Brisbin Jr., "Response of Broiler Chicks to GammaRadiation Exposures: Changes in Early Growth Parameters," *Radiation Research* 39, no. 1 (July 1969): 36–44.
27 Brisbin, interview.
28 B. E. Latimer and I. L. Brisbin Jr., "Growth Rates and Their Relationships to Mortalities of Five Breeds of Chickens Following Exposure to Acute Gamma Radiation Stress," *Growth* 51: 411–424.

29 I. Lehr Brisbin Jr., Society for the Preservation of Poultry Antiquities, "Concerns for the Genetic Integrity and Conservation Status of the Red Junglefowl," *SPPA Bulletin* 2, no. 3 (1997): 1–2.

30 Dorian Fuller, interview by Andrew Lawler, 2013.

31 A. T. Peterson and I. L. Brisbin Jr., "Genetic Endangerment of Wild Red Junglefowl *Gallus gallus*?" *Bird Conservation International* 9 (1999): 387–394.

32 Ibid.

33 Leggette Johnson, interview by Andrew Lawler, 2012.

34 Charles Darwin, *The Descent of Man, and Selection in Relation to Sex* (London: John Murray, Albemarle Street, 1871), 38.

35 "Sequence and Comparative Analysis of the Chicken Genome Provide Unique Perspectives on Vertebrate Evolution," 695.

36 Leif Andersson, interview by Andrew Lawler, 2012.

CHAPTER 2——深紅色的鬚髯

1 Jay Hopler, "The Rooster King," forthcoming; quoted by permission of the author.

2 Daniel T. Potts, *A Companion to the Archaeology of the Ancient Near East* (Chichester, West Sussex: Wiley-Blackwell, 2012), 843; F. S. Bodenheimer, *Animal and Man in Bible Lands* (Leiden: E.J. Brill, 1960), 166; Richard A. Gabriel, *Great Captains of Antiquity* (Westport, CT: Greenwood Press, 2001), 22; Donald B. Redford, *The Wars in Syria and Palestine of Thutmose III* (Boston: Brill, 2003), 225; Nicolas Grimal, *A History of Ancient Egypt* (Paris: Librairie Arthéme Fayard, 1988), 216.

3 J. B. Coltherd, "The Domestic Fowl in Ancient Egypt," *Ibis* 108, no. 2 (1966): 217. See also John Bagnell Bury et al. eds., "The Reign of Thutmose III," chapter 4 in *The Cambridge Ancient History: The Egyptian and Hittite Empires to 1000 B.C.*, vol. 2 (New York: Macmillan, 1924).

4 Homer, "A Visit of Emissaries," book nine in *The Iliad*, trans. Robert Fitzgerald (New York: Farrar, Straus and Giroux, 2004), 209.

5 「你那份關於圖特摩斯三世的資料不太好處理，因為他刻在卡納克的編年紀事原文已遭毀損。那可能是指每天都下蛋（ms）的鳥，不過『ms』是後人復原重現而來，所以最好採取保留的態度。但不管圖特摩斯三世的編年紀事寫了什麼，雞在那個年代是罕見的異國動物，都會被養在私人和／或王室的動物園裡。」Rozenn Bailleul-LeSuer, interview by Andrew Lawler, 2013.

6 Glenn E. Perry, *The History of Egypt* (Westport, CT: Greenwood Press, 2004), 1.

7 Prisse D'Avennes and Olaf E. Kaper, *Atlas of Egyptian Art* (Cairo: American University in Cairo Press, 2000), 137.

8 Howard Carter, "An Ostracon Depicting a Red Jungle-Fowl. The Earliest Known Drawing of the Domestic Cock," *The Journal of Egyptian Archaeology* 9, no. 1/2 (1923): 1–4.

9 Ibid.

10 Ibid.

11 Ibid.

12 Christine Lilyquist, "Treasures from Tell Basta," *Metropolitan Museum Journal* 47 (2012): 39.

13 Bailleul-LeSuer, interview by Andrew Lawler [9AT2TK].

14 Kathryn A. Bard and Steven Blake Shubert, eds., *Encyclopedia of the Archaeology of Ancient Egypt* (London: Routledge, 1999), s.v., "Saqqara."

15 Andrew Lawler, "Unmasking the Indus: Boring No More, a Trade-Savvy Indus Emerges," *Science* 320, no. 5881 (June 2008): 1276–1281, doi: 10.1126/science.320.5881.1276.

16 Richard Meadow and Ajita Patel, interviews by Andrew Lawler, 2013.

17 Vasant Schinde, interview by Andrew Lawler, 2012.

18 Sharri R. Clark, *The Social Lives of Figurines: Recontextualizing the Third Millennium BC Terracotta Figurines from Harappa* (Pakistan), (Oxford: Oxbow Books, 2012), ch. 4.

19 Andrew Lawler, "Where Did Curry Come From?" *Slate*, January 29, 2013, accessed March 18, 2014, http://www.slate.com/articles /life/food/2013/01/indus_civilization_food_how_scientists_are_figuring_out_what _curry_was_like.html.

20 Ibid.

21 Gregory L. Possehl, *The Indus Civilization : A Contemporary Perspective* (Walnut Creek, CA: AltaMira Press, 2002), 80.

22 Genesis: 11:31 (*New American Bible*).

23 Daniel T. Potts, *A Companion to the Archaeology of the Ancient Near East*, 707.

24 Hans Baumann, *In the Land of Ur: The Discovery of Ancient Mesopotamia* (New York: Pantheon Books, 1969), 111.

25 Peter Steinkeller, interview by Andrew Lawler, 2013.

26 Mark Forsyth, "The Turkey's Turkey Connection," *New York Times*, November 27, 2013, accessed March 18, 2014, http://www.nytimes.com/2013/11/28/opinion/the-turkeys-turkey-connection.html?_r=0.

27 Steinkeller, interview.

28 Daniel T. Potts, *A Companion to the Archaeology of the Ancient Near East*, 763.

29 J. A. Black et al., "Enki and the World Order: Translation," *The Electronic Text Corpus of Sumerian Literature* , University of Oxford, 1998–, accessed March 18, 2014, http://etcsl.orinst.ox.ac.uk/section1/tr113.htm.

30 Joris Peters, interview by Andrew Lawler, 2012.

31 Barbara West and Ben-Xiong Zhou, "Did Chickens Go North? New Evidence for Domestication," abstract, *World's Poultry Science Journal* 45, no. 3 (1989), accessed March 18, 2014, http://journals.cambridge.org/action /displayAbstract?fromPage=online&aid=624516.

32 Ian F. Darwin, *Java Cookbook* (Sebastopol, CA: O'Reilly, 2001), 852.

33 Baba Chawish, interview by Andrew Lawler, 2014.

34 Birgul Acikyildiz, *The Yezidis: The History of a Community, Culture and Religion* (London: I.B. Tauris & Co., 2010), 74.

35 Ibid.
36 Andrew Lawler, "Treasure Under Saddam's Feet," *Discover*, October 2002.
37 Prudence Oliver Harper, *Assyrian Origins: Discoveries at Ashur on the Tigris; Antiquities in the Vorderasiatisches Museum, Berlin* (New York: Metropolitan Museum of Art, 1995), 84.
38 *All Things in the Bible: An Encyclopedia of the Biblical World*, comp. Nancy M. Tischler (Westport, CT: Greenwood Press, 2006), 44.
39 Prudence Oliver Harper, *Assyrian Origins: Discoveries at Ashur on the Tigris*, 84.
40 Alvin J. Cottrell, *The Persian Gulf States: A General Survey* (Baltimore: Johns Hopkins University Press, 1980), 422.
41 Irving L. Finkel et al., *Babylon* (Oxford: Oxford University Press, 2009), 11.
42 David Asheri et al., *A Commentary on Herodotus Books I–IV* (Oxford: Oxford University Press, 2007), 201.
43 Paul-Alain Beaulieu, "Nabonidus the Mad King: A Reconsideration of His Steles from Harran and Babylon," in *Representations of Political Power: Case Histories from Times of Change and Dissolving Order in the Ancient Near East* (Winona Lake, IN: Eisenbrauns, 2007), 137.
44 Lisbeth S. Fried, *The Priest and the Great King: Temple-Palace Relations in the Persian Empire* (Winona Lake, IN: Eisenbrauns, 2004), 29.
45 Daniel T. Potts, *The Archaeology of Elam: Formation and Transformation of an Ancient Iranian State* (New York: Cambridge University Press, 1999), 346.
46 Richard D. Mann, *The Rise of Mahāsena: The Transformation of Skanda-Karttikeya in North India from the Kusāna to Gupta Empires* (Leiden: Brill, 2012), 127.
47 Maneckji Nusservanji Dhalla, *Zoroastrian Civilization: From the Earliest Times to the Downfall of the Last Zoroastrian Empire, 651 A.D.* (New York: Oxford University Press, 1922), 185.
48 Ibid.
49 Ibid.
50 Wouter Henkelman, "The Royal Achaemenid Crown," *Archaeologische Mitteilungen aus Iran* 19 (1995/96): 133.
51 *The Oxford Encyclopaedia, Or, Dictionary of Arts, Sciences and General Literature*, comps. W. Harris et al. (Bristol: Thoemmes, 2003), s.v. "Costume."
52 Donald P. Hansen and Erica Ehrenberg, "The Rooster in Mesopotamia," in *Leaving No Stones Unturned: Essays on the Ancient Near East and Egypt in Honor of Donald P. Hansen* (Winona Lake, IN: Eisenbrauns, 2002), 53.
53 Mary Boyce, *A History of Zoroastrianism* (Leiden: Brill, 1975), 3.
54 Ibid., 192.
55 Ibid.
56 Touraj Daryaee, *The Oxford Handbook of Iranian History* (Oxford: Oxford University Press, 2012), 91.
57 Martin Haug and Edward William West, *Essays on the Sacred Language, Writings, and Religion of the Parsis* (London: Trübner & Co., 1878), 245.

58 Andrew Lawler, "Edge of an Empire," *Archaeology Journal* 64, no. 5 (September/October 2011).

59 Hansen and Ehrenberg, *Leaving No Stones Unturned*, 53.

60 Risa Levitt Kohn and Rebecca Moore, *A Portable God: The Origin of Judaism and Christianity* (Lanham, MD: Rowman & Littlefield Publishers, 2007), 65.

61 Gunnar G. Sevelius, MD, *The Nine Pillars of History* (Self-published via AuthorHouse, 2012), 237.

62 Matthew 2:1 (*New American Bible*).

63 Simon Davis, *The Archaeology of Animals* (New Haven: Yale University Press, 1987), 187.

64 Mark 14:72 (*New American Bible*).

65 Accessed May 14, 2014, http://thingstodo.viator.com/vatican-city/st-peters-basilica-sacristy-treasury-museum/.

66 Ram Swarup, *Understanding the Hadith: The Sacred Traditions of Islam* (Amherst, NY: Prometheus Books, 2002), 199.

67 James Lyman Merrick, *The Life and Religion of Mohammed: As Contained in the Sheeăh Traditions of the Hyât-ul-Kuloob* (Boston: Phillips, Sampson, and Co., 1850), 196.

68 Hansen and Ehrenberg, *Leaving No Stones Unturned*, 61.

69 Maarten Jozef Vermaseren, *The Excavations in the Mithraeum of the Church of Santa Prisca in Rome* (Neiden, Norway: Brill, 1965), 163.

70 Sanping Chen, *Multicultural China in the Early Middle Ages* (Philadelphia: University of Pennsylvania Press, 2012), 110.

71 Roel Sterckx, *The Animal and the Daemon in Early China* (Albany: State University of New York Press, 2002), 42.

72 Ibid., 41.

73 Ibid.

74 Sanping Chen, *Multicultural China in the Early Middle Ages*, 104.

75 *Historical Dictionary of Chinese Cinema*, comps. Tan Ye and Yun Zhu (Lanham, MD: Scarecrow Press, 2012), s.v. "Golden Rooster Awards, The."

76 Deanna Washington, *The Language of Gifts: The Essential Guide to Meaningful Gift Giving* (Berkeley, CA: Conari Press, 2000), 86.

77 *Han'guk Munhwa Korean Culture* (Los Angeles: Korean Cultural Service, 2001), 22:27.

78 Fukuda Hideko, "From Japan to Ancient Orient," *The Epigraphic Society Occasional Papers*, 1998, 23, 105.

79 Michael Witzel, *The Origins of the World's Mythologies* (Oxford: Oxford University Press, 2012), 144.

80 Tsuyoshi Shimmura and Takashi Yoshimura, "Circadian Clock Determines the Timing of Rooster Crowing," *Current Biology* 23, no. 6 (2013): R231–233, doi:10.1016/j.cub.2013.02.015.

81 Leslie Webster and Michelle Brown, *The Transformation of the Roman World AD 400–900* (Berkeley: University of California Press, 1997), 153.

CHAPTER 3——具療效的一窩蛋

1 Plato, *Symposium and the Death of Socrates*, trans. Tom Griffith (Ware, Hertfordshire: Wordsworth Edition Limited, 1997), 210.

2 Alexander Nehamas, *Virtues of Authenticity: Essays on Plato and Socrates* (Princeton, NJ: Princeton University Press, 1999), 48.

3 Emma Jeannette Levy Edelstein and Ludwig Edelstein, *Asclepius: Collection and Interpretation of the Testimonies* (Baltimore: Johns Hopkins University Press, 1998), 190.

4 Friedrich Wilhelm Nietzsche, *The Pre-Platonic Philosophers*, trans. Greg Whitlock (Urbana: University of Illinois Press, 2001), 261.

5 Friedrich Wilhelm Nietzsche, *Twilight of the Idols, Or, How to Philosophize with a Hammer*, ed. Duncan Large (Oxford: Oxford University Press, 1998), 87.

6 Eva C. Keuls, *The Reign of the Phallus: Sexual Politics in Ancient Athens* (New York: Harper & Row, 1985), 79.

7 G. Theodoridis, trans., "Aristophanes' 'The Birds,' " Poetry in Translation, 2005, accessed March 18, 2014, http://www.poetryintranslation.com/PITBR/Greek/Birds.htm.

8 Homer, "A Visit of Emissaries," book nine in *The Iliad*, trans. Robert Fitzgerald (New York: Farrar, Straus and Giroux, 2004), 209.

9 Steven H. Rutledge, *Ancient Rome as a Museum: Power, Identity, and the Culture of Collecting* (Oxford: Oxford University Press, 2012), 88.

10 Samuel Croxall and George Fyler Townsend, *The Fables of Aesop* (London: F. Warner, 1866), 61.

11 Thomas Taylor, trans., *Iamblichus' Life of Pythagoras, Or, Pythagoric Life* (Rochester, VT: Inner Traditions International, 1986), 207.

12 Mark P. Morford and Robert J. Lenardon, *Classical Mythology* (New York: McKay, 1971), 241.

13 Pierre Briant, *From Cyrus to Alexander: A History of the Persian Empire* (Winona Lake, IN: Eisenbrauns, 2002), 548.

14 *The Oxford Encyclopedia of Ancient Greece and Rome* , comps. Michael Gagarin and Elaine Fantham (New York: Oxford University Press, 2010), s.v. "Peach."

15 Theodoridis, "Aristophanes' 'The Birds.' "

16 Yves Bonnefoy, *Greek and Egyptian Mythologies* (Chicago: University of Chicago Press, 1992), 131.

17 J. J. Pollitt, *The Art of Ancient Greece: Sources and Documents* (Cambridge: Cambridge University Press, 1990), 64.

18 George Moore, *Ancient Greece: A Comprehensive Resource for the Active Study of Ancient Greece* (Nuneaton, U.K.: Prim-Ed, 2000), 16.

19 *Oxford Encyclopedia of Ancient Greece and Rome*, s.v."Hippocratic Corpus."

20 George B. Griffenhagen and Mary Bogard, *History of Drug Containers and Their Labels* (Madison, WI: American Institute of the History of Pharmacy, 1999), 4.

21 Sara B. Aleshire, *The Athenian Asklepieion: The People, Their Dedications, and the Inventories*

(Amsterdam: J.C. Gieben, 1989).
22 Helmut Koester, *History, Culture, and Religion of the Hellenistic Age* (Philadelphia: Fortress Press, 1982), 167.
23 Aleshire, *The Athenian Asklepieion.*
24 Walter J.Friedlander, *The Golden Wand of Medicine: A History of the Caduceus* (Westport, CT: Greenwood Press, 1992).
25 Thomas Taylor, ed., *Select Works of Porphyry; Containing His Four Books on Abstinence from Animal Food; His Treatise on the Homeric Cave of the Nymphs; and His Auxiliaries to the Perception of Intelligible Natures* (London: T. Rodd, 1823).
26 Galen, *On the Properties of Food* (Cambridge, Cambridge University Press, 2003), 3.1.10.
27 Page Smith and Charles Daniel, *The Chicken Book* (Boston: Little, Brown, 1975), 125.
28 Ulisse Aldrovandi, *Aldrovandi on Chickens: The Ornithology of Ulisse Aldrovandi 1600*, ed. and trans. L. R. Lind (Norman: University of Oklahoma Press, 1963), 2:259.
29 Banu Karaoz, "First-aid Home Treatment of Burns Among Children and Some Implications at Milas, Turkey," *Journal of Emergency Nursing* 36, no. 2 (2010): 111–14
30 Smith and Daniel, *The Chicken Book* , 125.
31 Bo Rennard et al., "Chicken Soup Inhibits Neutrophil Chemotaxis In Vitro," *Chest* 118, no. 2 (2000): 1150–57.
32 K. Saketkhoo et al., "Effects of Drinking Hot Water, Cold Water, and Chicken Soup on Nasal Mucus Velocity and Nasal Airflow Resistance," *Chest* 74 (1978), 74, 408.
33 Matt Kelley, "Top Doctor Says Chicken Soup Does Have Healing Properties," Radio Iowa, January 17, 2011, accessed March 19, 2014, http://www.radioiowa.com/2011/01/17/top-doctor-says-chicken-soup-does-have-healing-properties/.
34 Paul J. Carniol and Neil S. Sadick, *Clinical Procedures in Laser Skin Rejuvenation* (London: Informa Healthcare, 2007), 184.
35 Alicia Ault, "From the Head of a Rooster to a Smiling Face Near You," *New York Times*, December 22, 2003, accessed March 19, 2014, http://www.nytimes.com/2003/12/23/science/from-the-head-of-a-rooster-to-a-smiling-face-near-you.html.
36 "Chicken Protein Halts Swelling, Pain of Arthritis Patients in Trial," *Denver Post*, September 24, 1993.
37 Peter Schue, interview by Andrew Lawler, 2013.
38 Niall Johnson, *Britain and the 1918–19 Influenza Pandemic: A Dark Epilogue* (London: Routledge, 2006), 1; Carol Turkington and Bonnie Ashby, *Encyclopedia of Infectious Diseases* (New York: Facts on File, 1998), 165.
39 "Influenza (Seasonal)," World Health Organization, March 2014, accessed March 19, 2014, http://www.who.int/mediacentre/factsheets/fs211/en/.
40 Niall Johnson, *Britain and the 1918–19 Influenza Pandemic*, 82.
41 Ibid., 33.
42 "Vaccine Development," Flu.gov, accessed March 19, 2014, http://www.flu.gov/prevention-

vaccination/vaccine-development/.

43 Richard W. Compans and Walter A. Orenstein, *Vaccines for Pandemic Influenza* (Berlin: Springer, 2009), 49.

44 Ibid., 49.

45 "FDA Approves First Seasonal Influenza Vaccine Manufactured Using Cell Culture Technology," U.S. Food and Drug Administration news release, November 20, 2012, accessed March 19, 2014, http://www.fda.gov/newsevents/newsroom/pressannouncements/ucm328982.htm.

46 Robert Roos, "FDA Approves First Flu Vaccine Grown in Insect Cells," Center for Infectious Disease Research and Policy, January 17, 2013, accessed March 19, 2014, http://www.cidrap.umn.edu/news-perspective/2013/01/fda-approves-first-flu-vaccine-grown-insect-cells.

47 Rom Harré, *Great Scientific Experiments: Twenty Experiments That Changed Our View of the World* (Oxford: Oxford University Press, 1983), 31.

48 Ibid.

49 Aristotle, "Book 7: On the Heavens," in *Aristotle's Collection* (Google eBook Publish This, LLC, 2013).

50 Michael Windelspecht, *Groundbreaking Scientific Experiments, Inventions, and Discoveries of the 19th Century* (Westport, CT: Greenwood Press, 2003), 57.

51 Ibid., 167.

52 Patrick Collard, *The Development of Microbiology* (Cambridge: Cambridge University Press, 1976), 164.

53 Andries Zijlstra, interview by Andrew Lawler, 2013.

54 Stanley A. Plotkin, ed., *History of Vaccine Development* (New York: Springer, 2010), 35.

55 H. Bazin, *Vaccination: A History from Lady Montagu to Genetic Engineering* (Montrouge, France: J. Libbey Eurotext, 2011), 152.

56 Stanley Finger, *Minds Behind the Brain: A History of the Pioneers and Their Discoveries* (Oxford: Oxford University Press, 2000), 309.

57 Plotkin, *History of Vaccine Development*, 36.

58 Bazin, *Vaccination*, 163.

59 Christiaan Eijkman, *Polyneuritis in Chickens, or the Origin of Vitamin Research* (papers, Hoffman-la Roche, 1990); Henry E. Brady and David Collier, *Rethinking Social Inquiry: Diverse Tools, Shared Standards* (Lanham, MD: Rowman & Littlefield, 2004), 228; Richard Gordon, *The Alarming History of Medicine: Amusing Anecdotes from Hippocrates to Heart Transplants* (New York: St. Martin's Griffin, 1993), 63.

60 Harry Bruinius, *Better for All the World: The Secret History of Forced Sterilization and America's Quest for Racial Purity* (New York: Knopf, 2006).

61 Francis Galton and Karl Pearson, *The Life, Letters and Labours of Francis Galton*, vol. 3, part 1 (Cambridge: Cambridge University Press, 2011), 221.

62 Michael R. Cummings, *Human Heredity: Principles and Issues* (Pacific Grove, CA: Brooks/Cole, 2000), 13.

63 Andrés Horacio Reggiani, *God's Eugenicist: Alexis Carrel and the Sociobiology of Decline* (New York: Berghahn Books, 2007), 41.
64 "Living Tissue Endowed by Carrel with 'Eternal Youth' Has Birthday; Begins Today New Year of 'Immortality' in Its Glass 'Olympus' at Laboratory—Age in Human Terms Is Put at 200," *New York Times*, January 16, 1942.
65 H. H. Laughlin, *Report of the Committee to Study and to Report on the Best Practical Means of Cutting Off the Defective Germ-Plasm in the American Population* (Cold Spring Harbor, NY: Eugenics Record Office, 1914).
66 Helen Sang, "*Transgenic Chickens*—Methods and Potential Applications," *Trends in Biotechnology* 12 (1994): 415–20.

CHAPTER 4——基本裝備

1 Brian M. Fagan and Charlotte Beck, *The Oxford Companion to Archaeology* (New York: Oxford University Press, 1996), 543.
2 Claudia Briones and José Luis Lanata, eds., *Archaeological and Anthropological Perspectives on the Native Peoples of Pampa, Patagonia, and Tierra del Fuego to the Nineteenth Century* (Westport, CT: Bergin & Garvey, 2002), 6.
3 Andrew Lawler, "Beyond *Kon-Tiki*: Did Polynesians Sail to South America?" *Science* 328, no. 5984 (2010): 1344–47, doi: 10.1126/science.328.5984.1344.
4 A. Grenfell Price, ed., *The Explorations of Captain James Cook in the Pacific, as Told by Selections of His Own Journals, 1768–1779* (New York: Dover Publications, 1971), 222.
5 Ben R. Finney, *Voyage of Rediscovery: A Cultural Odyssey through Polynesia* (Berkeley: University of California Press, 1994), 12.
6 Ibid., 7.
7 Ibid., 11.
8 James Cook, *Captain Cook's Journal During His First Voyage Round the World Made in H.M. Bark "Endeavour" 1768–71*, ed. Captain W. J. L. Whartom (London: Elliot Stock, 1893; Google eBook, 2013).
9 "HMS Endeavour," Technogypsie.com, April 24, 2011, accessed March 19, 2014, http://www.technogypsie.com/science/?p=200.
10 John Hawkesworth, W. Strahan, and T. Cadell, *An Account of the Voyages Undertaken by the Order of His Present Majesty for Making Discoveries in the Southern Hemisphere*, vol. 2 (London: printed for W. Strahan and T. Cadell in the Strand, 1773; Google eBook).
11 Steven R. Fischer, *Island at the End of the World: The Turbulent History of Easter Island* (London: Reaktion, 2005).
12 Scoresby Routledge, *The Mystery of Easter Island: The Story of an Expedition* (London: printed for the author by Hazell, Watson and Viney, 1919), 218.
13 Kathy Pelta, *Rediscovering Easter Island* (Minneapolis: Lerner Publications, 2001), 36.
14 Terry Hunt and Carl Lipo, *The Statues That Walked: Unraveling the Mystery of Easter Island*

(New York: Free Press, 2011), 20.

15 Jared Diamond, "Easter's End," *Discover*, August 1995.

16 Edwin Ferdon Jr., "Stone Chicken Coops on Easter Island," *Rapa Nui Journal* 14, no. 3 (2000).

17 Jared M. Diamond, *Guns, Germs, and Steel: The Fates of Human Societies* (New York: W. W. Norton & Company, 1999), 60.

18 James Cook, *The Journals*, ed. Philip Edwards (London: Penguin 2003; published in Penguin Classics as *The Journals of Captain Cook* , 1999), 337.

19 Ibid., 271.

20 A. Grenfell Price, ed., *The Explorations of Captain James Cook in the Pacific, as Told by Selections of His Own Journals, 1768–1779* (New York: Dover Publications, 1971), 155.

21 Ibid.

22 "Elizabeth Taylor Chokes on Bone," *Times-News*, October 13, 1978.

23 John Noble Wilford, "First Chickens in Americas Were Brought from Polynesia," *New York Times*, June 5, 2007, accessed March 19, 2014, http://www.nytimes.com/2007/06/05/science/05chic.html.

24 A. A. Storey et al., "Radiocarbon and DNA Evidence for a Pre-Columbian Introduction of Polynesian Chickens to Chile," *Proceedings of the National Academy of Sciences* 104, no. 25 (2007): 10335–0339, doi:10.1073/pnas.0703993104.

25 Terry L. Jones, *Polynesians in America: Pre-Columbian Contacts with the New World* (Lanham, MD: AltaMira Press, 2011), 142.

26 Kathleen A. Deagan and José María Cruxent; *Archaeology at La Isabela: America's First European Town* (New Haven: Yale University Press, 2002), 5.

27 Jones, *Polynesians in America*, 144.

28 *Pacific Discovery* , 7–9 (California Academy of Sciences, 1955): 164.

29 Hernán Cortés, *Letters of Cortés: The Five Letters of Relation from Fernando Cortes to the Emperor Charles V*, ed. and trans. Francis Augustus MacNutt (Cleveland: Arthur H. Clark, 1908), 257.

30 James Lockheart, *The Nahuas after the Conquest: A Social and Cultural History of the Indians of Central Mexico, Sixteenth through Eighteenth Centuries* (Stanford, CA: Stanford University Press, 1992), 278.

31 Jones, *Polynesians in America*, 160.

32 *The First Voyage around the World (1519–1522): An Account of Magellan's Expedition*, ed. Theodore J. Cachey (New York: Marsilio Publishers, 1995), 8.

33 Alida C. Metcalf, *Go-betweens and the Colonization of Brazil: 1500–1600* (Austin: University of Texas Press, 2005), 127.

34 Alfred Russell Wallace, *Travels on the Amazon and Rio Negro: With an Account of the Native Tribes and Observations on the Climate, Geology, and Natural History of the Amazon Valley* (London: Ward Lock, 1889), 210.

35 Jones, *Polynesians in America*, 145.

36 Domingo Martinez-Castilla to University of Missouri–Columbia colleagues, December 15, 1996, accessed March 19, 2014, http://www.andes.missouri .edu/Personal/DMartinez/Diffusion/msg00028.html.

37 Raul Borras Barrenechea, ed. *Relacion del Descubrimiento del Reyno del Peru* (Lima: Instituto Raul Porras Barrenechea 1970), 41–60.

38 Jones, *Polynesians in America*, 52.

39 "Zoomorphic Polychrome Terracotta Vessel in Shape of Rooster, Peru, Vicus Culture, Pre–Inca Civilization, circa 100 B.C.," The Bridgeman Art Library, accessed March 19, 2014, http://www.bridgemanart.com/en-GB/asset/512719.

40 Metcalf, *Go-betweens and the Colonization of Brazil*,152.

41 W. S. W. Ruschenberger, *Three Years in the Pacific; Including Notices of Brazil, Chile, Bolivia, Peru* (Philadelphia: Carey, Lea & Blanchard, 1834), 394.

42 Jones, *Polynesians in America*, 145.

43 Lisa Matisoo-Smith, email message to author, 2013.

44 Storey, "Radiocarbon and DNA Evidence."

45 Sheridan Bowman, *Radiocarbon Dating* (Berkeley: University of California Press, 1990), 25.

46 Gongora et al., "Indo-European and Asian Origins for Chilean and Pacific Chickens Revealed by MtDNA," *Proceedings of the National Academy of Sciences of the United States of America* 105, no. 30 (2008): 10308, doi:10.1073/pnas.0807512105.

47 Alice A. Storey et al., "Pre-Columbian Chickens of the Americas: A Critical Review of the Hypotheses and Evidence for Their Origins," *Rapa Nui Journal* 25 (2011): 5–19.

48 Scott M. Fitzpatrick and Richard Callaghan, "Examining Dispersal Mechanisms for the Translocation of Chicken (*Gallus Gallus*) from Polynesia to South America," *Journal of Archaeological Science* 36, no. 2 (2009): 214–23, doi:10.1016/j.jas.2008.09.002.

49 Caroline Roullier et al., "Historical Collections Reveal Patterns of Diffusion of Sweet Potato in Oceania Obscured by Modern Plant Movements and Recombination," *Proceedings of the National Academy of Sciences of the United States of America* 110, no. 6 (2013): 2205–210, doi:10.1073/pnas.1211049110.

50 Jones, *Polynesians in America*, 173.

51 Finney, *Voyage of Rediscovery*, 1994.

52 A. Lawler, "Northern Exposure in Doubt," *Science* 328, no. 5984 (2010): 1347.

53 W. D. Westervelt, *Legends of Old Honolulu: Collected and Translated from the Hawaiian* (London: Constable & Co., 1915), 230.

54 Jones, *Polynesians in America*, 125.

55 *Maha'ulepu, Island of Kaua'i Reconnaissance Survey*, U.S. Department of the Interior, National Park Service, Pacific West Region, Honolulu Office, February 2008; Edward Tregear, " 'The Creation Song' of Hawaii," *The Journal of the Polynesian Society* 9, no. 1 (March 1900): 38–46.

56 David Burney, interview by Andrew Lawler, 2013.

57 Nicholas Wade, "Dead for 32,000 Years, an Arctic Plant Is Revived," *New York Times*, Febru-

ary 20, 2012, accessed March 19, 2014, http://www.nytimes.com/2012/02/21/science/new-life-from-an-arctic-flower-that -died-32000-years-ago.html.

58 Peggy Macqueen, interview by Andrew Lawler, 2013.

59 William Ellis, *Polynesian Researches during a Residence of Nearly Eight Years in the Society and Sandwich Islands* (London: Bohn, 1853), 223.

60 Alan Cooper, interview by Andrew Lawler, 2013.

61 Ibid.

62 Paul Wallin and Helene Martinsson-Wallin, eds., *The Gotland Papers: Selected Papers from the VII International Conference on Easter Island and the Pacific: Migration, Identity, and Cultural Heritage* (Gotland University, Sweden: Gotland University Press 11, 2007), 210.

63 Jared M. Diamond, *Natural Experiments of History* (Cambridge, MA: Belknap Press of Harvard University Press, 2011), 48.

64 Neil Asher Silberman and Alexander A. Bauer, *The Oxford Companion to Archaeology* (New York: Oxford University Press, 2012), 660.

65 Ibid., 210.

66 Ibid., 592.

67 Vicki Thomson et al., "Using Ancient DNA to Study the Origins and Dispersal of Ancestral Polynesian Chickens across the Pacific," *Proceedings of the National Academy of Sciences of the United States of America*, March 24, 2014, 113, no. 13 (2014): 4826.

CHAPTER 5——馬尼拉震顫

1 Rolando Luzong, interview by Andrew Lawler, 2013.

2 Alfredo R. Roces, *Filipino Heritage: The Making of a Nation* (Manila: Lahing Pilipino Pub., 1978), 1591.

3 Antonio Pigafetta, *Magellan's Voyage: A Narrative Account of the First Circumnavigation*, ed. and trans. Raleigh Ashlin Skelton (New York: Dover Publications, 1994), 65.

4 Donald F. Lach, *The Century of Discovery of Asia in the Making of Europe*, vol. 1 (Chicago: University of Chicago Press, 1994), 639.

5 Luis Francia, *A History of the Philippines: From Indios Bravos to Filipinos* (New York: Overlook Press, 2010), 55.

6 *Southeast Asia*: Ooi Keat Gin, ed., *A Historical Encyclopedia, from Angkor Wat to East Timor* (Santa Barbara, CA: ABC-CLIO, 2004), s.v. "Spanish Philippines."

7 Francia, *A History of the Philippines*, 64.

8 Fedor Jagor, *Travels in the Philippines* (London: Chapman and Hall, 1875), 28.

9 Ricky Nations, "The 'Gypsy Chickens' of Key West," *The Southernmost Point* (blog), October 14, 2013, accessed March 19, 2014, http://nations southernmostpoint.blogspot.com/2013/10/the-gypsy-chickens-of-key-west.html.

10 Attorney-General, ed., *Official Opinions of the Attorney-General of the Philippine Islands Advising the Civil Governor, the Heads of Departments, and Other Public Officials in Relation*

to Their Official Duties (Manila: Bureau of Public Printing, 1903), 638.

11 Charles Burke Elliott, *The Philippines to the End of the Military Regime* (Indianapolis: Bobbs-Merrill Company, 1916), 263.

12 Ibid., 263.

13 Frank Charles Laubach, *The People of the Philippines, Their Religious Progress and Preparation for Spiritual Leadership in the Far East* (New York: George H. Doran, 1925), 403.

14 José Rizal, *Noli me tangere* (*Touch Me Not*), ed. and trans. Harold Augenbraum (New York: Penguin, 2006), 302.

15 "Republic Act No. 229," *Official Gazette* 44, no. 8, August 1948, accessed March 19, 2014, http://www.gov.ph/1948/06/09/republic-act-no-229/.

16 Alan Dundes, *The Cockfight: A Casebook* (Madison: University of Wisconsin Press, 1994), 139.

17 *Report of the Philippine Commission to the Secretary of War*: 1910 (Washington, D.C.: Government Printing Office, 1911), 421.

18 Ibid., 415.

19 Edward Thomas Devine, ed., *The Survey* 37 (October 7, 1916): 19.

20 Wallace Stegner, *Collected Stories* (New York: Penguin, 2006), 372.

21 "Philippine Law: Cockfighting Law of 1974," *Gameness til the End* (blog), accessed March 19, 2014, http://gtte.wordpress.com/2011/06/19 /philippine-law-cockfighting-law-of-1974/.

22 Luzong, interview.

23 Ibid.

24 Terri C. Walker, *The 2000 Casino and Gaming Business Market Research Handbook* (Norcross, GA: Richard K. Miller and Associates, 2000), 352.

25 *Philippines Free Press* 62, no. 14–26 (1969), 68.

26 Victoria Maranan, "Gamefowl Breeders Convention Ruffles Feathers," *KXII*, August 11, 2011, accessed March 24, 2014, http://www.kxii .com/news/headlines/Humane_society_accuse_gamefowl_breeders_association for_illegal_activity_127567283.html; *Animal Fighting Prohibition Enforcement Act of 2005: Hearing on H.R. 817, May 18, 2006, Before the Subcommittee on Crime, Terrorism, and Homeland Security of the Committee on the Judiciary*, 109th Cong., (2006), 20.

27 Ngoc Nguyen, "Ind. Man Arrested After Story in Filipino Cockfight Magazine," New America Media, August 10, 2010, accessed March 19, 2014, http://newamericamedia.org/2010/08/ind-man-arrested-after-story-in-filipino-cockfight-magazine.php.

28 Rolando Luzong, "Bantay-Sabong Special Report," Bantay-Sabong's Facebook page, July 14, 2012, accessed March 19, 2014, https://www.facebook.com/permalink.php?id=398215130241725&story_fbid=494144780601019.

29 "History of Breeds," University of Illinois Extension, Incubation and Embryology, accessed March 19, 2014, http://urbanext.illinois.edu/eggs /res10-breedhistory.html.

30 Freyja Imsland et al., "The Rose-comb Mutation in Chickens Constitutes a Structural Rear-

rangement Causing Both Altered Comb Morphology and Defective Sperm Motility," *PLoS Genetics* 8, no. 6 (2012): E1002775, doi:10.1371 /journal.pgen.1002775.

31 "Trance Dancing and Spirit Possession in Northern Thailand," *Sanuk* (blog), November 19, 2010, accessed March 19, 2014, http://sanuksanuk.wordpress.com/2010/11/19/trance-dancing-and-spirit-possession-in-northern-thailand/.

32 Robert Joe Cutter, *The Brush and the Spur: Chinese Culture and the Cockfight* (Hong Kong: Chinese University Press, 1989), 10.

33 Ibid., 14.

34 J. Maxwell Miller and John H. Hayes, *A History of Ancient Israel and Judah* (Philadelphia: Westminster Press, 1986), 422.

35 K. A. D. Smelik, *Writings from Ancient Israel: A Handbook of Historical and Religious Documents* (Louisville, KY: Westminster/John Knox Press, 1991), 140.

36 Paula Hesse, interview by Andrew Lawler, 2013.

37 Louis Komjathy, "Works Consulted and Further Reading," in"Animals and Daoism," *Advocacy for Animals* (blog), September 26, 2011, accessed March 20, 2014, http://advocacy.britannica.com/blog/advocacy/2011/09/daoism-and- animals/.

38 Judith M. Barringer, *The Hunt in Ancient Greece* (Baltimore: Johns Hopkins University Press, 2001), 90.

39 Fredrick J. Simons, *Eat Not This Flesh: Food Avoidances from Prehistory to the Present* (Madison: University of Wisconsin Press, 1994), 154.

40 Linda Colley, *Captives: Britain, Empire and the World, 1600–1850* (London: J. Cape, 2002), 349.

41 R. P. Forster, *Collection of the Most Celebrated Voyages and Travels from the Discovery of America to the Present Time*, vol. 3 (Google eBook: 1818), 321.

42 Eric Dunning, *Sport Matters: Sociological Studies of Sport, Violence and Civilisation* (London: Routledge, 1999).

43 Sarah Stanton and Martin Banham, *Cambridge Paperback Guide to Theatre* (Cambridge: Cambridge University Press, 1996), 72.

44 Joseph Strutt and William Hone, *The Sports and Pastimes of the People of England: Including the Rural and Domestic Recreations, May Games, Mummeries, Shows, Processions, Pageants, and Pompous Spectacles, from the Earliest Period to the Present Time* (London: printed for Thomas Tegg, 1841), 282.

45 Albert Rolls, *Henry V* (New York: Infobase Publishing, 2010), 251.

46 "Entertainment at Shakespeare's Globe Theatre," No Sweat Shakespeare, accessed March 20, 2014, http://www.nosweatshakespeare.com/resources /globe-theatre-entertainment/; William Shakespeare, *The Yale Shakespeare* , Wilbur L. Cross and Tucker Brooke, eds. (New Haven: Yale University Press, 1918), 122.

47 Samuel Pepys, *The Diary of Samuel Pepys* (New York: Croscup & Sterling, 1900), 385.

48 Edward Walford, *Old and New London: A Narrative of Its History, Its People, and Its Places*

(London: Cassell, 1879), 375.

49 William Edward Hartpole Lecky, *A History of England in the Eighteenth Century*, vol. 1 (London: Longmans, Green, and Co. 1878), Online Library of Liberty, accessed March 20, 2014, http://oll.libertyfund.org/?option=com_staticx t&staticfile=show.php%3Ftitle=2035&chapter=145242&layout=html.

50 Tony Collins et al., eds., *Encyclopedia of Traditional British Rural Sports* (London: Routledge, 2005), s.v. "Cockfighting."

51 Frederic George Stephens and M. Dorothy George, eds., *Catalogue of Prints and Drawings in the British Museum* (London: By Order of the Trustees, 1870), 1223.

52 "Police Magistrates, Metropolis Act 1833," Animal Rights History, accessed March 20, 2014, http://www.animalrightshistory.org/animal-rights-law/romantic-legislation/1833-uk-act-police-metropolis.htm.

53 Robert Boddice, interview by Andrew Lawler, 2013; see Rob Boddice, *A History of Attitudes and Behaviours toward Animals in Eighteenth- and Nineteenth-century Britain: Anthropocentrism and the Emergence of Animals* (Lewiston, NY: Edwin Mellen Press, 2008).

54 Boddice, *A History of Attitudes and Behaviors*, 22.

55 "Hunting Act 2004," The National Archives, accessed March 20, 2014, http://www.legislation.gov.uk/ukpga/2004/37/contents.

56 George Washington, *The Daily Journal of Major George Washington, in 1751–2*, ed. Joseph M. Toner (Albany, NY: J. Munsell's Sons, 1892), 76.

57 Ed Crews, "Once Popular and Socially Acceptable: Cockfighting," *Colonial Williamsburg*, Autumn 2008, accessed March 20, 2014, http://www.history.org/Foundation/journal/Autumn08/rooster.cfm.

58 Gerald R. Gems et al., *Sports in American History: From Colonization to Globalization* (Champaign, IL: Human Kinetics, 2008), 1; Proceedings of the First Provincial Congress of Georgia, 1775: *Proceedings of the Georgia Council of Safety, 1775 to 1777; Account of the Siege of Savannah, 1779, from a British Source* (Savannah, GA: Savannah Chapter of the Daughters of the American Revolution, 1901), 7.

59 "Third Great Seal Committee—May 1782," accessed March 20, 2014, http://www.greatseal.com/committees/thirdcomm/.

60 *Encyclopedia Virginia*, s.v. " 'Life of Isaac Jefferson of Petersburg, Virginia, Blacksmith' by Isaac Jefferson (1847)," last modified May 3, 2013, accessed March 20, 2014, http://www.encyclopediavirginia.org/_Life_of_Isaac_Jefferson_of_Petersburg_Virginia_Blacksmith_by_Isaac_Jefferson_1847; Fawn McKay Brodie, *Thomas Jefferson, an Intimate History* (New York: W. W. Norton, 1974), 63.

61 H. W. Brands, *Andrew Jackson: His Life and Times* (New York: Doubleday, 2005), 97.

62 T. F. Schwartz, *For the People: A Newsletter of the Abraham Lincoln Association*, Springfield, IL, Spring 2003, 5:1.

63 Mark Twain and Charles Dudley Warner, *The Writings of Mark Twain* (New York: Harper &

Bros., 1915), 340.

64 William Randolph Hearst, *William Randolph Hearst, a Portrait in His Own Words*, ed. Edmond D. Coblentz (New York: Simon & Schuster, 1952), 239.

65 "Louisiana's Ban on Cockfighting Takes Effect Friday," *The Times-Picayune* , August 12, 2008, last modified October 12, 2009, accessed March 20, 2014, ttp://www.nola.com/news/index.ssf/2008/08/louisianas_ban_on_cockfighting.html.

66 "The Newport Plain Talk—Print Story," *The Newport Plain Talk* , accessed March 20, 2014, http://newportplaintalk.com/printstory/10546.

67 J. J. Stambaugh, "Strategy, Stealth Key for FBI in Cocke County Investigative Work," *Knoxville News Sentinel*, October 5, 2008, accessed March 20, 2014, http://www.knoxnews.com/news/2008/Oct/05/a-tough-case-to-crack/.

68 Hank Hayes, "Subcommittee Kills Bill to Raise Cockfighting Fine in Tennessee," *Kingsport Times-News*, April 14, 2011, accessed March 20, 2014, http://www.timesnews.net/article/9031289/subcommittee-kills-bill-to-raise-cockfighting-fine-in-tennessee.

69 Jon Lundberg, interview by Andrew Lawler, 2013.

70 Sam Youngman and Janet Patton, "Cockfighting Enthusiasts Angry with McConnell for Supporting Farm Bill That Stiffens Penalties," *Lexington Herald Leader*, February 19, 2014.

71 John Boel, "Politicians at Cockfighting Rally Caught on Video," April 24, 2014, last modified June 8, 2014, accessed May 15, 2014, http://www.wave3.com/story/25336346/politicians-not-chicken-to-support-the-right-to-cockfight#.U1nZ1fxJLqA.twitter.

72 Page One, "Everything About Bevin Is a Giant Contra diction," April 29, 2014, accessed May 15, 2014, http://pageonekentucky.com/2014/04/29/everything- about-bevin-is-a-giant-contradiction/?utm_source=feedburner&utm_medium= feed&utm_campaign=Feed%3A+PageOne+(Page+One).

73 Congressional Record, V. 153, PT. 6, March 26, 2007, to April 17, 2007, 7644.

74 Lorenzo Fragiel, interview by Andrew Lawler, 2013.

CHAPTER 6——巨鳥現身

1 Herman Melville, "Cock-a-Doodle-Doo!" *Harper's Magazine* 8 (1854): 80.

2 Stephen G. Haw, *Marco Polo's China: A Venetian in the Realm of Khubilai Khan* (London: Routledge, 2006), 130.

3 *Dictionary of National Biography*, eds. Leslie Stephen and Sidney Lee (London: Smith, Elder and Co., 1885), s.v. "Belcher, Sir Edward (1799–1877)."

4 Basil Stuart-Stubbs, "Belcher, Sir Edward," in *Dictionary of Canadian Biography*, vol. 10, accessed March 20, 2014, http://www.biographi.ca/en/bio/belcher_edward_10E.html.

5 Anonymous, *Men of the Time: Biographical Sketches of Eminent Living Characters . . . Also Biographical Sketches of Celebrated Women of the Time* (London: Kent, 1859), 55.

6 Edward Belcher et al., *A Report of the Judgment: Delivered on the Sixth Day of June*, 1835 (London: Saunders and Benning, 1835).

7 Diana Jolliffe Belcher, *The Mutineers of the Bounty and Their Descendants in Pitcairn and Norfolk Islands* (New York: Harper & Bros., 1871).

8 Richard Brinsley Hinds et al., *The Zoology of the Voyage of H.M.S. Sulphur: Under the Command of Captain Sir Edward Belcher during the Years 1836–42* (London: Smith, Elder, 1844), 2.

9 Ibid., 2.

10 Bo Beolens et al., The Eponym Dictionary of Reptiles (Baltimore: Johns Hopkins University Press, 2011), s.v. "Belcher."

11 Cindy Blobaum, *Awesome Snake Science: 40 Activities for Learning about Snakes* (Chicago: Chicago Review Press, 2012), 84.

12 Andrew L. Cherry et al., *Substance Abuse: A Global View* (Westport, CT: Greenwood Press, 2002), 41.

13 Edward Belcher, *Narrative of a Voyage Round the World* (London: H. Colburn, 1843), 139.

14 L. S. Dawson, *Memoirs of Hydrography, Including Brief Biographies of the Principal Officers Who Have Served in H.M. Naval Surveying Service between the Years 1750 and 1885* (Eastbourne: Henry W. Keay, the "Imperial Library," 1885; Google eBook), 18.

15 R. J. Hoage and William A. Deiss, *New Worlds, New Animals: From Menagerie to Zoological Park in the Nineteenth Century* (Baltimore: Johns Hopkins University Press, 1996), 50.

16 The Royal Archives, *Queen Victoria's Journals*, May 27, 1842, accessed May 18, 2014, www.queenvictoriajournals.org.

17 Steve Jones, *The Darwin Archipelago: The Naturalist's Career Beyond Origin of the Species* (New Haven: Yale University Press, 2011), 1.

18 S. L. Kotar and J. E. Gessler, *The Rise of the American Circus, 1716–1899* (Jefferson, NC: McFarland & Co., 2011), 132.

19 "The Court," *The Spectator* 16 (London: F.C. Westley, 1843): 50.

20 Sidney Lee, *Queen Victoria* (New York: Macmillan, 1903), 139–44.

21 目前並無直接證據表明這幾隻雞的正式贈予過程；此外，關於這些雞的品種、捐贈者以及何時抵達溫莎等問題，仍然一直存有爭議。不過，有幾份當代的資料來源卻支持這種說法，即剛抵達倫敦的卑路乍船長進獻了這些貢禮，然而考量當時卑路乍的處境，這不太可能是由他親自上呈的。除此之外，沒有其他的說法可以解釋這份貢禮出現的時間點，或是何以捐贈者的身分如此異常低調、不為人知。

22 *Illustrated London News* 3–4, December 23, 1843, 409; *The Countryman* 69, no. 2 (1968), 350.

23 Belcher, *Narrative of a Voyage Round the World*, 257.

24 Jane Roberts, *Royal Landscape: The Gardens and Parks of Windsor* (New Haven: Yale University Press, 1997), 205.

25 Ibid., 205.

26 Ibid.

27 Robert Rhodes James, *Prince Albert: A Biography* (New York: Knopf, 1984), 142.

28 *Queen Victoria's Journals*, January 23, 1843.

29 W. C. L. Martin, *The Poultry Yard: Comprising the Management of All Kinds of Fowls* (London:

Routledge, 1852), 7.

30 *Illustrated London News* 3–4, December 23, 1843, 409.

31 *Queen Victoria's Journals*, December 23, 1843.

32 Charles Dickens, *A Christmas Carol in Prose: Being a Ghost Story of Christmas* (London: Chapman & Hall, 1843), i.

33 "A Royal Banquet," *Carlisle Patriot*, January 6, 1844.

34 *Queen Victoria's Journals*, April 4, 1844.

35 Ibid., November 22, 1847.

36 John French Burke, *Farming for Ladies; Or, a Guide to the Poultry-Yard, the Dairy and Piggery* (London: John J. Murray, 1844).

37 Kitty Chisholm and John Ferguson, *Rome* (Oxford: Oxford University Press in Association with the Open University Press, 1981), 595; Margaret Visser, *Much Depends on Dinner: The Extraordinary History and Mythology, Allure and Obsessions, Perils and Taboos, of an Ordinary Meal* (New York: Grove Press, 1987), 123.

38 Janet Vorwald Dohner, *The Encyclopedia of Historic and Endangered Livestock and Poultry Breeds* (Yale University Press, 2001), s.v."Chickens."

39 C. R. Whittaker, *Rome and Its Frontiers: The Dynamics of Empire* (London: Routledge, 2004), 98.

40 John G. Robertson, *Robertson's Words for a Modern Age: A Cross Reference of Latin and Greek Combining Elements* (Eugene, OR: Senior Scribe Publications, 1991), 237.

41 Apicius, *Cookery and Dining in Imperial Rome*, ed. and trans. Joseph Dommers Vehling (Milton Keynes, U.K.: Lightning Source, 2009), 95.

42 Bruce Watson and N. C. W. Bateman, *Roman London: Recent Archaeological Work; Including Papers Given at a Seminar Held at the Museum of England on 16 November, 1996* (Portsmouth, RI: Journal of Roman Archaeology, 1998), 96.

43 Terrence Kardong, *Benedict's Rule: A Translation and Commentary* (Collegeville, MN: Liturgical Press, 1996), 326.

44 C. Anne Wilson, *Food & Drink in Britain: From the Stone Age to the 19th Century* (Chicago: Academy Chicago Publishers, 1991), 130.

45 Ibid.

46 Ibid., 123.

47 Phillip Slavin, "Chicken Husbandry in Late-Medieval Eastern England: 1250–1400," *Anthropozoologica* 44, no. 2 (2009): 35–56, doi:10.5252 /az2009n2a2.

48 Ibid.

49 John Lawrence et al., *Moubray's Treatise on Domestic and Ornamental Poultry: A Practical Guide to the History, Breeding, Rearing, Feeding, Fattening, and General Management of Fowls and Pigeons* (London: Arthur Hall, Virtue, and Co., 1854), 27.

50 Jeffery L. Forgeng, *Daily Life in Elizabethan England* (Westport, CT: Greenwood Press, 1995), 113.

51 Samuel Smith, *General View of the Agriculture of Galloway Comprehending Two Counties, Viz. the Stewartry of Kirkcudbright and Wigtonshire, with Observations on the Means of Their Improvement* (London: printed for Sherwood, Neely, and Jones, 1813), 298.
52 David W. Galenson, *Markets in History: Economic Studies of the Past* (Cambridge: Cambridge University Press, 1989), 16.
53 Jennifer Speake, *Literature of Travel and Exploration: An Encyclopedia* (New York: Fitzroy Dearborn, 2003), 739.
54 Thomas Robert Malthus and Michael P. Fogarty, *An Essay on the Principle of Population: In Two Volumes* (London: Dent, 1967), 15.
55 Gillian Gill, *We Two: Victoria and Albert: Rulers, Partners, Rivals* (New York: Ballantine Books, 2009), 134.
56 Roberts, *Royal Landscape*, 93.
57 J. W. Reginald Hammond, *Complete England* (London: Ward Lock, 1974), 20.
58 George Dodd, *The Food of London: A Sketch of the Chief Varieties, Sources of Supply, Probable Quantities, Modes of Arrival, Processes of Manufacture, Suspected Adulteration, and Machinery of Distribution, of the Food for a Community of Two Millions and a Half* (London: Longmans, Brown, Green and Longmans, 1856), 326.
59 Ibid.
60 William Henry Chandler, *Chandler's Encyclopaedia: An Epitome of Universal Knowledge* (New York: Collier, 1898), vol. 5; s.v. "Poultry."
61 Lawrence, *Moubray's Treatise on Domestic and Ornamental Poultry*, 48.
62 *Illustrated.*
63 *Berkshire Chronicle*, September 28, 1844.
64 *Poultry Science* 47, 1968, 1–1048.
65 Charles C. Mann, *1493: Uncovering the New World Columbus Created* (New York: Knopf, 2011), 285.
66 *Queen Victoria's Journals*, September 13, 1845.
67 Mann, *1493*, 285.
68 Margaret F. Sullivan, *Ireland of To-day; the Causes and Aims of Irish Agitation* (Philadelphia: J.C. McCurdy & Co., 1881), 185.
69 Joseph Fisher, *The History of Landholding in Ireland* (London: Longmans, Green, 1877), 119.
70 *Queen Victoria's Journals*, November 6, 1845.
71 James H. Murphy, *Abject Loyalty: Nationalism and Monarchy in Ireland During the Reign of Queen Victoria* (Washington, DC: Catholic University of America Press, 2001), 62.
72 Michael Gillespie, *The Theoretical Solution to the British/Irish Problem: Using the General Theory of a Federal Kingdom Clearly Stated and Fully Discussed in This Thesis* (Bloomington, IN: AuthorHouse, 2013), 115.
73 Fisher, *History of Landholding*, 118.
74 Lawrence, *Moubray's Treatise on Domestic and Ornamental Poultry*, 48.

75 John Kelly, *The Graves Are Walking: The Great Famine and the Saga of the Irish People* (New York: Henry Holt, 2012), 75.
76 *The Journal of the Royal Dublin Society* 7, 1845.
77 Henry Fitz-Patrick Berry, *A History of the Royal Dublin Society* (London and New York: Longmans, Green and Co., 1915), 279.
78 Kelly, *The Graves Are Walking* , 100.
79 *London Daily News*, April 17, 1846, p. 3.
80 Ibid.
81 Edmund Saul Dixon, *Ornamental and Domestic Poultry: Their History and Management* (London: At the Office of the Gardeners' Chronicle, 1848), 167.
82 Walter B. Dickson et al., *Poultry: Their Breeding, Rearing, Diseases, and General Management* (London: Henry G. Bohn, York Street, Covent Garden, 1853), 5.
83 James Joseph Nolan and William Oldham, *Ornamental, Aquatic, and Domestic Fowl, and Game Birds: Their Importation, Breeding, Rearing, and General Management* (Dublin: Published by the Author, at 33, Bachelor's -Walk and to Be Had of All Booksellers, 1850), 4.
84 Geo P. Burnham, *The History of the Hen Fever: A Humorous Record* (Boston: J. French, 1855).
85 *The Poultry Book for the Many: Giving Full Directions for the Selection, Breeding . . . of Every Description of Poultry; with Portraits of the Principal Varieties and Plans of Poultry Houses . . . By Contributors to "the Cottage Gardener and Poultry Chronicle"* (London: Wincester 1857), 170.
86 Lewis Wright, *The Book of Poultry; with Practical Schedules for Judging, Constructed from Actual Analysis of the Best Modern Decisions* (London: Cassell, 1891), 445.
87 *The Poultry Book for the Many* , 4.
88 Dickson, *Poultry*, 10.
89 Wright, *Book of Poultry*, 208.
90 *Poultry Chronicle*, 65.
91 Wright, *Book of Poultry*, 209.
92 "The Birmingham Cattle Show," *The Times of London* , December 14, 1853.
93 *Poultry Chronicle*, 66.
94 *The Times of London*, reprinted in *The Southern Cultivator*, (J. W. & W. S. Jones, 1853), vol. 11, 126.

CHAPTER 7——丑角之劍

1 Joanne Cooper, interview by Andrew Lawler, 2013.
2 "History of the Collections," Natural History Museum at Tring, accessed March 20, 2014, http://www.nhm.ac.uk/tring/history-collections/history-of-the-collections/.
3 Charles Darwin, *The Annotated* Origin: *A Facsimile of the First Edition of* On the Origin of Species, annotated by James T. Costa (Cambridge, MA: Belknap Press of Harvard University Press), 2009.

4 David S. Kidder and Noah D. Oppenheim, *The Intellectual Devotional Biographies: Revive Your Mind, Complete Your Education, and Acquaint Yourself with the World's Greatest Personalities* (New York: Rodale, 2010), 206.

5 Georges Louis Leclerc Buffon, *Buffon's Natural History: Containing a Theory of the Earth, a General History of Man, of the Brute Creation, and of Vegetables, Minerals, &c.* (London: Printed by J. S. Barr, Bridges-Street, Covent-Garden, 1792), 353.

6 Georges Louis Leclerc Buffon, *The System of Natural History*, comps. Jan Swammerdam, R. Brookes, and Oliver Goldsmith (Edinburgh, Scotland: J. Ruthven, 1800), 256.

7 Ibid.

8 Jean-Baptiste Lamarck, *Zoological Philosophy: An Exposition with Regard to the Natural History of Animals*, first English trans. (New York: Hafner, 1914).

9 Wietske Prummel et al., *Birds in Archaeology: Proceedings of the 6th Meeting of the ICAZ Bird Working Group in Groningen* (23.8–27.8.2008) (Eelde, Netherlands: Barkhuis, 2010), 279.

10 Jan van Tuyl, *A New Chronology for Old Testament Times: With Solutions to Many Hitherto Unsolved Problems through the Use of Rare Texts* (self-published via AuthorHouse, 2012), 434.

11 Prideaux John Selby, *The Annals and Magazine of Natural History including Zoology, Botany and Geology* (London: Taylor & Francis, 1858), 211.

12 John Bachman, *The Doctrine of the Unity of the Human Race Examined on the Principles of Science* (Charleston, SC: C. Canning, 1850), 88.

13 Adrian Desmond and James R. Moore, *Darwin's Sacred Cause: How a Hatred of Slavery Shaped Darwin's Views on Human Evolution* (Boston: Houghton Mifflin Harcourt, 2009), 90.

14 William E. Phipps, *Darwin's Religious Odyssey* (Harrisburg, PA: Trinity Press International, 2002), 22.

15 Laurence S. Lockridge et al., eds., *Nineteenth-Century Lives: Essays Presented to Jerome Hamilton Buckley* (Cambridge: Cambridge University Press, 1989), 97.

16 Alfred Russell Wallace, *Writings on Evolution, 1843–1912*, ed. Charles H. Smith (Bristol, U.K.: Thoemmes Continuum), 2004.

17 "Edmund Saul Dixon," Dickens Journals Online, accessed March 20, 2014, http://www.djo.org.uk/indexes/authors/mr-edmund-saul-dixon.html.

18 Edmund Saul Dixon, *Ornamental and Domestic Poultry: Their History and Management* (London: At the Office of the Gardeners' Chronicle, 1850), viii.

19 Ibid.

20 Robert Chambers, *Vestiges of the Natural History of Creation* (New York: W. H. Coyler), 1846.

21 Johnathan Sperber, *Europe 1850–1914: Progress, Participation and Apprehension* (Harlow, England: Pearson Longman, 2009), 46.

22 Desmond and Moore, *Darwin's Sacred Cause*, 218.

23 "Darwin, C. R. to Hooker, J. D.," Darwin Correspondence Database, October 6, 1848, accessed March 20, 2014, http://www.darwinproject.ac.uk/letter/entry-1202.

24 Darwin's personal copy of Dixon's *Ornamental Poultry*, accessed May 14, 2014, http://www.

biodiversitylibrary.org/item/106252#page/4/mode/1up.

25 Karl Marx and Friedrich Engels, *The Communist Manifesto* (London: Vintage Books, 2010).

26 *Illustrated London News*, December 23, 1848.

27 Dixon, *Ornamental and Domestic Poultry*, x.

28 Darwin's personal copy of Dixon's *Ornamental Poultry*.

29 "Darwin, C. R. to Thompson, William (a)," Darwin Correspondence Database, March 1, 1849, accessed March 20, 2014, http://www.darwinproject.ac.uk/entry-1232.

30 "Dixon, E. S. to Darwin, C. R.," Darwin Correspondence Database, April–June 1849, accessed March 20, 2014, http://www.darwin project.ac.uk/entry-13801.

31 Desmond and Moore, *Darwin's Sacred Cause*, 219.

32 Edmund Saul Dixon, *The Dovecote and the Aviary: Being Sketches of the Natural History of Pigeons and Other Domestic Birds in a Captive State, With Hints for Their Management* (London: Wm. S. Orr, 1851), 73.

33 "Darwin, C. R. to Fox, W. D.," Darwin Correspondence Database, July 31, 1855, accessed March 20, 2014, http://www.darwinproject.ac.uk/entry-1733.

34 A. W. D. Larkum, *A Natural Calling: Life, Letters and Diaries of Charles Darwin and William Darwin Fox* (Dordrecht, Netherlands: Springer, 2009), 237.

35 "Darwin, C. R. to Fox, W. D.," Darwin Correspondence Database, March 19, 1855, accessed March 20, 2014, http://www.darwinproject.ac.uk /entry-1651.

36 "Blyth, Edward to Darwin, C. R.," Darwin Correspondence Database, August 4, 1855, accessed March 20, 2014, http://www.darwinproject.ac.uk/entry-1735.

37 Robert J. Richards, *Darwin and the Emergence of Evolutionary Theories of Mind and Behavior* (Chicago: University of Chicago Press, 1987), 107.

38 "Blyth, Edward to Darwin, C. R.," Darwin Correspondence Database, September 30, 1855 or October 7, 1855, accessed March 20, 2014, http://www.darwinproject.ac.uk/entry-1761.

39 "Blyth, Edward to Darwin, C. R.," Darwin Correspondence Database, December 18, 1855, accessed March 20, 2014, http://www.darwinproject.ac.uk/entry-1792.

40 "Darwin, C. R. to Tegetmeier, W. B.," Darwin Correspondence Database, August 31, 1855, accessed March 20, 2014, http://www.darwinproject.ac.uk/entry-1751.

41 "Darwin, C. R. to Unspecified," Darwin Correspondence Database, December 1855, accessed March 20, 2014, http://www.darwinproject.ac.uk/entry-1812.

42 "Darwin, C. R. to Covington, Syms," Darwin Correspondence Database, March 9, 1856, accessed March 20, 2014, http://www.darwinproject.ac.uk/entry-1840.

43 "Darwin, C. R. to Fox, W. D.," Darwin Correspondence Database, March 15, 1856, accessed March 20, 2014, http://www.darwinproject.ac.uk/entry-1843.

44 "Darwin, C. R. to Tegetmeier, W. B.," Darwin Correspondence Database, October 15, 1856, accessed March 20, 2014, http://www.darwinproject.ac.uk/entry-1975.

45 "Darwin, C. R. to Tegetmeier, W. B.," Darwin Correspondence Database, November 3, 1856, accessed March 20, 2014, http://www.darwinproject.ac.uk/entry-1981.

46 "Darwin, C. R. to Tegetmeier, W. B.," Darwin Correspondence Database, January 14, 2856, accessed March 20, 2014, http://www.darwinproject.ac.uk/entry-1820.
47 Charles Darwin, *Charles Darwin's Works* (New York: D. Appleton, 1915).
48 Ibid., 240.
49 Ibid., 238.
50 Ibid., 240.
51 Ibid., 244.
52 Ibid., 254.
53 Ibid., 257.
54 Uppsala University, "Darwin Was Wrong About Wild Origin of the Chicken, New Research Shows," *ScienceDaily*, March 3, 2008, accessed March 21, 2014, http://www.sciencedaily.com/releases/2008/02/080229102059.htm.
55 Jonas Eriksson et al., "Identification of the Yellow Skin Gene Reveals a Hybrid Origin of the Domestic Chicken," *PLoS Genetics* 4, no. 2 (2005): E10, doi:10.1371/journal.pgen.1000010.
56 "His Imperial Highness Prince Akishino (Akishinonomiya Fumihito), President, Yamashina Institute for Ornithology," Yamashina Institute for Ornithology, accessed March 21, 2014, http://www.yamashina.or.jp/hp/english/about_us/president.html.
57 Naoko Shibusawa, *America's Geisha Ally: Reimagining the Japanese Enemy* (Cambridge, MA: Harvard University Press, 2006), 104.
58 I. Lehr Brisbin, interview by Andrew Lawler, 2012.
59 Yi-Ping Liu et al., "Multiple Maternal Origins of Chickens: Out of the Asian Jungles," *Molecular Phylogenetics and Evolution*, 38, no. 1 (February 2006): 12–19.
60 Alice A. Storey et al., "Investigating the Global Dispersal of Chickens in Prehistory Using Ancient Mitochondrial DNA Signatures," *PLoS ONE* 7, no. 7 (2012): E39171, doi:10.1371/journal.pone.0039171.
61 Interview with a person familiar with Prince Fumihito's views by Andrew Lawler, 2012.
62 Olivier Hanotte, interview by Andrew Lawler, 2012.
63 John Lawrence et al., *Moubray's Treatise on Domestic and Ornamental Poultry: A Practical Guide to the History, Breeding, Rearing, Feeding, Fattening, and General Management of Fowls and Pigeons* (London: Arthur Hall, Virtue, and Co., 1854), 2.
64 Frederick J. Simoons, *Eat Not This Flesh: Food Avoidances from Prehistory to the Present* (Madison: University of Wisconsin Press, 1994), 145.
65 Ibid., 146.
66 Ibid.
67 Leif Andersson, interview by Andrew Lawler, 2012.

CHAPTER 8——年幼的國王

1 Dev Raj. Kana and P. R. Yadav, *Biology of Birds* (New Delhi: DPH, Discovery Pub. House, 2005), 94.

2 Ana M. Herrera et al., "Developmental Basis of Phallus Reduction during Bird Evolution," *Current Biology* 23, no. 12 (2013): 1065–74, doi:10.1016/j.cub.2013.04.062.
3 Martin Cohn, interview by Andrew Lawler, 2012.
4 Patricia Brennan, "Why I Study Duck Genitalia," *Slate*, April 2, 2013, accessed March 21, 2014, http://www.slate.com/articles/health_and_science /science/2013/04/duck_penis_controversy_nsf_is_right_to_fund_basic_research _that_conservatives.html.
5 Toni-Lee Capossela, *Language Matters: Readings for College Writers* (Fort Worth: Harcourt Brace College Publishers, 1996), 216.
6 Joseph Glaser, *Middle English Poetry in Modern Verse* (Indianapolis: Hackett Pub., 2007), 215.
7 Francis Grose, *A Classical Dictionary of the Vulgar Tongue, 1785* (Menston York, U.K.: Scolar P., 1968), C.
8 Stewart Edelstein, *Dubious Doublets: A Delightful Compendium of Unlikely Word Pairs of Common Origin, from Aardvark/Porcelain to Zodiac/Whiskey* (Hoboken, NJ: J. Wiley, 2003), 86.
9 H. L. Mencken, *The American Language: An Inquiry into the Development of English in the United States* (New York: Alfred A. Knopf, 1936), 301.
10 J. Chamizo Domínguez Pedro, *Semantics and Pragmatics of False Friends* (New York: Routledge, 2008), 100.
11 Mencken, *The American Language* , 301.
12 Aharon Ben-Ze'ev, *The Subtlety of Emotions* (Cambridge, MA: MIT Press, 2000), 430.
13 Menachem M. Brayer, *The Jewish Woman in Rabbinic Literature* (Hoboken, NJ: Ktav Pub. House, 1986), 74.
14 James N. Davidson, *The Greeks and Greek Love: A Bold New Exploration of the Ancient World* (New York: Random House, 2007), 223.
15 Lorrayne Y. Baird, "Priapus Gallinaceus: The Role of the Cock in Fertility and Eroticism in Classical Antiquity and the Middle Ages," *Studies in Iconography* 7–8 (1981–82): 81–111.
16 Ibid.
17 Exhibit in Altes Museum, Berlin, personal visit by Andew Lawler, 2013.
18 Baird, "Priapus Gallinaceus."
19 Scott Atran, *Cognitive Foundations of Natural History: Towards an Anthropology of Science* (Cambridge: Cambridge University Press, 1990), 87.
20 Richard Payne Knight, *The Symbolical Language of Ancient Art and Mythologie: An Inquiry* (New York: J. W. Bouton, 1892), 150.
21 Ibid., 70.
22 Isidore Singer, *The Jewish Encyclopedia: A Descriptive Record of the History, Religion, Literature, and Customs of the Jewish People from the Earliest Times to the Present Day* (New York: Funk and Wagnalls, 1904), 3:11.
23 Lucretius, *On the Nature of Things*, trans. William Ellery Leonard (Sioux Falls, SD: NuVision Publications, 2007), 124.

24 *Dictionary of Christianity*, comp., J. C. Cooper (Chicago: Fitzroy Dearborn, 1996), s.v. "Animals."
25 Mark 14:30 (*New American Bible*).
26 Lorrayne Y. Baird-Lange, "Christus Gallinaceus: A Chaucerian Enigma; or the Cock as Symbol of Christ in the Middle Ages," *Studies in Iconography* 9 (1983): 19–30.
27 James J. Wilhelm, *The Cruelest Month: Spring, Nature, and Love in Classical and Medieval Lyrics* (New Haven: Yale University Press, 1965), 63.
28 Baird-Lange, "Christus Gallinaceus," 21.
29 James George Roche Forlong, *Faiths of Man: A Cyclopedia of Religions*, vol. 2 (London: B. Quaritch, 1906), s.v. "Janus."
30 Matthew 16:19 (*New American Bible*).
31 *Encyclopaedia Britannica*, vols. 11–12, s.v. "Great Mother of the Gods."
32 Randy P. Conner et al., *Cassell's Encyclopedia of Queer Myth, Symbol, and Spirit: Gay, Lesbian, Bisexual, and Transgender Lore* (London: Cassell, 1997), s.v. "Attis."
33 David M. Friedman, *A Mind of Its Own* (New York: Simon & Schuster, 2008), 31.
34 J. G. Heck and Spencer Fullerton Baird, comps., *Iconographic Encyclopaedia of Science, Literature, and Art* (New York: R. Garrigue, 1857), s.v. "Rome".
35 John G. R. Forlong, comp., *Encyclopedia of Religions* (New York: Cosimo Classics, 2008), s.v. "Peter."
36 Louisa Twining, *Symbols and Emblems of Early and Medieval Christian Art* (London: John Murray, 1885), 188.
37 Norwood Young, ed., *Handbook for Rome and the Campagna* (London: Edward Stanford, 1908), s.v. "S. Pietro."
38 Hargrave Jennings, *Phallicism: Celestial and Terrestrial, Heathen and Christian* (London: George Redway, 1884).
39 Forlong, *Faiths of Man*, s.v. "Peter."
40 Menashe Har-El, *Golden Jerusalem* (Jerusalem: Gefen Pub. House, 2004), 311.
41 Baird-Lange, "Christus Gallinaceus," 26.
42 Joseph Campbell, *The Masks of God* (New York: Viking Press, 1959), 275.
43 Mark Allen, *The Complete Poetry and Prose of Geoffrey Chaucer* (Boston: Wadsworth Cengage Learning, 2011), 239.
44 Elio Corti, trans., "The Chicken of Uliss Aldrovandi," accessed March 21, 2014, http://archive.org/stream/TheChickenOfUlisse Aldrovandi/Aldrogallus_djvu.txt.
45 William Shakespeare, *Shakespeare's Tragedy of Hamlet*, ed. John Hunter (London: Longmans, Green and Co., 1874), 11.
46 Marino Niola, "Archeologia della devozione" in L. M. Lombardi Satriani, ed., *Santità e tradizione: itinerari antropologico-religiosi in Campania*, 2000.
47 Stephen Orgel, *The Authentic Shakespeare, and Other Problems of the Early Modern Stage* (New York: Routledge, 2002), 217.

48 William Shakespeare, *The Complete Works of William Shakespeare* (New York: G.F. Cooledge & Brother, 1844), 262.

49 Joel Friedman, "The Use of the Word 'Comb' in Shakespeare's *The Taming of the Shrew and Cymbeline*," *Joel Friedman Shakespeare Blog*, February 9, 2010, accessed March 21, 2014, http://joelfriedmanshakespeare.blogspot.com/2010/02/use-of-word-comb-in-shakespeares-taming.html.

50 "The Ceremony of Presenting a Cock to the Pope," *American Ecclesiastical Review* 29 (1903): 301.

51 *The Congregationalist and Christian World* 100 (1915): 156.

52 France in the United States/Embassy of France in Washington,"The Gallic Rooster," December 20, 2013, accessed March 21, 2014 http://www.ambafrance-us.org/spip.php?article604.

53 Steven Seidman, "The Rooster as the Symbol of the U.S. Democratic Party," *Posters and Election Propaganga* (blog), Ithaca College, June 12, 2010, accessed March 21, 2014, http://www.ithaca.edu/rhp/programs/cmd/blogs/posters_and_election_propaganda/the_rooster_as_the_symbol_of_the_u.s._democratic_p/#.Uywtbl76Tvo.

54 J. M. Asara et al., "Protein Sequences from Mastodon and Tyrannosaurus Rex Revealed by Mass Spectrometry," *Science* 316, no. 5822 (2007): 280–85, doi:10.1126/science.1137614.

55 Jeanna Bryner, "Study: *Tyrannosaurus Rex* Basically a Big Chicken," *Fox News*, April 25, 2008, accessed March 21, 2014, http://www.foxnews.com/story/2008/04/25/study-tyrannosaurus-rex-basically-big-chicken/.

56 Evan Ratliff, "Origin of Species: How a *T. Rex* Femur Sparked a Scientific Smackdown," *Wired*, June 22, 2009, accessed May 14, 2014, http://archive .wired.com/medtech/genetics/magazine/17-07/ff_originofspecies?currentPage=all.

57 John Asara, interview by Andrew Lawler, 2013.

58 M. H. Schweitzer et al., "Biomolecular Characterization and Protein Sequences of the Campanian Hadrosaur B. Canadensis," *Science* 324, no. 5927 (2009): 626–31, doi:10.1126/science.1165069.

59 Jack Horner, "Jack Horner: Building a Dinosaur from a Chicken," TED video, 16:36, talk presented at an official TED conference, March 2011, accessed March 21, 2014, http://www.ted.com/talks/jack_horner_building_a_dinosaur_from_a_chicken.

60 Matthew P. Harris et al., "The Development of Archosaurian First-Generation Teeth in a Chicken Mutant," *Current Biology* 16, no. 4 (2006): 371–77, doi:10.1016/j.cub.2005.12.047.

61 Arkhat Abzhanov, interview by Andrew Lawler, 2013.

62 A. H. Turner et al., "Feather Quill Knobs in the Dinosaur Velociraptor," *Science* 317, no. 5845 (2007): 1721, doi:10.1126/science.1145076.

63 R. C. McKeller et al., "A Diverse Assemblage of Late Cretaceous Dinosaur and Bird Feathers from Canadian Amber," *Science* 333, no. 6049 (2011): 1619–622, doi:10.1126/science.1203344.

64 J. Clarke, "Feathers Before Flight," *Science* 340, no. 6133 (2013): 690-92. doi:10.1126/science.1235463.

65 Ibid.

66 Gareth Dyke and Gary W. Kaiser, *Living Dinosaurs: The Evolutionary History of Modern Birds* (Chichester, West Sussex: Wiley-Blackwell, 2011), 9.

67 "Oviraptor," Mediahex, accessed March 21, 2014, http://www.mediahex.com/Oviraptor.

68 Rosa Giorgi et al., *Angels and Demons in Art* (Los Angeles: J. Paul Getty Museum, 2005), 99.

69 Ibid.

70 Petzoldt Leander, *Kleines Lexikon der Dämonen und Elementargeister* (Munich: C. H. Beck, 2003), 30.

71 George M. Eberhart, *Mysterious Creatures: A Guide to Cryptozoology* (Santa Barbara, CA: ABC-CLIO, 2002), 33.

72 Mike Dash, "The Strange Tale of the Warsaw Basilisk," *A Fortean in the Archives* (blog), February 28, 2010, accessed March 21, 2014, http://aforteantinthearchives.wordpress.com/2010/02/28/the-strange-tale-of-the-warsaw-basilisk/.

73 Thomas Hofmeier, *Basils Ungeheuer: Eine kleine Basiliskenkunde* (Berlin and Basel: Leonhard-Thurneysser-Verlag, 2009).

74 Jan Bondeson, *The Feejee Mermaid and Other Essays in Natural and Unnatural History* (Ithaca: Cornell University Press, 1999), 176.

75 Voltaire, *Zadig, Or, The Book of Fate: An Oriental History; Translated from the French, Etc.* (London: T. Kelly, 1816), 48.

76 Allan Zola Kronzek and Elizabeth Kronzek, *The Sorcerer's Companion: A Guide to the Magical World of Harry Potter* (New York: Broadway Books, 2001), 22.

77 Mike Clinton, interview by Andrew Lawler, 2012.

78 Georgios Anagnostopoulos, *A Companion to Aristotle* (Chichester, U.K.: Wiley-Blackwell, 2009), 113.

79 D. Zhao et al., "Somatic Sex Identity Is Cell Autonomous in the Chicken," *Nature* 464, no. 7286 (2010): 237–42, doi:10.1038/nature08852.

80 Lyall Watson, *Beyond Supernature: A New Natural History of the Supernatural* (Toronto: Bantam Books, 1988), 65.

81 Associated Press, "Chicks Being Ground Up Alive Video," *The Huffington Post* , September 1, 2009, accessed March 21, 2014, http://www.huffingtonpost.com/2009/09/01/chicks-being-ground-up-al_n_273652.html.

82 Clinton, interview.

CHAPTER 9——餵食巴巴魯

1 Leon Rubin and I. Nyoman Sedana, *Performance in Bali* (London: Routledge, 2007), 4.

2 Ida Pedanda Made Manis, interview by Andrew Lawler, 2013.

3 Tom Hunter Aryati, translations via email message to author, May 13, 2014.

4 Hugh Mabbett, *The Balinese* (Wellington, N.Z.: January Books, 1985), 97.

5 J. Stephen Lansing, *Perfect Order: Recognizing Complexity in Bali* (Princeton, N.J: Princeton

University Press, 2012), 56.

6 Leo Howe, *The Changing World of Bali: Religion, Society and Tourism* (London: Routledge, 2005).

7 "The 12 October 2002 Bali Bombing Plot," *BBC News*, October 11, 2012, accessed March 21, 2014, http://www.bbc.com/news/world-asia-19881138.

8 Richard C. Paddock, "Prayerful Balinese Gather to Purge Bombing Site of Evil," *Los Angeles Times*, November 16, 2002, accessed March 21, 2014, http://articles.latimes.com/2002/nov/16/world/fg-bali16.

9 Cameron Forbes, *Under the Volcano: The Story of Bali* (Melbourne, Vic.: Black, 2007), 76.

10 Tom Hunter Aryati, translations via email message to author, March 10, 2012.

11 Ibid.

12 Yancey Orr, interview by Andrew Lawler, 2013.

13 "Cockfighting: Cockfighting in Indonesia," indahnesia.com, last modified September 15, 2009, accessed March 21, 2014, http://indahnesia.com/indonesia/INDCOC/cockfighting.php.

14 Clifford Geertz, *The Interpretation of Cultures: Selected Essays* (New York: Basic Books, 1973), 417.

15 John A. Hardon, *American Judaism* (Chicago: Loyola University Press, 1971), 179.

16 Ronald L. Eisenberg, *The JPS Guide to Jewish Traditions* (Philadelphia: Jewish Publication Society, 2004), 713.

17 Matthew. 23:37 (*The New Jerusalem Bible: Standard Edition*).

18 Eisenberg, *The JPS Guide* , 712.

19 Ronald L. Eisenberg, *What the Rabbis Said: 250 Topics from the Talmud* (Santa Barbara, CA: Praeger, 2010), 266.

20 Joshua Trachtenberg, *Jewish Magic and Superstition: A Study in Folk Religion* (Philadelphia: University of Pennsylvania Press, 2004), 164.

21 Adele Berlin, *The Oxford Dictionary of the Jewish Religion* (New York: Oxford University Press, 2011), s.v. "Kapparot"; Nancy E. Berg, *Exile from Exile: Israeli Writers from Iraq* (Albany: State University of New York Press, 1996), 60.

22 Israel Drazin, *Maimonides: The Exceptional Mind* (Jerusalem: Gefen Pub., 2008), 203.

23 Tanay Warerkar and Oren Yaniv, "No One Here but Us (Dead) Chickens! Thousands of Birds Die from Heat, Not Jewish Sin Ritual," *New York Daily News*, September 12, 2003, accessed March 21, 2014, http://www.nydailynews.com/new-york/brooklyn/birds-die-annual-ritual-slaughter-article-1.1454098.

24 Associated Press, "Activists Cry Foul over Ultra- Orthodox Chicken Ritual," *NewsOK*, September 8, 2010, accessed March 21, 2014, http://newsok.com/activists-cry-foul-over-ultra-orthodox-chicken-ritual/article/feed/189277.

25 Goren quoted by Nazila Mahgerefteh, "A Wing and a Prayer," September 28, 2006, accessed May 15, 2014, www.endchickensaskaporos.com.

26 Rachel Avraham, "Minister Peretz Opposes the Kaparot Tradition: 'Prevent Animals from

Suffering,' " JerusalemOnline, September 11, 2013, accessed March 21, 2014, http://www.jerusalemonline.com/news/politics-and-military/politics/minister-peretz-opposes-the-kaparot-tradition-1616.

27 Warerkar and Yaniv, "No One Here but Us (Dead) Chickens!"

28 James George Frazer and Robert Fraser, *The Golden Bough: A Study in Magic and Religion* (Oxford: Oxford University Press, 2009), 14.

29 Ibid., 545.

30 *Church of Lukumi Babalu Aye, Inc. v. City of Hialeah*, 508 U.S. 520 (1993).

31 Abiola Irele and Biodun Jeyifo, *The Oxford Encyclopedia of African Thought* (New York: Oxford University Press, 2010), s.v. "Santeria."

32 Ronald J. Krotoszynski, *The First Amendment: Cases and Theory* (New York: Aspen Publishers, 2008), 881.

33 George Brandon, *Santeria from Africa to the New World: The Dead Sell Memories* (Bloomington: Indiana University Press, 1993), 145.

34 Migene González-Wippler, *Santeria: The Religion, Faith, Rites, Magic* (St. Paul, MN: Llewellyn Worldwide, 1994), 68.

35 Caracas vendor who declined to give name, interview by Andrew Lawler, 2013.

36 Toyin Falola and Christian Jennings, *Sources and Methods in African History: Spoken, Written, Unearthed* (Rochester, NY: University of Rochester Press, 2003), 59.

37 Abraham Ajibade Adeleke, preface to *Intermediate Yoruba: Language, Culture, Literature, and Religious Beliefs*, part 2 (Bloomington, IN: Trafford Pub, 2011).

38 Daniel McCall, "The Marvelous Chicken and Its Companion in Yoruba Art," *Paideuma* Bd. 24 (1978).

39 Timothy Insoll, *The Archaeology of Islam in Sub-Saharan Africa* (Cambridge, U.K.: Cambridge University Press, 2003), 239; R. Blench and Kevin C. MacDonald, *The Origins and Development of African Livestock: Archaeology, Genetics, Linguistics, and Ethnography* (London: UCL Press, 2000).

40 Catherine D'Andrea, email message to author, 2013.

41 Stephen Dueppen, interview by Andrew Lawler, 2012; see Stephen A. Dueppen, *Egalitarian Revolution in the Savanna: The Origins of a West African Political System* (London: Equinox Pub., 2012).

42 Jean Chevalier et al., *A Dictionary of Symbols* (London: Penguin Books, 1996), s.v. "Rooster."

43 S. A. Dueppen, "Early evidence for chicken at Iron Age Kirikongo (c. AD 100–1450), Burkina Faso," *Antiquity* 85, no. 327: 142–57.

44 Victor Turner, "Poison Ordeal: Revelation and Divination in Ndembu Ritual," Object Retrieval, accessed March 21, 2014, http://www.objectretrieval.com/node/273.

45 Oyekan Owomoyela, *Yoruba Proverbs* (Lincoln: University of Nebraska Press, 2005), 467.

46 Federico Santangelo, *Divination, Prediction and the End of the Roman Republic* (Cambridge: Cambridge University Press, 2013), 27.

47 Marcus Tullius and Clinton Walker Keyes, eds., Cicero, *De Re Publica, De Legibus* (Cambridge, MA: Harvard University Press, 1951), 255.
48 Santangelo, *Divination, Prediction, and the End of the Roman Republic*, 27.
49 Cicero, *De Re Publica, De Legibus*, 393.
50 Ibid., 451.
51 Ibid., 226.
52 Ócha'ni Lele, *Teachings of the Santeria Gods: The Spirit of the Odu* (Rochester, VT: Bear & Co., 2010), 7.
53 *Church of the Lukumi Babalu Aye v. City of Hialeah.*
54 "Miami Courthouse Littered with Sacrifices to Gods," *New York Daily News*, April 10, 1995, accessed March 21, 2014, http://news.google.com/newspapers?nid=1241&dat=19950410&id=AZ1YAAAAIBAJ&s-jid=G4YDAAAAIBAJ&pg=6744,5351003.
55 *Church of the Lukumi Babalu Aye v. City of Hialeah.*

CHAPTER 10——農家庭院的毛衣女孩們

1 Rachel Herrmann, "The 'Tragicall Historie': Cannibalism and Abundance in Colonial Jamestown," *William and Mary Quarterly*, 3rd ser., 68, no. 1 (January 2011).
2 Keith W. F. Stavely and Kathleen Fitzgerald, *Northern Hospitality: Cooking by the Book in New England* (Amherst: University of Massachusetts Press, 2011), 185.
3 A. R. Hope Moncrieff, *The Heroes of Young America* (London: Stanford, 1877), 221.
4 "Archaelogy of the Edward Winslow Site," http://www.plymoutharch.com/.
5 Andrew F. Smith, ed., *The Oxford Encyclopedia of Food and Drink in America* (Oxford: Oxford University Press, 2004), s.v. "Chicken Cookery."
6 Patricia A. Gibbs, "Slave Garden Plots and Poultry Yards," Colonial Williamsburg, accessed March 21, 2014, http://research.history.org/historical_ research/research_themes/themeenslave/slavegardens.cfm.
7 Eugene Kusielewicz, Ludwik Krzyżanowski, "Julian Ursyn Niemcewicz's American Diary," *The Polish Review* 3 (Summer 1958): 102.
8 "From George Washington to Anthony Whitting, 26 May 1793," Washington Papers, Founders Online, accessed March 21, 2014, http://founders.archives.gov/documents/Washington/05-12-02-0503.
9 Psyche A. Williams-Forson, *Building Houses Out of Chicken Legs: Black Women, Food, and Power* (Chapel Hill: University of North Carolina Press, 2006), 16.
10 James D. Rice, *Nature & History in the Potomac Country: From Hunter-Gatherers to the Age of Jefferson* (Baltimore: Johns Hopkins University Press, 2009), 136.
11 James Mercer to Battaile Muse, April 3, 1779, Battaile Muse Papers, ed. John C. Fitzpatrick, William R Perkins Library, Duke University.
12 Philip D. Morgan, *Slave Counterpoint: Black Culture in the Eighteenth-Century Chesapeake and Lowcountry* (Chapel Hill: published for the Omohundro Institute of Early American His-

tory and Culture, Williamsburg, Virginia, by the University of North Carolina Press, 1998), 364.

13 "Economy," Landscape of Slavery: Mulberry Row at Monticello, accessed March 21, 2014, http://www.monticello.org/mulberry-row/topics/economy.

14 Gerald W. Gawalt, "Jefferson's Slaves: Crop Accounts at Monticello, 1805–1808," *Journal of the AfroAmerican Historical and Genealogical Society*, Spring/Fall 1994, 19–20.

15 Morgan, *Slave Counterpoint*, 361.

16 John P. Hunter, *Link to the Past, Bridge to the Future: Colonial Williamsburg's Animals* (Williamsburg, VA: Colonial Williamsburg Foundation, 2005), 50.

17 Morgan, *Slave Counterpart*, 370.

18 Williams-Forson, *Building Houses Out of Chicken Legs*, 24.

19 Fredrika Bremer and Mary Botham Howitt, *The Homes of the New World: Impressions of America* (New York: Harper & Bros., 1853), 297.

20 Billy G. Smith, *Down and Out in Early America* (University Park: Pennsylvania State University Press, 2004), 113.

21 Julia Floyd Smith, *Slavery and Rice Culture in Low Country Georgia, 1750–1860* (Knoxville: University of Tennessee Press, 1985), 176.

22 Harry Kollatz, *True Richmond Stories: Historic Tales from Virginia's Capital* (Charleston, SC: History Press, 2007), 43.

23 Mary Randolph, *The Virginia House-wife* (Washington: printed by Davis and Force, 1824), 75.

24 Josh Ozersky, *Colonel Sanders and the American Dream* (Austin: University of Texas Press, 2012).

25 John Henry Robinson, *The First Poultry Show in America, Held at the Public Gardens, Boston, Mass., Nov. 15–16, 1849: An Account of the Show Comp. from Original Sources* (Boston, MA: Farm-Poultry Pub., 1913), 8.

26 Geo P. Burnham, *The History of the Hen Fever: A Humorous Record* (Boston: J. French and Co., 1855), 24.

27 Ibid., 16.

28 Ibid., 129.

29 Ibid., 194.

30 "The National Poultry Show," *New York Times*, February 13, 1854, 8.

31 Francis H. Brown, "Barnum's National Poultry Show Polka," 1850.

32 "The Hen Fever," *Genesee Farmer*, January 1851, 16.

33 "A Valuable Hen," *Southern Cultivator* 11 (reprint from Rochester *Daily Advertiser*), 1853.

34 "Hard Fare for the Poor Negroes," *Southern Cultivator* 11 (reprint from *Northern Farmer*), 1853.

35 William B. Dillingham, ed., *Melville's Short Fiction, 1853–1856* (Athens: University of Georgia Press, 1977).

36 Ibid., 60.

37 Andrew F. Smith, *The Saintly Scoundrel: The Life and Times of Dr. John Cook Bennett* (Urbana: University of Illinois Press, 1997), 168.

38 B. F. Kaupp, *Poultry Culture Sanitation and Hygiene* (Philadelphia: Saunders, 1920), 37.

39 "Marcus Terentius Varro on Agriculture," accessed March 21, 2014, http://penelope.uchicago.edu/Thayer/E/Roman/Texts/Varro/de_Re_Rustica/3%2A.html.

40 Ibid.

41 Robert Joe Cutter, *The Brush and the Spur: Chinese Culture and the Cockfight* (Hong Kong: Chinese University Press, 1989), 141.

42 John R. Clarke, *Art in the Lives of Ordinary Romans: Visual Representation and Non-elite Viewers in Italy, 100 B.C.–A.D. 315* (Berkeley: University of California Press, 2003), 124.

43 Apicius, *Apicius: A Critical Edition with an Introduction and an English Translation of the Latin Recipe Text Apicius*, eds. C. W. Grocock and Sally Grainger (Totnes, U.K.: Prospect, 2006), 231.

44 "Incubation and Embryology Questions and Answers," University of Illinois Extension, Incubation and Embryology, accessed March 22, 2014, http://urbanext.illinois.edu/eggs/res32-qa.html.

45 H. A. Washington, ed., "The Writings of Thomas Jefferson," accessed March 22, 2014, http://www.yamaguchy.com/library/jefferson/1812.html.

46 "Hatching Eggs with Incubators," from *Lessons with Questions*, 1–20 (Topeka, KS: National Poultry Institute, 1914), 185.

47 Paulina B. Lewicka, *Food and Foodways of Medieval Cairenes: Aspects of Life in an Islamic Metropolis of the Eastern Mediterranean* (Leiden, Netherlands: Brill, 2011), 202.

48 The editors and contributors to *The Journal of Horticulture, The Garden Manual for the Cultivation and Operations Required for the Kitchen Garden, Flower Garden, Fruit Garden, Florists' Flowers* (London: Journal of Horticulture & Home Farmer Office, 1893), 253.

49 René-Antoine Ferchault De Réaumur, *The Art of Hatching and Bringing up Domestick Fowls of All Kinds at Any Time of the Year: Either by Means of the Heat of Hot-beds, or That of Common Fire* , ed. Charles Davis (London: printed for C. Davis, 1750), 6.

50 Bridget Travers and Fran Locher Freiman, *Medical Discoveries: Medical Breakthroughs and the People Who Developed Them* (Detroit: UXL, 1997), 247.

51 *Report of the Chief of the Bureau of Animal Industry*, vol. 19 (Washington, D.C.: United States Department of Agriculture, U.S. Government Printing Office, 1903).

52 Norman Solomon, *The Talmud: A Selection* (London: Penguin, 2009); Isaiah 58:13.

53 Jay Shockley, "Gansevoort Market Historic District Designation Report," part 1 (New York City Landmarks Preservation Commission, September 9, 2003).

54 "Eggs from Foreign Lands," *New York Times*, June 14, 1883, 8.

55 Sue Fishkoff, *Kosher Nation* (New York: Schocken Books, 2010), 58.

56 Kenneth T. Jackson, *The Encyclopedia of New York City* (New Haven: Yale University Press, 1995), s.v. "Kosher Foods."

57 Williams-Forson, *Building Houses Out of Chicken Legs*, 116.
58 William S. Powell, ed., *The Encyclopedia of North Carolina* (Chapel Hill: University of North Carolina Press, 2006), s.v. "Poultry."
59 Lu Ann Jones, *Mama Learned Us to Work: Farm Women in the New South* (Chapel Hill: University of North Carolina Press, 2002), 85.
60 Ibid., 87.
61 Ibid., 99.
62 Ibid., 87.
63 Powell, *The Encyclopedia of North Carolina* .
64 Government advertisement, *San Francisco Chronicle*, April 7, 1918.
65 Government advertisement, *American Poultry Advocate* 26, 1917, 182.
66 George J. Mountney, *Poultry Products Technology*, 3rd ed. (London: Taylor & Francis, 1995), 22.
67 Joseph Tumback, *How I Made $10,000 in One Year with 4200 Hens* (n.p.: Joseph H. Tumback, 1919).
68 Jones, *Mama Learned Us to Work*, 93.
69 Frank Gordy, "National Register of Historic Places Inventory—Nomination Form: First Broiler House," National Park Service, 1972.
70 Gordon Sawyer, *The Agribusiness Poultry Industry; A History of Its Development* (New York: Exposition Press, 1971), 37.
71 Ibid., 46.
72 *Webster's Guide to American History: A Chronological, Geographical, and Biographical Survey and Compendium* (Springfield, MA: Merriam, 1971), s.v. "Chronology 1928; Republican National Committee Advertisement."
73 Jones, *Mama Learned Us to Work*, 99.
74 Ibid.
75 *American Magazine* 152 (1951), 104.
76 Martin J. Manning and Herbert Romerstein, *Historical Dictionary of American Propaganda* (Westport, CT: Greenwood Press, 2004), s.v. "Disney Image."
77 Solomon I. Omo-Osagie, *Commercial Poultry Production on Maryland's Lower Eastern Shore: The Role of African Americans, 1930s to 1990s* (Lanham, MD: University Press of America, 2012), 49.
78 Williams-Forson, *Building Houses Out of Chicken Legs*, 66.
79 M. B. D. Norton, *A People and a Nation: A History of the United States: Volume II: Since 1865* (Boston: Houghton Mifflin, 1986), 747.
80 Sawyer, *The Agribusiness Poultry Industry* , 77.
81 *Big Chicken: Pollution and Industrial Poultry Production in America* (Washington, D.C.: Pew Environment Group, 2011), 9.
82 Margaret Elsinor Derry, *Art and Science in Breeding: Creating Better Chickens* (Toronto: Uni-

versity of Toronto Press, 2012), 165; *American Poultry Journal: Broiler Producer Edition*, vols. 89–93 (1958): 90.

83 Marc Levinson, *The Great A&P and the Struggle for Small Business in America* (New York: Hill and Wang, 2011), 234.

84 Karl C. Seeger, *The Results of the Chicken-of-Tomorrow 1948 National Contest* (University of Delaware, Agricultural Experiment Station, 1948).

85 Levinson, *The Great A&P*, 241.

86 *The Chicken of Tomorrow*, directed by Jack Arnold, 1948, Audio Productions Inc., accessed May 14, 2014, https://archive.org/details/Chickeno1948.

87 Susan Merrill Squier, *Poultry Science, Chicken Culture: A Partial Alphabet* (New Brunswick, NJ: Rutgers University Press, 2011), 51.

88 *American Poultry* 25 (1949).

89 Derry, *Art and Science in Breeding*, 165.

90 Ibid., 50.

91 U.S. Dept. of Commerce, *United States Census of Agriculture, 1954* (Washington, D.C.: U.S. Dept. of Commerce, Bureau of the Census, 1956), 9.

92 Alissa Hamilton, *Squeezed: What You Don't Know about Orange Juice* (New Haven: Yale University Press, 2009), 25.

93 "Production Systems," U.S. Environmental Protection Agency, accessed March 24, 2014, http://www.epa.gov/oecaagct/ag101/poultrysystems.html.

94 *Encyclopedia of Arkansas History and Culture*, "Tyson Foods, Inc.," accessed March 22, 2014, http://www.encyclopediaofarkansas.net/encyclopedia/entry-detail.aspx?entryID=2101.

95 "Donald John Tyson—Overview, Personal Life, Career Details, Chronology: Donald John Tyson, Social and Economic Impact," accessed March 22, 2014, http://encyclopedia.jrank.org/articles/pages/6375/Tyson-Donald-John.html.

96 Marvin Schwartz, *Tyson: From Farm to Market* (Fayetteville: University of Arkansas Press, 1991), 10.

97 Christopher Leonard, *The Meat Racket: The Secret Takeover of America's Food Business* (New York: Simon & Schuster, 2014), epigraph.

98 Schwartz, *Tyson*, 9.

99 Brenton Edward Riffel, *The Feathered Kingdom: Tyson Foods and the Transformation of American Land, Labor, and Law, 1930–2005* (ProQuest, 2008), 146.

100 Derry, *Art and Science in Breeding*, 186.

101 Ibid., 177.

102 Riffel, *The Feathered Kingdom*, 116.

103 Ibid., 121.

104 Kendall M. Thu and E. Paul Durrenberger, *Pigs, Profits, and Rural Communities* (Albany: State University of New York Press, 1998), 150.

105 Ben F. Johnson, *Arkansas in Modern America, 1930–1999* (Fayetteville: University of Arkan-

sas Press, 2000), 192.

106 "Poultry Production," U.S. Environmental Protection Agency, accessed March 22, 2014, http://www.epa.gov/oecaagct/ag101/printpoultry.html.

107 Sawyer, *The Agribusiness Poultry Industry* , 52.

108 Riffel, *The Feathered Kingdom*, 147.

109 Gerald Havenstein, "Performance Changes in Poultry and Livestock Following 50 Years of Genetic Selection," *Lohmann Information* 41 (December 2006): 30.

110 *Poultry and Egg Situation*, no. 205–222 (1960): 14.

111 Richard L. Daft and Ann Armstrong, *Organization Theory and Design* (Toronto: Nelson Education, 2009), 44.

112 Philip Scranton and Susan R. Schrepfer, *Industrializing Organisms: Introducing Evolutionary History* (New York: Routledge, 2004), 226.

113 "Injustice on Our Plates: Immigrant Women in the U.S. Food Industry," Southern Poverty Law Center, November 2010, accessed May 14, 2014, http://www.splcenter.org/getinformed/publications/injustice-on-our-plates.

114 "The Cruelest Cuts," *Charlotte Observer*, February 10–15, 2008, http://www.charlotteobserver.com/poultry/.

115 Jeanine Bentley, "U.S. Per Capita Availability of Chicken Surpasses That of Beef," U.S. Department of Agriculture Economic Research Service, September 20, 2012, accessed March 22, 2014, http://www.ers.usda.gov/amber-waves/2012-september/us-consumption-of-chicken.aspx#.Uy3BjV76Tvo.

116 *Profiling Food Consumption in America* (Washington, D.C.: U.S. Department of Agriculture, 2003), ch. 2.

117 Tyson Foods, Inc., RBC Capital Markets Consumer & Retail Investor Day Presentation, December 6, 2012.

118 Tyson Foods, Inc., RBC Capital Markets Consumer & Retail Investor Day Presentation, December 6, 2012.

119 "The John W. Tyson Building," Poultry Science, Dale Bumpers College of Agricultural, Food & Life Sciences, University of Arkansas, accessed March 22, 2014, http://poultryscience.uark.edu/4534.php.

CHAPTER 11——原雞群島

1 Cobb-Vantress, accessed March 22, 2014, http://www.cobb-vantress.com/products/cobb500.

2 "Cobb 700 Broiler Sets New Standard for High Yield," The Poultry Site, October 1, 2007, accessed March 22, 2014, http://www.thepoultrysite.com/poultrynews/12958/cobb-700-broiler-sets-new-standard-for-high-yield.

3 "CobbSasso," Cobb-Vantress, accessed March 22, 2014, http://www.cobb-vantress.com/products/cobbsasso.

4 D. L. Pollock, *View from the Poultry Breeding Industry* (Princess Anne, MD: Heritage Breed-

ers, 2006).

5 Cobb-Vantress homepage, accessed March 22, 2014, http://www.cobb-vantress.com/.

6 "Industry Economic Data, Consumption, Exports, Processing, Production," U.S. Poultry & Egg Association, accessed March 20, 2014, http://www.uspoultry.org/economic_data/.

7 Ewell Paul Roy, "Effective Competition and Changing Patterns in Marketing Broiler Chickens," *Journal of Farm Economics* 48, no. 3, part 2 (August 1, 1966): 188–201, accessed March 22, 2014, http://www.jstor.org/stable/10.2307/1236327?ref=search-gateway:822036029853343f575f5e09154af4c5.

8 *The Business of Broilers: Hidden Costs of Putting a Chicken on Every Grill* (Washington, D.C.: Pew Charitable Trusts, 2013), http://www.pewenvironment.org/news-room/reports/the-business-of-broilers-hidden-costs-of-putting-a-chicken-on-every-grill-85899528152.

9 "Flip-Over Disease," Poultry News, in cooperation with Merck, accessed March 22, 2014, http://www.poultrynews.com/New/Diseases/Merks/202600.htm.

10 Temple Grandin and Catherine Johnson, *Animals in Translation: Using the Mysteries of Autism to Decode Animal Behavior* (New York: Scribner, 2005), 69.

11 "Bald Chicken 'Needs No Plucking,' " *BBC News*, May 21, 2002, accessed March 22, 2014, http://news.bbc.co.uk/2/hi/science/nature/2000003.stm.

12 Ian J. H. Duncan and Penny Hawkins, *The Welfare of Domestic Fowl and Other Captive Birds* (Dordrecht, Netherlands: Springer, 2010).

13 Karen Davis, *Prisoned Chickens, Poisoned Eggs: An Inside Look at the Modern Poultry Industry* (Summertown, TN: Book Publishing Company, 1996); P. C. Doherty, *Their Fate Is Our Fate: How Birds Foretell Threats to Our Health and Our World* (New York: The Experiment LLC, 2012); Steve Striffler, *Chicken: The Dangerous Transformation of America's Favorite Food* (New Haven: Yale University Press, 2005).

14 "History of the National Chicken Council," National Chicken Council, accessed March 22, 2014, http://www.nationalchickencouncil.org/about-ncc/history/.

15 "Delaware Senator Chris Coons Announces Formation of US Senate Chicken Caucus; Georgia Senator Johnny Isakson to Co-chair," National Chicken Council, October 4, 2013, accessed March 22, 2014, http://www.nationalchickencouncil.org/delaware-senator-chris-coons-announces- formation-us-senate-chicken-caucus-georgia-senator-johnny-isakson-co-chair/.

16 Bill Roenigk, interview by Andrew Lawler, 2013.

17 Stephanie Strom, "F.D.A. Bans Three Arsenic Drugs Used in Poultry and Pig Feeds," New York Times, October 1, 2013, accessed March 22, 2014, http://www.nytimes.com/2013/10/02/business/fda-bans-three-arsenic-drugs-used-in-poultry-and-pig-feeds.html?_r=0.

18 Ann E. Byrnes and Richard A. K. Dorbin, *Saving the Bay: People Working for the Future of the Chesapeake* (Baltimore: Johns Hopkins University Press, 2001), 142.

19 Anna Vladimirovna Belova et al., "World Chicken Meat Market—Its Development and Current Status," *Acta Universitatis Agriculturae Et Silviculturae Mendelianae Brunensis* 60, no. 4

(2012): 15–30, doi:10.11118/actaun201260040015.

20 Matt T. Rosenberg, "Largest Cities Through History," accessed March 22, 2014, http://geography.about.com/library/weekly/aa011201a.htm.

21 "USDA International Egg and Poultry Review," U.S. Department of Agriculture, November 20, 2012, 15: 47.

22 Carolina Rodriguez Gutiérrez, "South America Eyes an Optimistic Future," *World Poultry*, October 25, 2010, accessed March 22, 2014, http://www.worldpoultry.net/Home/General/2010/10/South-America-eyes-an-optimistic- future-WP008070W/.

23 *Delmarva Agriculture Data: Weekly Broiler Chicks Report*, U.S. Department of Agriculture, March 6, 2011, 15: 11.

24 "Fakieh Poultry Farms," Fakieh Group, accessed May 14, 2014, http://www.bayt.com/en/company/fakieh-group-1412762/.

25 D. C. Lau, trans., *Mencius* (Harmondsworth, U.K.: Penguin, 1970), 53.

26 Marcel Proust, *Swann's Way (Remembrance of Things Past, vol. 1)*, trans. C. K. Scott Moncrieff (n.p.: Digireads, 2009).

27 Bill Brown, interview by Andrew Lawler, 2013.

28 Peter Singer and Jim Mason, *The Way We Eat: Why Our Food Choices Matter* (Emmaus, PA: Rodale, 2006), 24.

29 "History of Temperanceville," The Countryside Transformed: The Railroad and the Eastern Shore of Virginia, 1870–1935, accessed March 22, 2014, http://eshore.vcdh.virginia.edu/node/1935.

30 "Firefighters Contain Weekend Fire at Tyson Plant," *Meat & Poultry*, December 2, 2013, http://www.meatpoultry.com/articles/news _home/Business/2013/12/Firefighters_contain_weekend_f.aspx?ID=%7B9CA8E3E6-0DC7-4653-B5CF-B6ECB7578A2F%7D&cck=1.

31 Karen Davis, interview by Andrew Lawler, 2013.

32 Temple Grandin and Catherine Johnson, *Animals Make Us Human: Creating the Best Life for Animals* (Boston: Houghton Mifflin Harcourt, 2009), 219.

33 "Chickens," United Poultry Concerns, accessed March 22, 2014, http://www.upc-online.org/chickens/chickensbro.html.

34 Peter Singer, *Animal Liberation: A New Ethics for Our Treatment of Animals* (New York: New York Review, 1975).

35 Kerry S. Walters and Lisa Portmess, *Ethical Vegetarianism: From Pythagoras to Peter Singer* (Albany: State University of New York Press, 1999), 11.

36 Ibid., 28.

37 J. M. Coetzee and Amy Gutmann, *The Lives of Animals* (Princeton, NJ: Princeton University Press, 1999), 21.

38 Kevin McDonald, interview by Andrew Lawler, 2012.

39 Vivienne J. Walters, *The Cult of Mithras in the Roman Provinces of Gaul* (Leiden, Netherlands: E.J. Brill, 1974), 119.

40 Steven Englund, *Napoleon: A Political Life* (New York: Scribner, 2004), 240.
41 "Living in the Languedoc: Central Government: French National Symbols: The Cockerel (Rooster)," accessed March 22, 2014, http://www.languedoc-france.info/06141212_cockerel.htm; Nicholas Atkin and Frank Tallett, *The Right in France: From Revolution to Le Pen* (London: I.B. Tauris, 2003), 43.
42 "Living in the Languedoc."
43 Lawrence D. Kritzman et al., *Realms of Memory: The Construction of the French Past* (New York: Columbia University Press, 1998), 424.
44 Pascal Chanel, interview by Andrew Lawler, 2013.
45 Alice B. Toklas, *The Alice B. Toklas Cookbook* (New York: Perennial, 2010), 92.
46 Jon Henley, "Top of the Pecking Order," *Guardian*, January 10, 2008, accessed March 22, 2014, http://www.theguardian.com/environment/2008/jan/10/ethicalliving.animalwelfare.
47 Ibid.
48 George W. Johnson and Robert Hogg, eds., *The Journal of Horticulture, Cottage Gardener, and Country Gentleman* (London: Google eBook, 1863).
49 W. B. Tegetmeier and Harrison Weir, *The Poultry Book: Comprising the Breading and Management of Profitable and Ornamental Poultry, Their Qualities and Characteristics; to Which Is Added "The Standard of Excellence in Exhibition Birds," Authorized by the Poultry Club* (London: George Routledge and Sons, 1867), 257.
50 "Les Glorieuses De Bresse, Votre Marché Aux Volailles Fines," accessed May 14, 2014, http://www.glorieusesdebresse.com/.
51 Squier, *Poultry Science*, 159.
52 "Producers' Portraits: Christophe Vuillot," Rungis, accessed March 22, 2014, http://www.rungismarket.com/en/vert/portraits_producteurs/vuillot.asp.
53 Georges Blanc, interview by Andrew Lawler, 2013.
54 Georges Blanc Vonnas Hotel Restaurant, Official Website, accessed March 22, 2014, http://www.georgesblanc.com/uk/index.php.
55 Ron Joyce, interview by Andrew Lawler, 2013.
56 Leah Garces, telephone interview by Andrew Lawler, 2013.

CHAPTER 12——有著達人等級的物理直覺

1 Barry Popik, " 'Why Did the Chicken Cross the Road?' (Joke)," *The Big Apple* (blog), August 28, 2009, accessed March 24, 2014, http://www.barrypopik.com/index.php/new_york_city/entry/why_did_the_chicken_cross_the _road_joke.
2 L. Frank Baum, *Ozma of Oz* (Ann Arbor: Ann Arbor Media Group, LLC, 2003).
3 Edmund Wilson, *I Thought of Daisy* (New York: Farrar, Straus and Young, with Ballantine Books, 1953), 126.
4 *Online Etymology Dictionary*, s.v. "birdbrain," accessed March 22, 2014, http://www.etymonline.com/index.php?term=bird-brain.

5 *Urban Dictionary*, s.v. "chickenshit," accessed March 22, 2014, http://www.urbandictionary.com/define.php?term=chickenshit.

6 William Lindsay Gresham, *Nightmare Alley* (New York: New York Review Books, 2010).

7 Giorgio Vallortigara, interview by Andrew Lawler, 2013. For his research papers, see "Research Outputs Giorgio Vallortigara," University of Trento, Italy, accessed March 22, 2014, http://www4.unitn.it/Ugcvp/en/Web/ProdottiAutore/PER0033020.

8 Lilli Alanen, Descartes's Concept of Mind (Cambridge, MA: Harvard University Press, 2003), 86.

9 Giorgio Vallortigara, "How Birds Use Their Eyes: Opposite Left-Right Specialization for the Lateral and Frontal Visual Hemifield in the Domestic Chick," Current Biology (January 9, 2001), 23.

10 Silke S. Steiger, "Avian Olfactory Receptor Gene Repertoires: Evidence for a Well-Developed Sense of Smell in Birds?" *Proceedings: Biological Sciences* 275, no. 1649 (October 22, 2008): 2309–317, accessed March 22, 2014, http://www.jstor.org/stable/10.2307/25249806?ref=search-gateway:7c9847c5706d0eb705f2b66ea9b88456.

11 Carolynn L. Smith and Sarah L. Zielinksi, "The Startling Intelligence of the Common Chicken," *Scientific American* 310, no. 2, accessed March 22, 2014, http://www.scientificamerican.com/article/the-startling-intelligence-of-the-common-chicken/.

12 George Page, "Speak, Monkey," *New York Times*, March 11, 2000, accessed March 22, 2014, http://www.nytimes.com/2000/03/12/books/speak-monkey.html.

13 Gail Damerow, *Storey's Guide to Raising Chickens: Care, Feeding, Facilities* (North Adams, MA: Storey Pub., 2010), 30.

14 R. L. Fontanari Rugani et al., "Arithmetic in Newborn Chicks," *Proceedings of the Royal Society B: Biological Sciences* 276, no. 1666 (2009): 2451–460, doi:10.1098/rspb.2009.0044.

15 Andy Lamey, "Primitive Self-Consciousness and Avian Cognition," ed. Sherwood J. B. Sugden, *Monist* 95, no. 3 (2012): 486–510, doi:10.5840/monist201295325.

16 Margaret Derry, *Art and Science in Breeding: Creating Better Chickens* (Toronto: University of Toronto Press, 2012), 143.

17 Zoe Martin, "Iowa Leads Nation in Many Ag Production Sectors," *Iowa Farmer Today*, March 13, 2014, accessed March 23, 2014, http://www.iowafarmertoday.com/news/crop/iowa-leads-nation-in-many-ag-production-sectors/article_63e4a5d6-aa01-11e3-9e9d-001a4bcf887a.html.

18 J. A. Mench et al., "Sustainability of Egg Production in the United States—The Policy and Market Context," *Poultry Science* 90, no. 1 (2010): 229–40, doi:10.3382/ps.2010-00844.

19 "Birds on Factory Farms," ASPCA, accessed March 23, 2014, http://www.aspca.org/fight-cruelty/farm-animal-cruelty/birds-factory-farms.

20 Wilson G. Pond and Alan W. Bell, *Encyclopedia of Animal Science* (New York: Marcel Dekker, 2005), s.v. "Layer Housing: enrciched cages."

21 Donald D. Bell and William D. Weaver Jr., eds., *Commercial Chicken Meat and Egg Production*

(New York: Springer, 2013), 92.
22 Tom L. Beauchamp and R. G. Frey, *The Oxford Handbook of Animal Ethics* (Oxford: Oxford University Press, 2011), 756.
23 Nuhad J. Daghir, *Poultry Production in Hot Climates* (Wallingford, CT: CABI, 2008), 202.
24 "Factory Egg Farming Is Bad for the Hens," Environmental Organizers' Network, accessed March 23, 2014, http://www.wesleyan.edu/wsa/warn/eon/batteryfarming/hens.html.
25 Roy Bedichek, *Adventures with a Texas Naturalist* (Austin: University of Texas Press, 1961), 115.
26 Mench, "Sustainability of Egg Production in the United States."
27 James Andrews, "European Union Bans Battery Cages for Egg-Laying Hens," *Food Safety News*, January 19, 2012, accessed March 23, 2014, http://www.foodsafetynews.com/2012/01/european-union-bans-battery-cages-for-egg-laying-hens/#.Uy7Hyl76Tvo.
28 "Barren, Cramped Cages: Life for America's Egg-Laying Hens," The Humane Society of the United States, April 19, 2012, accessed March 23, 2014, http://www.humanesociety.org/issues/confinement_farm/facts/battery_cages.html.
29 "Laying Hen Facility Opens New Doors for Research Achievements at MSU," ANR Communications, December 12, 2012, accessed March 23, 2014, http://www.anrcom.msu.edu/anrcom/news/item/laying_hen_facility _opens_new_doors_for_research_achievements_at_msu.
30 Janice Siegford, interview by Andrew Lawler, 2013.
31 Sheila Ommeh, interview by Andrew Lawler, 2013.

CHAPTER 13——最終的動機

1 Nguyen Dong Chung, interview by Andrew Lawler, 2013.
2 Han Jianlin, interview by Andrew Lawler, 2013.
3 "Highest Prevalence of Malnutrition in South Asia," *Bread for the World*, June 25, 2012, accessed March 23, 2014, http://www.bread.org/media/coverage/news/highest-prevalence-of.html.
4 David Farrell, "The Role of Poultry in Human Nutrition," *Poultry Development Review*, Food and Agricultural Organization of the United Nations, 2013, http://www.fao.org/docrep/019/i3531e/i3531e.pdf.
5 "Vietnam Population 2014," World Population Review, April 2, 2014, accessed March 23, 2014, http://worldpopulationreview.com/countries/vietnam-population/.
6 Le Thi Thuy, interview by Andrew Lawler, 2013.
7 "Global Poultry Trends 2013: Asia Puts More Emphasis on Trading Prepared Products," The Poultry Site, September 11, 2013, accessed March 24, 2014, http://www.thepoultrysite.com/articles/2894/global-poultry-trends-2013-asia-puts-more-emphasis-on-trading-prepared-products.
8 T. M. Tumpey, "Characterization of the Reconstructed 1918 Spanish Influenza Pandemic

Virus," *Science* 310, no. 5745 (2005): 77–80, doi:10.1126/science.1119392.

9 K. M. Sturm-Ramirez et al., "Reemerging H5N1 Influenza Viruses in Hong Kong in 2002 Are Highly Pathogenic to Ducks," *Journal of Virology* 78, no. 9 (2004): 4892–901, doi:10.1128/JVI.78.9.4892-4901.2004.

10 Paul K. S. Chan, "Outbreak of Avian Influenza A(H5N1) Virus Infection in Hong Kong in 1997," *Clinical Infectious Diseases* 34, no. Supplement 2: Emerging Infections in Asia (May 01, 2002), accessed March 23, 2014, http://www.jstor.org/stable/10.2307/4483086?ref=search-gateway:d5ff295abb4b1cd99e8ddb8a5ee36030.

11 John Farndon, *Bird Flu: Everything You Need to Know* (Thriplow, U.K.: Icon, 2005), 9.

12 Chanida Chanyapate and Isabelle Delforge, "The Politics of Bird Flu in Thailand," Focus on the Global South, accessed March 23, 2014, http://focusweb.org/node/286.

13 Robert J. Jackson, *Global Politics in the 21st Century* (Cambridge: Cambridge University Press, 2013), 506.

14 C. Larson, "Tense Vigil in China as Nasty Flu Virus Stirs Back to Life," *Science* 342, no. 6162 (2013): 1031, doi:10.1126/science.342.6162.1031.

15 Hongjie Yu et al., "Effect of Closure of Live Poultry Markets on Poultry-to-Person Transmission of Avian Influenza A H7N9 Virus: An Ecological Study," *Lancet* 383, no. 541 (February 8, 2014).

16 Q. Liao and R. Fielding, "Flu Threat Spurs Culture Change," *Science* 343, no. 6169 (2014): 368, doi:10.1126/science.343.6169.368-a.

17 Page Smith and Charles Daniel, *The Chicken Book* (Boston: Little, Brown, 1975), 194.

18 "Salmon Have the Most Efficient Feed Conversion Ratio (FCR) of All Farmed Livestock," *Mainstream Canada*, accessed March 24, 2014, http://msc.khamiahosting.com/salmon-have-most-efficient-feed-conversion-ratio-fcr-all-farmed-livestock.

19 Henning Steinfeld, *Livestock's Long Shadow: Environmental Issues and Options* (Rome: Food and Agriculture Organization of the United Nations, 2006), 112.

20 Thomas Robert Malthus, *An Essay on the Principle of Population* (Cambridge: Cambridge University Press, 1989).

21 "Global Poultry Trends 2013: Chicken Imports Rise to Africa, Stable in Oceania," The Poultry Site, November 13, 2013, accessed March 23, 2014, http://www.thepoultrysite.com/articles/2972/global-poultry-trends-2013-chicken-imports-rise-to-africa-stable-in-oceania.

22 Ibid.

23 "Per Capita Consumption of Poultry and Livestock, 1965 to Estimated 2014, in Pounds," National Chicken Council, last modified January 10, 2014, accessed March 23, 2014, http://www.nationalchickencouncil.org/about-the-industry/statistics/per-capita-consumption-of-poultry-and-livestock-1965-to-estimated-2012-in-pounds/.

24 Carrie Kahn, "It's No Yolk: Mexicans Cope with Egg Shortage, Price Spikes," NPR, September 18, 2012, accessed March 23, 2014, http://www.npr.org/blogs/thesalt/2012/09/18/160968082/its-no-yolk-mexicans-cope-with-egg-shortage-price-spikes.

25 Janet Larsen, "Plan B Updates: Meat Consumption in China Now Double That in the United States," April 24, 2012, accessed March 23, 2014, http://www.earth-policy.org/plan_b_updates/2012/update102.

26 Ibid.

27 "Fujian Sunner Development Co., Ltd. Class A," Morningstar, accessed March 23, 2014, http://quicktake.morningstar.com/stocknet/secdocuments.aspx?symbol=002299&country=chn; "China Rich List: #151 Fu Guangming & Family," Forbes, accessed March 23, 2014, http://www.forbes.com/profile/fu-guangming/.

28 David Kesmodel and Laurie Burkitt, "Inside China's Supersanitary Chicken Farms," *Wall Street Journal*, December 9, 2013, accessed March 23, 2014, http://online.wsj.com/news/articles/SB10001424052702303559504579197662165181956.

29 Ian Johnson, "China Releases Plan to Incorporate Farmers into Cities," *New York Times*, March 17, 2014, accessed March 23, 2014, http://www.ny times.com/2014/03/18/world/asia/china-releases-plan-to-integrate-farmers-in-cities.html?_r=0.

30 Alton Brown, "Tastes Like Chicken," *Wired*, September 15, 2013, accessed March 23, 2014, http://www.wired.com/wiredscience/2013/09/fakemeat/.

31 "Hampton Creek, Named by Bill Gates as One of Three Companies Shaping the Future of Food, Debuts First Product at Whole Foods Market," Business Wire, September 20, 2013, accessed March 23, 2014, http://www.businesswire.com/news/home/20130920005149/en/Hampton-Creek-Named-Bill -Gates-Companies-Shaping.

32 Fang Zhang, *Animal Symbolism of the Chinese Zodiac* (Beijing: Foreign Languages Press, 1999), 100.

33 Roy Edwin Jones, introduction in *A Basic Chicken Guide for the Small Flock Owner* (New York: W. Morrow, 1944).

34 "Beau Coop," Neiman Marcus, accessed March 23, 2014, http://www.neimanmarcus.com/christmasbook/fantasy.jsp?cid=CBF12_O5415& cidShots=m,a,b,c,z&r=cat44770736&rdesc=The%20Fantasy%20Gifts&pa geName=Beau%20Coop&icid=CBF12_O5415.

35 Jonel Aleccia, "Backyard Chickens Dumped at Shelters When Hipsters Can't Cope, Critics Say," *NBC News*, July 7, 2013, accessed March 23, 2014, http://www.nbcnews.com/health/health-news/backyard-chickens-dumped-shelters-when-hipsters-cant-cope-critics-say-f6C10533508.

36 Fay-Cooper Cole and Albert Gale, *The Tinguian: Social, Religious, and Economic Life of a Philippine Tribe* (Chicago: Field Museum of Natural History, 1922).

37 Nguyen Quir Tuan, interview by Andrew Lawler, 2013.

38 I. Lehr Brisbin, interview by Andrew Lawler, 2013.